高等职业教育机电类专业"十三五"规划教材

机械制造工艺与装配基础

高贵宝　崔剑平　主　编

唐　勇　王家华　副主编

中国铁道出版社
CHINA RAILWAY PUBLISHING HOUSE

内 容 简 介

本书适应高等职业教育机械制造类专业岗位能力培养要求，按照职业教育倡导的"工学结合、任务导向"教学模式编写，并遵循专业认知规律选取知识内容。本书综合了金属切削原理、机械加工方法，刀具、机械制造工艺及夹具、机械装配基础等方面的专业基础知识，旨在了解金属切削基本规律并认知常用机械加工方法，通过对机床尾座主要零件的工艺设计项目的锻炼，培养高职机电类专业学生的机械加工工艺的设计和应用能力。本书遵循由一般知识到具体项目，由具体项目贯穿工艺过程的编写规律，注重基础知识的认知，特别注重对制造工艺的实践。本书实际生产项目工艺编写详实、严谨，具有代表性，对同行业机械零件工艺研发人员同样具有指导作用。

本书适合作为高职机械制造类、机电一体化及机电设备应用类专业教材，也可作为机电类其他专业教材参考书及机械加工工艺设计人员的参考资料。

图书在版编目（CIP）数据

机械制造工艺与装配基础/高贵宝，崔剑平主编 . —北京：
中国铁道出版社，2017.7
高等职业教育机电类专业"十三五"规划教材
ISBN 978 - 7 - 113 - 23158 - 3

Ⅰ . ①机… Ⅱ . ①高… ②崔… Ⅲ . ①机械制造工艺 - 高等
职业教育 - 教材 ②装配（机械）- 高等职业教育 - 教材
Ⅳ . ①TH16

中国版本图书馆 CIP 数据核字（2017）第 109046 号

书 名：**机械制造工艺与装配基础**
作 者：高贵宝 崔剑平 主编

策 划：何红艳 　　　　　　　**读者热线：**（010）63550836
责任编辑：何红艳
编辑助理：钱 鹏
封面设计：付 巍
封面制作：白 雪
责任校对：张玉华
责任印制：郭向伟

出版发行：中国铁道出版社（100054，北京市西城区右安门西街 8 号）
网 址：http://www.tdpress.com/51eds/
印 刷：三河市航远印刷有限公司
版 次：2017 年 7 月第 1 版 　 2017 年 7 月第 1 次印刷
开 本：787 mm×1 092 mm 　 1/16 　 印张：20.75 　 字数：479 千
印 数：1～2 000 册
书 号：ISBN 978 - 7 - 113 - 23158 - 3
定 价：48.00 元

当前，我国正在加快推进实施"中国制造2025"计划，加快推进由制造大国转向制造强国。就制造业行业生产水平而言，要变革传统生产模式，提高工艺水平和生产能力，推进智能制造、绿色制造。为适应制造业的快速发展，我国高等职业教育正在进行着一场重大变革，就课程体系而言正在由传统的学科制体系转变为基于工作过程、项目化课程体系，并力求为"中国制造2025"的新时代培养一大批高素质技能人才。

"机械制造工艺与装配基础"课程是机械制造类专业、机电设备类专业的专业基础课程，是培养高职相关专业学生专业基础能力的重要课程，该课程的专业核心能力表现在学生会编制一般机械零件的机械制造工艺，并能确定详实的工艺内容。

本教材改变了传统的机械制造技术教材的编写方式，全书设置了认知金属切削基本规律、认知金属切削加工方法、制订轴类零件工艺路线、确定套类零件工艺内容、箱体类零件的工艺设计、认知机床夹具、分析零件加工质量、制订机械装配工艺共8个项目。各项目之间按照知识认知规律排序，将项目载体贯穿于各个任务及项目训练，可使学生在完成课程学习任务的过程中系统地培养生产工艺的应用和设计能力。

本教材编写注重理论知识与生产实际应用的结合，采用典型工作任务贯穿教学项目、一般理论知识融入实际工作任务的编写模式，对学生的岗位工作能力培养和理论知识的把握具有很好的效果。具体特点如下：

1. 尊重规律，注重实际。按照职业教育教学规律，以发挥学生主体作用为主设置教学内容和项目训练内容，以锻炼学生实际工作能力为主导选取工作任务。每个项目从学习认知规律入手，设置二到四个典型工作任务。

2. 载体统一，任务真实。全书选用C6125车床尾座为各主要项目的项目载体，以车床尾座主要组成零件的工艺设计与实施为项目任务的具体内容。各项目任务内容为实际生产的真实工作内容，尊重生产实际，突出岗位应用能力。

3. 格式规范，内容详实。项目三、项目四、项目五分别为主要零件的工艺路线、工艺内容的设计与实施，在项目内容编写中采用国家和行业统一的技术标准和工艺文件格式，通过查阅机械工艺手册确定了详实的工艺路线和具体的工序内容，可作为机械零件工艺设计的指导性文件。

4. 项目导读，学习引入。每个项目采用项目导读，扼要地介绍了本项目的主要内容，项目中每个任务都有学习导航版块，引导学生把握重点内容，掌握重要知识。

5. 资源丰富，信息量足。教材中穿插了大量的实物图片和零件图样，引用了大量的典型工作案例和训练项目，增强了学习过程中的互动认识和感性认识。

本课程应在学生已修完机械制图、机械设计基础、金属材料、机械加工设备等课程的基础上开展。

本书由山东职业学院高贵宝、山东职业学院崔剑平任主编，山东职业学院唐勇、黑龙江交通职业技术学院王家华任副主编。其中高贵宝编写项目一、项目三、项目四、项目五、项目八部分内容，崔剑平编写了项目二、项目六、项目七部分内容，唐勇、王家华参与了项目一、项目七、项目八的编写工作。全书由高贵宝统稿和定稿。在本书编写过程中多名行业制造技术专家给予了无私的帮助和指导，对此深表衷心感谢。

由于编者水平有限，加之时间仓促，书中难免存在疏漏及不足之处，恳请各位读者不吝赐教，便于我们及时更正。

编　者
2017 年 3 月

CONTENTS | 目 录

项目一　认知金属切削基本规律 ·· 1

　任务 1.1　认知金属切削基础 ··· 1
　　1.1.1　认知机床分类 ··· 1
　　1.1.2　认知机床型号编制方法 ·· 2
　　1.1.3　认知机床运动 ··· 5
　　1.1.4　认知切削运动与切削用量 ·· 9
　　1.1.5　认知切削层参数 ·· 10

　任务 1.2　认知金属切削刀具 ··· 12
　　1.2.1　认知金属切削刀具的结构 ·· 13
　　1.2.2　认知金属切削刀具的几何参数 ·· 13
　　1.2.3　认知金属切削刀具材料 ·· 17

　任务 1.3　认知切削加工的基本规律 ·· 20
　　1.3.1　认知切削变形规律 ·· 21
　　1.3.2　认知切削力与切削功率 ·· 25
　　1.3.3　认知切削热和切削温度 ·· 27
　　1.3.4　认知刀具磨损与使用寿命 ·· 28
　　1.3.5　切削液的合理选择 ·· 30
　　1.3.6　刀具几何参数的选择 ·· 31
　　1.3.7　认知工件材料的切削加工性 ·· 37
　　项目训练 ··· 40

项目二　认知金属切削加工方法 ·· 43

　任务 2.1　认知车削加工方法 ··· 43
　　2.1.1　认知车床 ··· 43
　　2.1.2　认知车刀 ··· 47
　　2.1.3　分析车削加工工艺特性 ·· 49

　任务 2.2　认知铣削加工方法 ··· 55
　　2.2.1　认知铣床 ··· 55
　　2.2.2　认知铣刀 ··· 58
　　2.2.3　分析铣削加工工艺特性 ·· 59
　　2.2.4　铣床常用工艺装备 ·· 63

任务2.3　认知钻削加工方法 ………………………………………………… 67
　　2.3.1　认知钻床 …………………………………………………………… 68
　　2.3.2　认知钻床用刀具 …………………………………………………… 69
　　2.3.3　分析钻削加工工艺特性 …………………………………………… 72

任务2.4　认知镗削加工方法 ………………………………………………… 74
　　2.4.1　认知镗床 …………………………………………………………… 74
　　2.4.2　认知镗床用刀具 …………………………………………………… 77
　　2.4.3　分析镗削加工工艺特性 …………………………………………… 78

任务2.5　认知磨削加工和光整加工方法 …………………………………… 82
　　2.5.1　认知常见磨削方法 ………………………………………………… 83
　　2.5.2　认知砂轮 …………………………………………………………… 89
　　2.5.3　分析磨削加工工艺特性 …………………………………………… 93
　　2.5.4　认知光整加工方法 ………………………………………………… 95

任务2.6　认知刨、插、拉削加工方法 ……………………………………… 101
　　2.6.1　认知刨削加工 ……………………………………………………… 101
　　2.6.2　认知拉削加工 ……………………………………………………… 104
　　2.6.3　认知插削加工 ……………………………………………………… 106

任务2.7　认知齿轮加工方法 ………………………………………………… 108
　　2.7.1　认知铣齿加工 ……………………………………………………… 108
　　2.7.2　认知滚齿与插齿 …………………………………………………… 109
　　2.7.3　认知剃齿精加工 …………………………………………………… 112
　　2.7.4　认知磨齿加工 ……………………………………………………… 113
　　2.7.5　认知圆柱齿轮加工工艺特点 ……………………………………… 114

项目训练 ………………………………………………………………………… 118

项目三　制订轴类零件工艺路线 …………………………………………… 120

任务3.1　确定零件毛坯 ……………………………………………………… 120
　　3.1.1　明确项目要求 ……………………………………………………… 121
　　3.1.2　认知零件工艺规程基本概念 ……………………………………… 123
　　3.1.3　认知零件的结构工艺性 …………………………………………… 133
　　3.1.4　确定零件毛坯 ……………………………………………………… 136

任务3.2　制订零件工艺路线 ………………………………………………… 140
　　3.2.1　认知零件的相关基准 ……………………………………………… 140
　　3.2.2　制订零件工艺路线 ………………………………………………… 143

项目训练 ………………………………………………………………………… 156

项目四　确定套类零件工艺内容 ·································· 158

　任务 4.1　拟定工艺路线确定工序余量 ·················· 158
　　4.1.1　明确项目要求 ······························ 158
　　4.1.2　拟定零件工艺路线 ························ 159
　　4.1.3　认知工序加工余量及其影响因素 ········ 161
　　4.1.4　加工余量的确定方法 ···················· 162
　　4.1.5　确定尾座螺母各工序加工余量 ·········· 163

　任务 4.2　确定工序尺寸及公差 ······················ 165
　　4.2.1　认知工艺尺寸链基本理论 ··············· 165
　　4.2.2　工艺尺寸的分析计算 ···················· 168
　　4.2.3　确定尾座螺母主要结构面的工艺尺寸 ···· 173

　任务 4.3　确定工序切削要素　分析工艺方案 ········ 179
　　4.3.1　合理选择切削用量 ························ 179
　　4.3.2　确定车床尾座螺母工序切削用量 ········ 180
　　4.3.3　确定工时定额 ···························· 181
　　4.3.4　提高生产效率的途径 ···················· 183
　　4.3.5　工艺方案的经济分析 ···················· 185
　项目训练 ··· 187

项目五　箱体类零件的工艺设计 ····························· 190

　任务 5.1　认知箱体类零件工艺特征 ·················· 190
　　5.1.1　认知箱体类零件的特征及要求 ·········· 190
　　5.1.2　认知箱体类零件的加工方法 ············ 193

　任务 5.2　设计 C6125 车床尾座体工艺文件 ········· 198
　　5.2.1　制订 C6125 车床尾座体工艺路线 ······· 198
　　5.2.2　编制 C6125 车床尾座体工艺文件 ······· 202
　项目训练 ··· 215

项目六　认知机床夹具 ···································· 216

　任务 6.1　机床夹具基础认知 ······················· 216
　　6.1.1　机床夹具概述 ···························· 216
　　6.1.2　工件的定位 ······························ 220
　　6.1.3　工件的夹紧 ······························ 237

　任务 6.2　认知典型机床夹具 ······················· 252
　　6.2.1　认知车床夹具 ···························· 252
　　6.2.2　认知铣床夹具 ···························· 257

6.2.3　认知钻床夹具 ·· 265

6.2.4　认知镗床夹具 ·· 270

项目训练 ·· 275

项目七　分析零件加工质量 ··· 277

任务 7.1　分析机械加工精度 ·· 277

7.1.1　认知加工精度与加工误差 ······································· 277

7.1.2　认知工艺系统几何误差 ·· 281

7.1.3　认知工艺系统变形 ·· 285

7.1.4　减小加工误差的措施 ·· 288

任务 7.2　分析机械加工表面质量 ···································· 292

7.2.1　认知加工表面质量的概念 ·· 292

7.2.2　影响表面质量的因素 ·· 295

7.2.3　提高加工表面质量的途径 ·· 302

项目训练 ·· 304

项目八　制订机械装配工艺 ··· 306

任务 8.1　认知机械装配基础 ·· 306

8.1.1　机械装配概述 ··· 306

8.1.2　认知装配尺寸链 ·· 309

8.1.3　保证装配精度的措施 ·· 310

任务 8.2　制订装配工艺规程 ·· 319

8.2.1　制订装配工艺规程的条件 ·· 319

8.2.2　制订装配工艺规程的方法 ·· 320

项目训练 ·· 322

参考文献 ·· 323

项目**①** 认知金属切削基本规律

项目导读

　　金属切削原理是研究金属切削加工过程中刀具与工件之间相互作用、刀具的变化规律、工件加工过程规律的一门学科，是设计机床和刀具，制订机器零件切削工艺，确定零件加工工时定额，合理地使用刀具和机床的指导性基础理论，通过研究可以使机器零件的加工达到经济、优质和高效的目的。

　　本项目介绍了金属切削机床的国家分类标准和编号方法，通过认知机床运动，研究分析金属切削零件的表面成形运动，了解切削用量的基本概念。以外圆车刀为载体讲解刀具的基本结构和结构参数，掌握常用刀具材料性能，分析金属切削加工过程中的变形现象、切削力、切削热、切削温度和刀具磨损的现象及原因，并对工件材料的切削性能、切削液的选择、刀具几何参数的选择也做了介绍。

任务 1.1　认知金属切削基础

学习导航

知识要点	机床分类；机床型号编制方法；机械零件表面成形方法；金属切削运动；切削用量
任务目标	1. 了解机床分类方法和编号方法； 2. 掌握机械零件表面成形方法，理解切削运动形式； 3. 掌握切削用量的概念
能力目标	1. 会识别常用机床牌号； 2. 会分析各种机械零件的表面成形方法； 3. 会识别机床的各种切削运动； 4. 能分清切削用量各要素的具体含义
教学组织	课堂讲解、课堂项目训练、课下查阅资料、自主学习、拓展训练
教学评价	学习过程评价（60%）；教学成果评价（30%）；团队合作评价（10%）
参考学时	2

任务学习

1.1.1　认知机床分类

　　金属切削机床（简称机床）是用切削的方法将金属毛坯加工成机器零件的机器，是制造机器的机器，又称为"工作母机"，习惯上称为机床。

金属切削机床的品种和规格繁多，为便于区别、使用和管理，必须对机床进行分类和编制型号，为此国家制定了相应标准进行规范管理。

1. 机床传统分类方法

在《金属切削机床 型号编制方法》（GB/T 15375—2008）中，将机床按照工作原理划分为：车床、钻床、镗床、磨床、齿轮加工机床、螺纹加工机床、铣床、刨（插）床、拉床、锯床以及其他机床 11 类。每一类机床又按工艺范围、布局形式和结构等分为 10 个组，每一组又细分为若干系（系列）。

2. 按照通用性分类

同类机床按应用范围（通用性程度）又可分为通用机床、专门化机床和专用机床。

（1）通用机床。它可用于加工多种零件的不同工序，加工范围较广，通用性较大，但结构比较复杂。这种机床主要适用于单件小批量生产，例如卧式车床、万能升降台铣床等。

（2）专门化机床。它的工艺范围较窄，专门用于加工某一类或几类零件的某一道（或几道）特定工序，如曲轴车床、凸轮轴车床等。

（3）专用机床。它的工艺范围最窄，只能用于加工某一种零件的某一道特定工序，适用于大批量生产，如机床主轴箱的专用镗床、车床导轨的专用磨床和各种组合机床等。

3. 按照工作精度分类

同类型机床按工作精度可分为普通精度机床、精密机床和高精度机床。

4. 按照自动化程度分类

按自动化程度分为手动机床、机动机床、半自动机床和自动机床。

5. 按质量与尺寸分类

按质量与尺寸分为仪表机床、中型机床（一般机床）、大型机床（重量达 10 t）、重型机床（大于 30 t）和超重型机床（大于 100 t）。

1.1.2 认知机床型号编制方法

我国现在最新的机床型号，是按 2008 年颁布的 GB/T 15375—2008《金属切削机床 型号编制方法》编制的。该标准规定，机床型号由汉语拼音字母和阿拉伯数字按一定的规律组合而成。

1. 通用机床的型号编制

通用机床型号由基本部分和辅助部分组成，中间用"/"隔开，前者需要统一管理，后者纳入型号与否由企业自定。型号构成如图 1-1-1 所示。

（1）机床的分类及类代号

机床按工作原理分为车床、钻床、镗床、磨床、齿轮加工机床、螺纹加工机床、铣床、刨插床、拉床、锯床及其他机床 11 类。机床的类代号用大写的汉语拼音字母表示，见表 1-1-1。必要时每类还可分为若干分类，分类代号在类代号之前，作为型号的首位，用阿拉伯数字表示（第一分类代号前的"1"省略），见表 1-1-1 中的磨床。

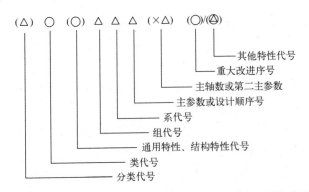

其中：① 有"（ ）"的代号或数字，当无内容时则不表示，若有内容则不带括号；

② "○"符号，为大写的汉语拼音字母；

③ "△"符号，为阿拉伯数字；

④ "⌖"符号，为大写的汉语拼音字母或阿拉伯数字，或两者兼有之

图 1-1-1 通用机床型号表示方法示意图

表 1-1-1 机床的类别和分类代号

类 别	车床	钻床	镗	磨床			齿轮加工机床	螺纹加工机床	铣床	刨插床	拉床	锯床	其他机床
代号	C	Z	T	M	2M	3M	Y	S	X	B	L	G	Q
读音	车	钻	镗	磨	二磨	三磨	牙	丝	铣	刨	拉	割	其他

（2）机床特性代号

机床的特性代号包括机床的通用特性和结构特性。这两种特性代号用大写的英文字母表示，位于类代号之后。

① 通用特性代号。有统一的固定含义，在各类机床的型号中表示的意义相同，见表 1-1-2。当某类机床除有普通型外还有下列某种通用特性时，在类代号之后加通用特性代号予以区分。如果某类机床仅有某种通用特性而无普通形式，通用特性不予表示。当在一个型号中需同时使用二到三个通用特性代号时，一般按重要程度排列顺序。

② 结构特性代号。对主参数值相同而结构性能不同的机床，在型号中加结构特性代号予以区分，它在型号中没有统一的含义，只在同类机床中起区分机床结构性能的作用。当型号中已有通用特性代号时，结构特性代号应排在通用特性代号之后。

表 1-1-2 机床的通用特性代号

通用特性	高精度	精密	自动	半自动	数控	加工中心（自动换刀）	仿形	轻型	加重型	简式	柔性加工单元	数显	高速
代号	G	M	Z	B	K	H	F	Q	C	J	R	X	S
读音	高	密	自	半	控	换	仿	轻	重	简	柔	显	速

（3）机床组、系的划分

每类机床划分为 10 个组，每组使用一位阿拉伯数字表示，位于类代号或通用特性代号

和结构特性代号之后，每组又划分为 10 个系（系列），每个系列用一位阿拉伯数字表示，位于组代号之后。

（4）主参数的表示方法

机床型号中主参数用折算值（主参数乘以折算系数，一般取两位数字）表示，位于系统代号之后。

（5）机床的重大改进序号

当机床的结构，性能有更高的要求，并需按新产品重新设计、试制和鉴定时，按改进的先后顺序在型号基本部分的尾部加 A、B、C 英文字母（I、Q 两个字母不得选用），以区别原机床型号。

（6）其他特性代号

其他特性代号用以反映各类机床的特性，用数字、字母或阿拉伯数字来表示。

通用机床型号的编制方法举例如下：

【例 1-1-1】 CA6140 型卧式车床。

CA6140 机床型号释义如图 1-1-2 所示。

【例 1-1-2】 MG1432A 型高精度万能外磨床。

MG1432A 机床型号释义如图 1-1-3 所示。

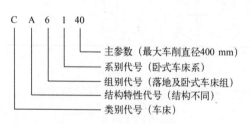

图 1-1-2　CA6140 机床型号释义

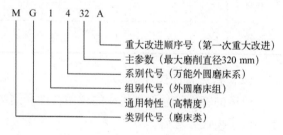

图 1-1-3　MG1432A 机床型号释义

2. 专用机床的型号编制

（1）专用机床型号表示方法

专用机床的型号一般由设计单位代号和设计顺序号组成，其表示方法如图 1-1-4 所示。

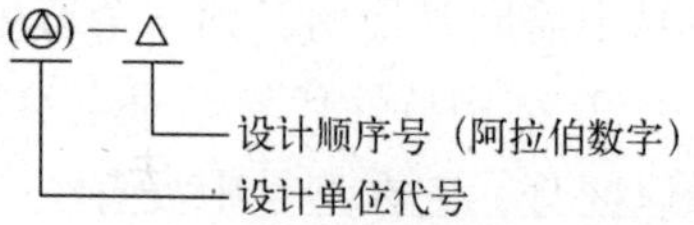

（2）设计单位代号

设计单位代号包括机床生产厂和机床研究单位代号（位于型号之首）。

图 1-1-4　专用机床
型号表示方法

（3）专用机床的设计顺序号

按该单位的设计顺序号（从"001"起始）排列，位于设计单位代号之后，并用"-"隔开，读作"至"。

如北京第一机床厂设计制造的第 100 种专用机床为专用铣床，其型号为 B1-100。

关于机床型号中其他内容，参见国家标准《金属切削机床 型号编制方法》（GB/T 15975—2008）。

1.1.3 认知机床运动

分析机床运动的目的在于利用简便的方法认识一台陌生的机床，掌握机床的运动规律，分析各种机床的传动系统，从而能够合理地使用机床。对认知与掌握被加工工件表面成形运动具有直接指导作用。

1. 被加工工件的表面形状

在切削加工过程中，安装在机床上的刀具和工件按一定的规律作相对运动，通过刀具的刀刃对工件毛坯的切削作用，把毛坯上多余的金属切除掉，从而得到所要求的表面。尽管被加工零件的形状各异，但其常用的组成表面无非是平面、直线成形表面、圆柱面、圆锥面、球面、圆环面、螺旋面等基本表面元素，如图 1-1-5 所示。

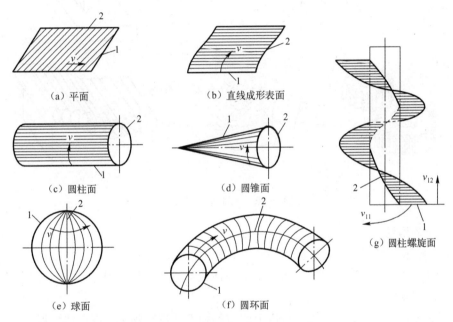

(a) 平面 　　 (b) 直线成形表面

(c) 圆柱面 　　 (d) 圆锥面 　　 (g) 圆柱螺旋面

(e) 球面 　　 (f) 圆环面

图 1-1-5 被加工零件的几种组成表面

1—母线；2—导线

2. 零件表面成形方法

零件表面形状的形成是在机床加工零件时，工件和刀具彼此间协调地相对运动，用刀具切削刃切削出来的，即借助一定形状的切削刃以及切削刃与被加工表面之间按一定规律作相对运动，形成所需的母线和导线，从而生成所要加工的表面。常见机床上形成发生线的方法有以下四种。

① 轨迹法。轨迹法如图 1-1-6 (a) 所示，它是利用刀具按一定规律作轨迹运动从而对工件进行加工的方法。刀刃与被加工表面为点接触，刀刃按一定轨迹运动形成所需的结构表面。用轨迹法形成发生线需要借助成形运动。

② 成形法。成形法是采用各种成形刀具加工，刀具的切削刃形状与被加工表面的母线形状一致，导线是由刀具切削刃相对于工件的运动形成的。如图 1-1-6 (b) 所示，刨刀切

削刃形状与工件曲面的母线相同，刨刀的直线运动形成直导线。

③ 展成法。展成法是利用工件和刀具作展成切削运动实现对工件的加工。如图 1-1-6（c）所示，插齿加工时，刀具与工件间作展成运动即啮合运动，切削刃各瞬时位置的包络线是齿形表面的母线，导线是由刀具沿齿长方向的运动形成的。

④ 相切法。针对铣刀、砂轮等旋转刀具，加工时切削刃上多个切削点轮流与工件接触，刀具中心是按一定规律作轨迹运动的。如图 1-1-6（d）所示，铣刀加工工件时，刀具自身的旋转运动形成圆形发生线，同时切削刃相对于工件的运动形成其他发生线。

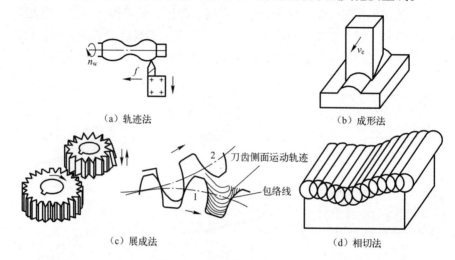

（a）轨迹法　　　　　　　　　　　　　（b）成形法

（c）展成法　　　　　　　　　　　　　（d）相切法

图 1-1-6　工件表面成形方法

3. 机床的运动

为了在机床上加工工件，机床必须使刀具和工件完成一系列运动。按功用不同，机床上的运动可分为表面成形运动和辅助运动（非表面成形运动）两大类。

（1）表面成形运动

为了形成工件表面的发生线，机床上的刀具和工件按轨迹法、成形法、展成法、相切法四种方法之一所作的相对运动称为表面成形运动，简称成形运动。表面成形运动是机床上最基本的运动，为加工出所需的零件表面提供了保障。

① 成形运动的种类。

表面成形运动可以是简单运动，也可以是复合运动。如果表面成形运动仅仅是执行件的旋转运动或直线运动，则称为简单的表面成形运动，简称简单运动。这两种运动最简单，也最容易实现，在机床上，以主轴或刀具的旋转、刀架或工作台的直线运动的形式出现。通常用符号"A"表示直线运动，用符号"B"表示旋转运动。例如，用车刀车削外圆柱面（见图 1-1-7），工件的旋转运动 B_1，产生母线（圆），刀具的纵向直线运动 A_2 产生导线（直线）。运动 B_1、和 A_2 就是两个表面成形运动，角标号表示表面成形运动次序。又如用龙门刨床刨削工件，工作台带着工件作往复直线运动，刀架带着刀具作间歇的直线进给运动，这两个直线运动都产生发生线（皆为直线），因而都是成形运动。

成形运动有时是复合运动。图 1-1-8 所示为用螺纹车刀切削螺纹，螺纹车刀是成形刀具，螺旋运动；形成螺旋线时（导线）需要车刀相对于工件作空间螺旋运动。因此形成螺旋面只需一个运动。在机床上，最容易实现并保证精度的是旋转运动和直线运动，因此，把这个空间螺旋运动分解成工件的旋转运动 B_{11} 和刀具的直线运动 A_{12}。角标号的第一位数字表示第一个运动（此例只有一个运动），后一位数字表示第一个运动中的第 1、第 2 两部分。为了得到要求导程的螺旋线，运动的两个部分 B_{11} 和 A_{12} 必须保持严格的相对运动关系，即工件每均匀转一周，刀具均匀移动一个导程的距离。这种各个部分之间必须保持严格相对运动关系的运动称为复合的表面成形运动，简称复合运动。

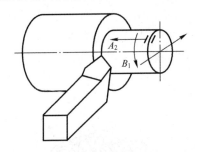
图 1-1-7　车削外圆柱面成形运动

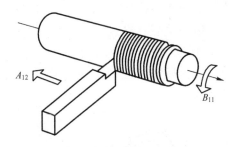
图 1-1-8　车削外螺纹面成形运动

　　图 1-1-9 所示为用插齿刀加工齿轮。插齿机加工原理为插齿刀和工件模拟一对圆柱齿轮的啮合过程，产生渐开线（母线）。这需要一个展成运动。如上所述，这个展成运动也可分解为插齿刀的旋转运动 B_{11} 和工件的旋转运动 B_{12}。B_{11} 和 B_{12} 是一个运动的两个部分，它们必须保持严格的相对运动关系，即插齿刀每均匀转过一个齿，工件也应均匀转过一个齿。齿轮齿面的导线（直线）用轨迹法形成，由插齿刀的上下往复运动 A 实现。

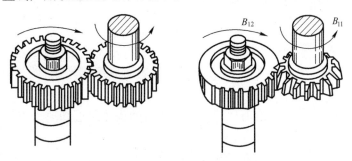
图 1-1-9　插齿刀加工齿轮的成形运动

　　在多轴联动的数控机床中，有些复合的表面成形运动可以分解为两个或两个以上的简单运动，每个部分就是机床的一个坐标轴。复合运动虽然可以分解成几个部分，每个部分是一个旋转或直线运动，与简单运动相似，但这些部分之间必须保持严格的相对运动关系，是相互依存而不是独立的。所以复合运动是一个运动，而不是两个或两个以上的简单运动。

　　② 零件表面成形所需的成形运动。

　　母线和导线是形成零件表面的两条发生线，形成表面所需要的成形运动，就是形成其母线及导线所需要的成形运动的有机综合（有时是总和）。为了加工出所需的零件表面，机床就必须可以完成这些成形运动。

【例 1-1-3】 用成形车刀车削成形回转表面。

如图 1-1-10 所示，母线为曲线，由刀具的切削刃形成，不需要成形运动；导线为圆，由轨迹法形成，需要 1 个成形运动 B。因此，形成表面的成形运动总数为 1 个（B），是一个简单运动。

【例 1-1-4】 用齿轮滚刀加工直齿圆柱齿轮齿面。

如图 1-1-11 所示，母线——渐开线，由展成法形成，需要 1 个复合的表面成形运动，可分解为滚刀旋转运动 B_{11} 和工件旋转运动 B_{12} 两个部分，B_{11} 和 B_{12} 之间必须保持严格的相对运动关系；导线——直线，由相切法形成，需要两个独立的成形运动，即滚刀旋转运动和滚刀沿工件轴向移动 A。其中滚刀的旋转运动与展成运动的一部分 B_{11} 重合，所以形成表面所需的成形运动的总数只有两个，一个是复合运动 B_{11} 和 B_{12}，另一个是简单运动（A_2）。

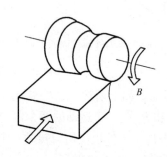

图 1-1-10　用成形车刀车削回转表面

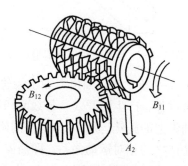

图 1-1-11　用齿轮滚刀滚切直齿圆柱齿轮

（2）辅助运动

机床在加工过程中除完成表面成形运动之外，还需完成其他系列运动，这些与表面成形过程没有直接关系的运动，称为辅助运动。它为表面成形创造条件，一般包括以下几种类型。

① 空行程运动。它是指进给前后刀架、工作台的快速接近和退出工件等快速运动，可节省辅助时间。

② 切入运动。它是使刀具切入工件从而保证工件被加工表面获得所需要的尺寸的运动，一个表面切削加工的完成一般需要数次切入运动。

③ 分度运动。它是当在工件上加工若干个完全相同的均匀分布表面时，为使表面成形运动得以重复进行而由一个表面过渡到另一个表面所作的运动。例如，车削多头螺纹，在车完一条螺纹后，工件相对于刀架要回转 $360°/n$（n 为螺纹头数），再车下一条螺纹。这个工件相对于刀架的旋转运动即为分度运动。

④ 操纵及控制运动。包括变速、换向、启停及工件的装夹等。控制运动是接通或断开某个传动链，从而改变运动部件速度的运动。控制运动一般为简单的回转或往复运动，在普通机床上多为手动，在半自动机床、自动机床和某些齿轮机床上则为自动。

⑤ 调位运动。根据工件的尺寸大小，在加工之前调整机床上某些部件的位置，以便加工。

1.1.4 认知切削运动与切削用量

1. 切削时工件的表面

在切削过程中，工件上存在三个变化着的表面，如图1-1-12所示。

（1）待加工表面

待加工表面是工件上多余金属即将被切除的表面。随着切削的进行，待加工表面逐渐减小，直至多余的金属被切削完。

（2）已加工表面

已加工表面是工件上多余金属被切除后形成的新表面。

（3）过渡表面

过渡表面是工件上多余的金属被切除过程

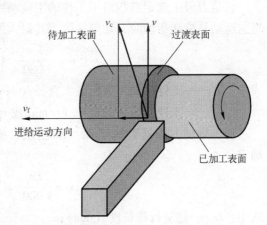

图1-1-12 切削加工时工件上的表面

中，待加工表面与已加工表面之间相连接的表面，或刀刃正在切削的表面。

2. 切削运动

表面加工时切削运动按其在切削加工中所起的作用，又可分为主运动和进给运动，它们可能是简单的表面成形运动，也可能是复合的表面成形运动。表面成形运动是机床上最基本的运动，其轨迹、数目、行程和方向等，在很大程度上决定着机床的传动和结构形式。

（1）主运动

主运动是切除工件上被切削层，使之转变为切屑的主要运动。它是切削加工中速度最高，消耗功率最大的运动。任何一种机床，必定有且只有一个主运动，它可以由工件完成，也可以由刀具完成，可以是旋转运动，也可以是直线运动。

（2）进给运动

进给运动是依次或连续不断地把被切削层投入切削，以逐渐切出整个工件表面的运动。它的速度较低，消耗功率较少。在切削运动中，进给运动可以有一个或几个，也可能没有，它可以由刀具完成，也可以由工件完成，它可以是连续性的运动，也可以是断续性的运动。

（3）合成切削运动

同时进行的主运动和进给运动所合成的运动称为合成切削运动。

图1-1-13为外圆车削加工时工件上的三个表面及切削运动。

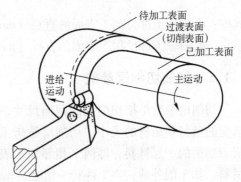

图1-1-13 外圆车削时工件上的
表面与切削运动

3. 切削用量

在切削加工过程中，需要针对不同的工件材料、刀具材料和其他加工要求来选定适宜的切削速度 v、进给量 f 或进给速度 v_f 值，还要选定适宜

的背吃刀量 a_p 值。切削速度、进给量和背吃刀量通常称为切削用量三要素。

（1）切削速度 v

它是刀刃上选定点相对于工件的主运动线速度。刀刃上各点的切削速度可能是不同的。当主运动是旋转运动时，切削速度为其最大线速度，由下式确定：

$$v = \frac{\pi d_w n_w}{1\,000} \quad (\text{m/min 或 m/s})$$

式中：d_w——工件待加工表面最大直径（mm）；

　　　n_w——工件主运动的转速（r/min 或 r/s）。

若主运动为往复直线运动（如刨削、插削等），则以平均速度为切削速度，由下式确定：

$$v = \frac{2Ln_r}{1\,000} \quad (\text{m/min 或 m/s})$$

式中：L——往复行程长度（mm）；

　　　n_r——主运动每秒或每分钟的往复次数。

（2）进给量 f

进给量是工件或刀具的主运动每转一转或每完成一次行程时，两者在进给运动方向上的相对位移量。如外圆车削时进给量的单位为 mm/r；平面刨削时为 mm/st（1st 为 1 个行程）。进给量分为每转或每行程进给量 f（mm/r）和每齿进给量 f_z（mm/z）。

进给速度是刀刃上选定点相对于工件的进给运动速度，单位为 mm/s。

若刀具齿数为 z，则每转进给量与进给速度、每齿进给量的关系为：

$$v_f = fn_w = f_z z n_w$$

（3）背吃刀量 a_p

对车削和刨削而言，背吃刀量 a_p 是工件上待加工表面和已加工表面之间的垂直距离，如图 1-1-14 所示，外圆车削的背吃刀量为：

$$a_p = \frac{d_w - d_m}{2} \quad (\text{mm})$$

式中：d_w——工件待加工表面的直径（mm）；

　　　d_m——工件已加工表面的直径（mm）。

1.1.5　认知切削层参数

切削层参数是指切削层的截面尺寸，它决定刀具所承受的负荷和切屑的大小。切削层是指工件上正在被切削刃切削的一层材料，即两个相邻加工表面之间的那层

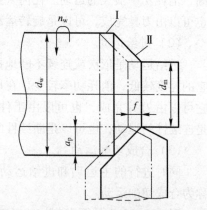

图 1-1-14　外圆车削时
进给量和背吃刀量

材料。如车削外圆，当工件转一周时，车刀沿进给方向移动了一个进给量所切除的一层金属层即为切削层，如图 1-1-15 中所示阴影部分。通常用通过切削刃上的选定点并垂直于该点切削速度的平面内的切削层参数来表示它的形状和尺寸。

① 切削层厚度 h_D：垂直于正在加工的表面（过渡表面）度量的切削层参数。它反映了切削刃单位长度上的切削负荷。

$$h_D = f \times \sin K_r$$

② 切削层宽度 b_D：平行于正在加工的表面（过渡表面）度量的切削层参数。它反映了切削刃参加切削的工作长度。

$$b_D = a_p / \sin K_r$$

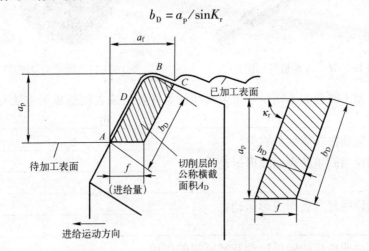

图 1-1-15　切削层参数示意图

③ 切削层面积 A_D：在切削层参数平面内度量的横截面积。

$$A_D = h_D \times b_D = a_p \times f$$

任务练习

填空题：

（1）国家标准规定将金属切削机床按照加工原理划分了 11 类，分别是：_____、_____、_____、_____、_____、_____、_____、_____、_____、_____ 和 _____。

（2）每一类金属切削机床按照通用特性划分为 _____、_____、_____。

（3）金属切削机床按照结构尺寸和重量划分为 _____、_____、_____ 和 _____。

（4）解释 CM6132 的含义：_____

（5）解释 Y3150E 的含义：_____

（6）解释 Z3040 的含义：_____

（7）解释 MG1432A 的含义：_____

（8）图 1-1-16 为发动机气门图片，说明该零件的主要组成表面有哪些？

_____

（9）图 1-1-17 为传动齿轮图片，说明该零件的主要组成表面有哪些？

_____

图 1-1-16 发动机气门图片

图 1-1-17 传动齿轮图片

（10）按照加工原理的不同，常见金属切削零件各组成表面的成形方法有 4 种，分别是_____、_____、_____和_____。

（11）机床运动按功能划分有_____和_____。

（12）举例说明简单的表面成形运动：_____。

（13）举例说明复合表面成形运动：_____。

（14）举例说明机床的辅助运动及其所起的作用：_____。

（15）表面加工切削运动按照作用可以分为_____和_____。

（16）切削用量三要素是指：_____、_____和_____。

任务 1.2 认知金属切削刀具

学习导航

知识要点	刀具结构、刀具几何参数、常用刀具材料
任务目标	1. 掌握金属切削刀具的结构特征； 2. 掌握刀具的主要几何参数； 3. 了解常用刀具材料
能力培养	1. 会识别外圆车刀、钻头、铣刀等常用刀具的切削部分的主要结构要素； 2. 会分析刀具主要几何参数对切削加工的影响； 3. 会根据加工条件分析选取不同材料的刀具
教学组织	课堂讲解、课堂项目训练＋课下查阅资料、自主学习、项目练习
教学评价	学习过程评价（60%）；教学成果评价（30%）；团队合作评价（10%）
参考学时	2

任务学习

1.2.1　认知金属切削刀具的结构

金属切削刀具的种类很多，结构各异，各种刀具的切削部分都具有共同的特征。外圆车刀是最基本、最典型的刀具，车刀的切削部分与其他刀具刀齿的切削部分基本相同。

如图 1-2-1 所示，刀具的切削部分是由三个刀面、两个刀刃和一个刀尖等结构要素组成的。

① 前刀面 A_γ。刀具上切屑流过的表面。

② 主后刀面 A_α。与工件过渡表面相对的刀面。

③ 副后刀面 A_α'。与工件已加工表面相对的刀面。

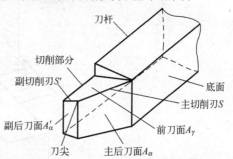

图 1-2-1　外圆车刀切削部分结构图

④ 主切削刃 S。前刀面与主后刀面的交线，它承担主要的切削工作，并形成工件上的过渡表面。

⑤ 副切削刃 S'。前刀面与副后刀面的交线，起辅助切削作用，形成已加工表面。

⑥ 刀尖。主切削刃和副切削刃的交点。

1.2.2　认知金属切削刀具的几何参数

刀具的切削部分是直接切除工件多余材料的部分，为了适应切削的需要，其切削部分必须具有一定的角度，这些角度确定了刀具的几何形状，为了准确的描述刀具的空间结构，需引入参考系。用来确定刀具几何角度的参考系有两类：一类是刀具静止角度参考系，即在刀具设计图上标注、制造、测量和刃磨时使用的参考系；另一类是刀具工作角度参考系，它是确定刀具在切削运动中有效工作角度的基准。前者由主运动方向确定，而后者则由合成切削运动方向确定。通常刀具工作角度近似地等于刀具静止角度，故本项目着重介绍刀具静止角度参考系。

1. 建立刀具角度的参考系

刀具要从工件上切除余量，就必须具有一定的几何角度。为了适应刀具在设计、制造、刃磨和测量时的需要，选取一组几何参数作为参考系，此参考系称为静止参考系。建立刀具的静止参考系时，必须给出以下两个假设。

假设运动条件：假设不考虑进给运动的大小，以切削刃选定点位于工件中心高时的主运动方向作为假定主运动方向，以切削刃选定点的进给运动方向作为假定进给运动方向。

假设安装条件：假设刀具安装时刀尖与工件中心同高，刀杆中心线垂直于进给运动方向。

刀具静止参考系的坐标平面如图 1-2-2 所示。

常用的静止角度参考系有 4 种，而我国主要采用的是正交平面参考系，故本项目主要介绍正交平面参考系。由基面、切削平面、正交平面 3 个互相垂直的平面组成的参考系，称为

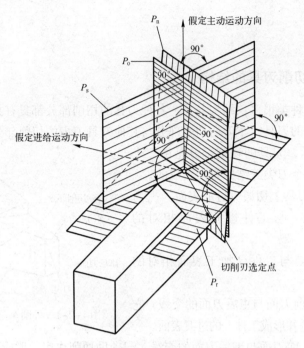

图 1-2-2　刀具静止参考系

正交平面参考系。

（1）基面 P_r：通过切削刃上选定点，与假定主运动方向相垂直的平面。在刀具标注角度参考系中，基面平行于车刀刀杆的底面。

（2）切削平面 P_s：通过切削刃上选定点，与该点的主切削刃相切且垂直于基面的平面。

（3）正交平面 P_o：通过切削刃上选定点，同时垂直于基面与切削平面的平面。

2. 刀具的标注角度——静止角度参考系

刀具上的标注角度是制造和刃磨所需要的，并在刀具设计图上予以标注的角度。车刀的标注角度主要有 5 个，如图 1-2-3 所示。

（1）前角 γ_o。

前角是在正交平面中测量的前刀面与基面间的夹角。它有正负之分，前刀面在基面之上时，前角为负；前刀面在基面之下时，前角为正；前刀面与基面重合时，前角为零。

（2）后角 α_o。

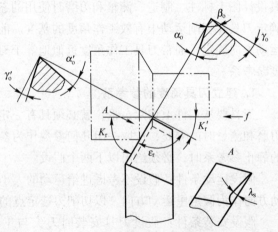

图 1-2-3　刀具的主要标注角度

后角是在正交平面内测量的主后刀面与切削平面间的夹角。当后刀面与基面的夹角小于 90° 时，后角为正；大于 90° 时，后角为负；后刀面垂直于基面时，后角为零。后角一般为正正值。

（3）主偏角 K_r

主偏角 K_r 是在基面内测量的切削平面与假定工作平面间的夹角，也是主切削刃在基面上的投影与进给方向的夹角。主偏角一般为正值。

（4）副偏角 K_r'

副偏角 K_r' 是在基面内测量的副切削平面与假定工作平面间的夹角，也是副切削刃在基面上的投影与进给反方向的夹角。副偏角一般也为正值。

（5）刃倾角 λ_s

刃倾角是在切削平面内测量的主切削刃与基面间的夹角。当刀尖处于主切削刃最高点时，刃倾角为正；刀尖处于主切削刃最低点时，刃倾角为负；主切削刃与基面重合时，刃倾角为零。刃倾角的正负规定如图 1-2-4 所示。

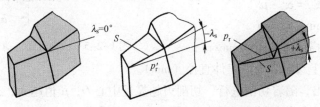

图 1-2-4　刃倾角的正负标示

刀具的这些角度在切削过程中都起着不同的作用，合理选择这些角度有利于切削，对加工质量起促进作用，反之，既不利于刀具又不利于加工。

此外，分析刀具时还派生出两个角度：

① 刀楔角 β_o：在正交平面中测量的前、后刀面之间的夹角。

$$\beta_o = 90° - (\gamma_o + \alpha_o)$$

② 刀尖角 ε_r：在基面中测量的主、副切削刃之间的夹角。

$$\varepsilon_r = 180° - (K_r + K_r')$$

3. 刀具的工作角度——工作角度参考系

在实际的切削加工过程中，由于车刀的安装位置和进给运动的影响，上述车刀的标注角度会发生一定的变化，根本原因是构成参考系的基面、切削平面和正交平面 3 个平面的位置发生了变化。

通常情况下，进给运动速度远远小于主运动速度，由其引起的工作角度变化很小。安装条件与假定的安装条件相似，所以大多数切削加工时不需要计算刀具的工作角度，但在进给速度很大（如车多头螺纹）、切断以及加工非圆柱表面等情况下，就需要计算工作角度了。

（1）工作参考系和工作角度

刀具切削加工时的实际几何参数就要在工作参考系中测量。

工作参考系也分为正交平面工作参考系、法平面工作参考系及工作平面和背平面工作参考系等。工作参考系中各坐标平面的定义与静止参考系相同，只需用合成切削运动方向取代主运动方向。它们是工作基面 P_{re}、工作切削平面 P_{se}、工作正交平面 P_{oe}、工作法平面 P_{ne}（$P_{ne} = P_n$）、工作平面 P_{fe}、工作背平面 P_{pe} 等。

相应的，在工作状态下刀具的角度也改变了，称为工作角度。考虑进给运动和刀具在机床上的实际安装位置的影响，分别用 K_{re}、K'_{re}、λ_{se}、γ_{oe}、α_{oe} 表示，它们是切削过程中真正起作用的角度。

（2）对工作角度的分析

① 横向进给运动对工作角度的影响。如图1-2-5所示，切断、切槽时，因为刀具相对于工件的运动轨迹为阿基米德螺旋线，则合成切削运动方向是它的切线方向，与主运动方向夹角为 μ，刀具工作前、后角分别为：

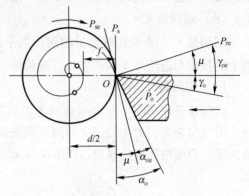

$$\gamma_{oe} = \gamma_o + \mu$$
$$\alpha_{oe} = \alpha_o - \mu$$
$$\tan \mu = f / \pi d$$

式中：f——刀具的横向进给量（mm/r）；

图1-2-5　横向进给运动对工作角度的影响

d——切削刃上选定点处的工件直径（mm）。

由上式可以看出，随着切削进行，切削刃越靠近中心 O，μ 值越大，α_{oe} 越小，有时甚至会达到负值，对加工有很大影响，不容忽视。

② 刀具安装高低对工作角度的影响。车刀刀尖一般与工件轴线是等高的，但当刀尖高于或低于工件轴时，切削速度方向发生变化，引起坐标系平面方位的变化，即角度也发生了变化，如图1-2-6所示。

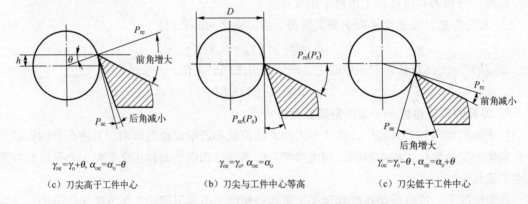

$\gamma_{oe} = \gamma_o + \theta, \alpha_{oe} = \alpha_o - \theta$ ----- $\gamma_{oe} = \gamma_o, \alpha_{oe} = \alpha_o$ ----- $\gamma_{oe} = \gamma_o - \theta, \alpha_{oe} = \alpha_o + \theta$

（c）刀尖高于工件中心　　　　（b）刀尖与工件中心等高　　　　（c）刀尖低于工件中心

图1-2-6　刀尖位置对刀具工作角度的影响

镗孔时，刀具安装高低对刀具工作角度的影响与外圆车削正好相反，即刀尖安装高时，工作前角减小，工作后角增大；刀尖安装低时相反。

在实际生产中，也可以应用这一影响（车刀装高或装低）来改变车刀实际角度的情况。

例如，车削细长轴类工件时，车刀刀尖应略高于工件中心0.2～0.3 mm。这时刀具的工作后角稍有减小，并且当后刀面上有轻微磨损时，有一小段后角等于零的磨损面与工件接触，这样能防止振动。

③ 车刀中心线与进给方向不垂直时对工作角度的影响。

刀具装偏，即刀具中心不垂直于工件中心时，将造成主偏角和副偏角的变化。车刀中心向右偏斜，工作主偏角增大，工作副偏角减小，如图 1-2-7 所示；车刀中心向左偏斜（刀杆向右偏斜），工作主偏角减小，工作副偏角增大。

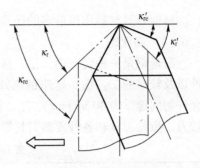

图 1-2-7　刀具装偏对
刀具工作角度的影响

1.2.3　认知金属切削刀具材料

在切削过程中，刀具担负着切除工件上多余金属，以形成已加工表面的任务。刀具的切削性能好坏，取决于刀具切削部分的材料、几何参数以及结构的合理性等几个方面。刀具材料对刀具寿命、加工生产效率、加工质量以及加工成本都有很大影响，因此必须合理选择。

1. 刀具材料应具备的性能

（1）高硬度

刀具要从工件上切除金属层，刀具材料的硬度必须大于工件材料的硬度，一般情况下，要求其常温下的硬度在 60HRC 以上。另外，刀具材料的硬度高低在一定程度上决定了刀具的应用范围，工件材料硬度越高，就要求刀具材料的硬度相应提高。

（2）高耐磨性

耐磨性是刀具材料抵抗机械摩擦和抵抗磨料磨损的能力。耐磨性是刀具材料强度、硬度、化学成分及显微组织结构的综合反应。通常刀具材料的硬度越高，耐磨性越好，但在同样的硬度下，不同的晶相组织，耐磨性也会不同。因此耐磨性是衡量刀具材料性能的主要条件之一。

（3）足够的强度和韧性

在金属切削过程中，要使刀具在承受各种应力和冲击的情况下不致产生破坏，刀具材料就必须具有足够的强度，同时还必须具有足够的韧性。通常用刀具材料的抗弯强度和冲击韧性来衡量强度和韧性好坏。

（4）高的耐热性

耐热性是指刀具材料在高温下保持其硬度、耐磨性、强度和韧性的能力。耐热性越好，说明刀具材料在高温下的切削性能越好，允许的切削速度就越高。耐热性是衡量刀具材料好坏的主要标志。

（5）良好的工艺性和经济性

为了方便刀具制造，要求刀具材料还应该有良好的切削性能、磨削性能、锻造、焊接和热处理性能。刀具材料还应尽量采用丰富的国内资源，从而降低成本。

2. 常用的刀具材料

常用的刀具材料一般有以下几类：

① 工具钢：包括碳素工具钢、合金工具钢、高速钢。其中碳素工具钢（如 T10A、T12A）与合金工具钢（如 9SiCr）因耐热性较差，通常只用于手工工具、切削速度较低的刀具。

② 硬质合金：种类较多、应用广泛。

③ 超硬刀具材料：包括陶瓷、金刚石及立方氮化硼等，但它仅用于有限场合。

目前刀具材料用得最多的还是高速钢和硬质合金，另外还有涂层刀具。

（1）高速钢

高速钢是一种含有钨、铂、铬、钒等元素较多的高合金工具钢。它具有很高的强度和韧性以及较好的工艺性。高速钢热处理后的硬度为 63～70HRC，红硬温度为 500～650℃，允许切削速度为 40 m/min 左右。主要用于制造各种形状较为复杂的刀具，如麻花钻、拉刀、铰刀、齿轮刀具和各种成形刀具等。高速钢的牌号及性能见表 1-2-1。

表 1-2-1　常用高速钢的牌号及性能

类　别		牌　号	硬度（HRC）	抗弯强度（GPa）	冲击韧性（kJ·m^{-2}）	高温硬度（HRC，600℃）
通用高速钢		W18Cr4V	62～66	3.34	0.294	48.5
		W6Mo5Cr4V2	62～66	4.6	0.5	47～48
		W14Cr4VMn-RE	64～66	4	0.25	48.5
高性能高速钢	高碳	9W18Cr4V	67～68	3	0.2	51
	高钒	W12Cr4V4Mo	63～66	3.2	0.25	51
	超硬	W6Mo5Cr4V2Al	68～69	3.43	0.3	55
		W10Mo4Cr4V3Al	58～69	3	0.25	54
		W6Mo5Cr4V5SiNbAl	66～58	3.6	0.27	51
		W12Cr4V3Mo3Co5Si	69～70	2.5	0.11	54
		W2Mo9Cr4VCo8	66～70	2.75	0.25	55

（2）硬质合金

硬质合金是由高耐热性和高耐磨性的金属碳化物（碳化钨、碳化钛等）与金属黏结剂（钴、镍、钼等）用粉末冶金的工艺烧结而成的。作为刀具材料，它具有优越的金属切削性能，而且能以较高的切削速度进行金属切削。它的硬度高达 74～82HRC，红硬温度达 800～1000℃，允许切削速度达 100～300 m/min，是高速钢的 5～10 倍；但硬质合金较脆，抗弯强度低，仅是高速钢的 1/3 左右，韧性也很低，仅是高速钢的十分之一到几十分之一。因此，硬质合金常制成各种形式的刀片，焊接或机械夹固在车刀、刨刀、端铣刀等的刀体（刀杆）上。硬质合金牌号、类别、性能及用途见表 1-2-2。

表 1-2-2　常用硬质合金的牌号及性能

类　型	牌　号	类　别	力学性能		用　途
			硬度（HRC）	抗弯强度（GPa）	
钨钴类	YG3	K类	K01	78	10.8	铸铁、有色金属及其合金的精加工、半精加工，要求无冲击
	YG6X		K05	78	1.37	铸铁、冷硬铸铁、高温合金的精加工、半精加工
	YG6		K10	76	1.42	铸铁、有色金属及其合金的半精加工及粗加工
	YG8		K20	74	1.47	铸铁、有色金属及其合金的粗加工，也可用于断续切削

续表

类　型	牌　号	类　别	力学性能		用　途
			硬度 (HRC)	抗弯强度 (GPa)	
钨钛钴类	YT30	P类	P01	80.5	0.88	碳钢、合金钢的精加工
	YT15		P10	78	1.13	碳钢、合金钢的连续切削粗加工、半精加工，也可用于断续切削时精加工
	YT14		P20	77	1.2	碳钢、合金钢的粗加工，也可用于断续切削
	YT5		P30	74	1.37	碳钢、合金钢的粗加工，也可用于断续切削

（3）涂层刀具材料

涂层刀具材料是在硬质合金或高速钢基体上涂一层或多层高硬度、高耐磨性的金属化合物（Tic、TiN、Al_2O_3 等）而构成的。涂层厚度一般在 $2 \sim 12\ \mu m$ 之间变化，既能提高刀具材料的耐磨性，而又不降低其韧性。

涂层材料可分为 TiC 涂层、TiN 涂层、TiC 与 TiN 涂层、Al_2O_3 涂层等。目前，涂层技术已经形成成熟的自动化过程，涂层达到均匀一致，且在涂层和基体之间的附着力也非常好，涂层硬质合金刀具的耐用度比没有涂层的可提高 $1 \sim 3$ 倍，涂层高速钢刀具的耐用度比没有涂层的可提高 $2 \sim 20$ 倍。国内涂层硬质合金刀片牌号有 CN、CA、YB 等系列。

（4）超硬刀具材料

① 陶瓷刀具。陶瓷刀具材料主要是以氧化铝（Al_2O_3）或以氮化硅（Si_3N_4）为基体，再添加少量金属化合物（ZrO_2、TiC 等），采用热压成形和烧结的方法获得的。陶瓷刀具常温硬度为 $91 \sim 95$ HRA，耐磨性很好，有很高的耐热性，在 $1\ 200\ ℃$ 下硬度为 80 HRA，且化学性能稳定。常用的切削速度为 $100 \sim 400\ m/min$，有的甚至可高达 $750\ m/min$，切削效率可比硬质合金提高 $1 \sim 4$ 倍，因此陶瓷刀具被认为是提高生产率的最有希望的刀具之一。陶瓷刀具的主要缺点是抗弯强度低，冲击韧性差。陶瓷材料可做成各种刀片，主要用于高速精加工硬材料，一些新型复合陶瓷刀具也可用于半精加工或粗加工难加工的材料或间断切削。

② 金刚石刀具。金刚石是在高温高压下将金刚石微粉聚合而成的多晶体材料，分人造金刚石和天然金刚石两种。其硬度极高（显微硬度达 $10\ 000\ HV$），耐磨性极好，可切削极硬的材料而长时间保持尺寸的稳定性，其刀具耐用度比硬质合金高几十倍至三百倍。但这种材料的韧性和抗弯强度很差，只有硬质合金的 1/4 左右；热稳定性也很差，当切削温度达到 $700 \sim 800\ ℃$ 时易脱碳而失去硬度，因而不能在高温下切削；此外，它对振动比较敏感，与铁有很强的亲和力，不宜加工黑色金属，主要用于加工铝、铜及铜合金、陶瓷、合成纤维、强化塑料和硬橡胶等有色金属，以及用于非金属的精加工、超精加工，或做磨具、磨料用。

（5）立方氮化硼

立方氮化硼是一种由氮化硼（白石墨）在高温、高压下制成的新型超硬刀具材料，它的硬度仅次于金刚石，达 $7\ 000 \sim 8\ 000\ HV$，耐磨性很好，耐热温度可达 $1\ 400\ ℃$，有很高的化学稳定性，抗弯强度和韧性略低于硬质合金。立方氮化硼可做成整体刀片，也可与硬质合金做成复合刀片。刀具耐用度是硬质合金和陶瓷刀具的几十倍。立方氮化硼主要用于高硬度、难加工材料的半精加工和粗加工。

任务练习

填空题

（1）刀具切削部分主要结构要素通常由三个刀面、两个刀刃、一个刀尖组成，分别是指：_____、_____、_____、_____；_____。

（2）组成刀具静止角度参考系的三个平面是_____、_____和_____。

（3）外圆车刀常用的标注角度有前角、后角、主偏角、副偏角、刃倾角。分别用字母_____表示。其中前角是_____的夹角，后角是_____的夹角，主偏角和副偏角分别是_____的夹角，刃倾角是_____角。

（4）刀具的工作角度与标注角度的主要区别在于_____。

（5）用于制造刀具的材料应具备的基本性能是：_____。

（6）刀具材料的热硬性是指：_____。

（7）刀具材料具有良好工艺性的目的是_____。

（8）举例说出用工具钢材料制造的刀具是：_____。

（9）举例说出用高速钢材料制造的刀具有_____。

（10）硬质合金刀具与高速钢刀具相比较的特点是：_____。

（11）涂层刀具材料指的是_____材料，它与高速钢或硬质合金相比较其特点是：_____。

（12）超硬刀具材料通常指_____、_____和_____。它们主要特点是_____。

任务1.3 认知切削加工的基本规律

学习导航

知识要点	切削变形、切屑种类、积屑瘤、切削力的产生、切削功率的校核、切削热的产生与预防、切削温度的控制、刀具的耐用度、切削液的应用、刀具几何参数的选择原则、材料的加工性
任务目标	1. 了解切削变形规律； 2. 认知常见切屑形态及形成条件； 3. 认知积屑瘤的产生现象及作用； 4. 了解切削力产生与计算方法； 5. 了解切削热与切削温度在切削加工过程中的产生现象及对零件性能的影响； 6. 掌握刀具耐用度的评价与含义； 7. 掌握切削液的作用，了解切削液常用类型； 8. 了解刀具几何参数对加工性能的影响； 9. 了解材料加工性能

能力培养	1. 会判别不同切屑的加工条件； 2. 会分析切削热对工件加工的影响； 3. 会合理确定刀具寿命； 4. 会根据加工条件选取确定刀具结构参数； 5. 会分析工件材料的切削性能
教学组织	课堂讲解、课堂项目训练＋课下查阅资料、自主学习、项目练习
教学评价	学习过程评价（60%）；教学成果评价（30%）；团队合作评价（10%）
参考学时	4

任务学习

1.3.1 认知切削变形规律

金属切削过程是通过切削运动由刀具从工件上切下多余的金属材料形成切屑并获得新的加工表面的过程。多余的金属材料通过切削过程的挤压变形而被切除。切削过程实质上是表层金属材料挤压变形的过程。

1. 切削过程中的变形

切削加工时金属受刀具作用的情况如图 1-3-1 所示，当切削层金属受到前刀面挤压时，在与作用力大致成 45°角的方向上，剪应力的数值最大，当剪应力的数值达到材料的屈服极限时，将产生滑移。由于 CB 方向受到下面金属的限制，只能在 DA 方向上产生滑移。

（1）第 I 变形区（剪切滑移区）

切削加工时，金属塑性变形的情况如图 1-3-2 所示。切削塑性金属时有 3 个变形区，OABCDEO 区域是基本变形区，即第 I 变形区。切削层金属在 OA 始滑移线以左发生弹性变形，在 OABCDEO 区域内发生塑性变形，在 OE 终滑移线右侧的切削层金属将变成切屑流走。由于这个区域是产生剪切滑移和大量塑性变形的区域，所以切削过程中的切削力、切削热主要来自这个区域。

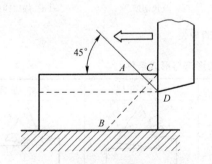

图 1-3-1　切削时刀具对工件的作用

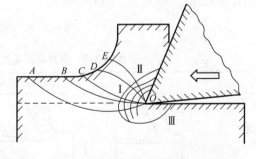

图 1-3-2　切削时工件材料塑性变形情况

（2）第 II 变形区（挤压摩擦区）

切屑受到前刀面的挤压，将进一步产生塑性变形，形成前刀面摩擦变形区。该区域的状况对积屑瘤的形成和刀具前刀面磨损有直接影响。

（3）第Ⅲ变形区（挤压摩擦回弹区）

由于刀口的挤压、基本变形区的影响和主后刀面与已加工表面的摩擦等，在工件已加工表面形成。该区域的状况对工件表面的变形强化和残余应力以及刀具后刀面的磨损有很大影响。

第Ⅲ变形区的形成与刀刃钝圆有关。因为刀刃不可能绝对锋利，不管采用何种方式刃磨，刀刃总会有一钝圆半径 r_n。一般高速钢刃磨后为 $3 \sim 10 \mu m$，硬质合金刀具磨后为18～32 μm，如采用细粒金刚石砂轮磨削，r_n 最小可达到 $3 \sim 6 \mu m$。另外，刀刃切削后就会产生磨损，增加刀刃钝圆。

2. 切屑的形成与类型

（1）切屑的形成

金属切削过程实质上是挤压过程。在切削塑性金属过程中，金属在受到刀具前刀面的挤压时，将发生塑性剪切滑移变形，当剪应力达到并超过工件材料的屈服极限时，被切金属层将被切离工件形成切屑。简言之，被切削的金属层在前刀面的挤压作用下，通过剪切滑移变形使之形成了切屑。实际上，这种塑性变形—滑移—切离三个过程，会根据加工材料等条件不同，不完全地显示出来。例如，加工铸铁等脆性材料时，被切层在弹性变形后很快形成切屑离开母材，而加工塑性很好的钢材时，滑移阶段特别明显。

（2）切屑的类型

切屑是切削层金属经过切削过程的一系列复杂的变形过程而形成的。根据切削层金属的特点和变形程度不同，一般切屑形态可分为4类，如图1-3-3所示。这4种切屑形成的形态、变形、形成条件以及对切削过程的影响见表1-3-1。

（a）带状切屑　　（b）节状切屑　　（c）粒状切屑　　（d）崩碎切屑

图1-3-3　切削的种类

表1-3-1　常见切屑类型的形态与形成条件

名　　称	带 状 切 屑	节 状 切 屑	粒 状 切 屑	崩 碎 切 屑
简图				
形状	带状，底面光滑，背面呈毛茸状	节状，底面光滑有裂纹，背面呈锯齿状	粒状	不规则块状颗粒
变形	剪切滑移尚未达到断裂程度	局部剪切应力达到断裂强度	剪切应力完全达到断裂强度	未经塑性变形即被挤裂

续表

名　称	带状切屑	节状切屑	粒状切屑	崩碎切屑
形成条件	加工塑性材料，切削速度较高，进给量较小，刀具前角较大	加工塑性材料，切削速度较低，进给量较大，刀具前角较小	工件材料硬度较高，韧性较低，切削速度较低	加工硬脆材料，刀具前角较小
影响	切削过程平稳，表面粗糙度小，妨碍切削工作，应设法断屑	切削过程欠平稳，表面粗糙度欠佳	切削力波动较大，切削过程不平稳，表面粗糙度不佳	切削力波动大，有冲击，表面粗糙度恶劣，易崩刃

（3）切屑的控制

切屑的控制指控制切屑的形状和长短，通过控制切屑的卷曲半径和排出方向，使切屑碰撞到工件或刀具上，而使切屑的卷曲半径被迫减小，促使切屑中的应力逐渐增加，直至折断。切屑的卷曲半径可以通过改变切屑的厚度，在刀具前刀面上磨制卷屑槽或断屑台来控制，其排出方向则主要靠选择合理的主偏角和刃倾角来控制。

切屑类型是由材料特性和变形的程度决定的，加工相同塑性材料，在不同加工条件下，可得到不同的切屑。如在形成节状切屑情况下，进一步减小前角，加大切削厚度，就可得到粒状切屑；反之，如加大前角，提高切削速度，减小切削厚度，则可得到带状切屑。生产中常利用切屑类型转化的条件，得到较为有利的切屑类型。

3. 积屑瘤的产生及影响

（1）积屑瘤的产生

当以中等切削速度（$v_c = 5 \sim 60 \text{ m/min}$）切削塑韧性金属材料时，由于切屑底面与前刀面的挤压和剧烈摩擦，会使切屑底层的流动速度低于其上层的流动速度。当此层金属与前刀面之间的摩擦力超过切屑本身分子间的结合力时，切屑底层的一部分新鲜金属就会黏结在刀刃附近，形成一个硬块，称为积屑瘤，如图1-3-4所示。

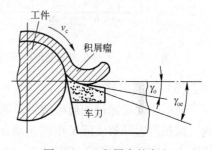

图1-3-4　积屑瘤的产生

在积屑瘤形成过程中，积屑瘤不断长大增高，长大到一定程度后容易破裂而被工件或切屑带走，然后又会重复上述过程，因此积屑瘤的形成是一个时生时灭周而复始的动态过程。

（2）积屑瘤的作用

积屑瘤经历了冷变形强化过程，其硬度远高于工件的硬度，从而有保护刀刃及代替刀刃切削的作用，而且积屑瘤增大了刀具的实际工作前角，使切削力减小。但积屑瘤长到一定高度会破裂，又会影响加工过程的稳定性，积屑瘤还会在工件加工表面上划出不规则的沟痕，影响表面质量。因此，粗加工时可利用积屑瘤保护刀尖，而精加工时应避免产生积屑瘤，以保证加工质量。

（3）减小或避免积屑瘤的措施

① 采用低速或高速切削，由于切削速度是通过切削温度影响积屑瘤的，以切削45钢为例，

在低速 $v_c < 3\,\mathrm{m/min}$ 和较高速度 $v_c \geqslant 60\,\mathrm{m/min}$ 范围内，摩擦系数都较小，故不易形成积屑瘤。

② 采用高润滑性的切削液，使摩擦和黏结减少。

③ 适当减小进给量，增大刀具前角。

④ 提高工件的硬度，减小加工硬化倾向。

4. 影响切削变形的因素

（1）工件材料

工件材料强度越高，塑性越小，则变形系数越小，切削变形减小。

（2）刀具几何参数

前角增大，则变形系数 ξ 减小，即切削变形减小。前角对变形系数的影响如图 1-3-5 所示。

刀尖圆弧半径越大，变形系数 ξ 越大，切削变形越大。刀尖圆弧半径与变形系数的影响如图 1-3-6 所示。

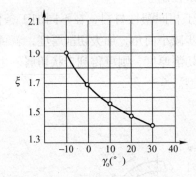

图 1-3-5　刀具前角对变形的影响

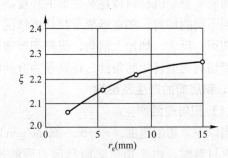

图 1-3-6　刀尖圆弧半径对变形的影响

（3）切削用量

切削速度是通过积屑瘤的生长消失过程影响切削变形大小的。在积屑瘤增长的速度范围内，因积屑瘤导致实际工作前角增加，剪切角 ψ 大，变形系数减小。在积屑瘤消失的速度范围内，实际工作前角不断减小，变形系数 ξ 不断上升至最大值，此时积屑瘤完全消失。在无积屑瘤的切削速度范围，切削速度越高，变形系数越小。切削铸铁等脆性金属时，一般不产生积屑瘤。随着切削速度增大，变形系数逐渐减小，如图 1-3-7 所示。

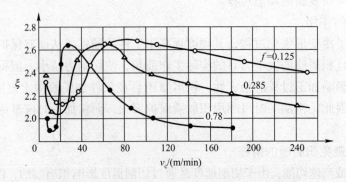

图 1-3-7　切削速度的变化对材料变形系数的影响

当进给量 f 增大时，切削层厚度 h_D 增大，切屑的平均变形量减小，变形系数 ξ 减小。

1.3.2　认知切削力与切削功率

1. 切削力的产生与分解

切削加工时，刀具切除工件材料多余金属所需的力称为切削力，用符号 F 表示。切削力主要来源于切削过程的三个变形区。一是克服金属、切屑和工件表面层金属的弹性、塑性变形抗力所需要的力；二是克服刀具与切屑、工件表面间摩擦阻力所需要的力，如图 1-3-8 所示。

在进行工艺分析时，常将切削力 F 沿主运动方向、进给运动方向和垂直进给运动方向（在水平面内）分解为三个相互垂直的分力，如图 1-3-9 所示。

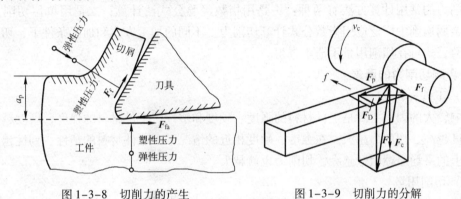

图 1-3-8　切削力的产生　　　　图 1-3-9　切削力的分解

（1）主切削力 F_c

主切削力是总切削力 F 在主运动方向上的正投影。方向垂直于基面，它消耗机床功率的 95% 以上，是计算车刀强度、设计机床零件、确定机床功率所必需的数据。

（2）进给力 F_f

进给力是总切削力 F 在进给运动方向上的正投影。进给力一般只消耗机床功率的 1% ～ 5%，它是设计进给机构、计算进给功率所必需的数据。

（3）背向力 F_p

背向力是总切削力 F 在垂直进给运动方向上的正投影。背向力不做功，但由于它作用在工艺系统刚度最薄弱的方向上，会使工件产生弹性弯曲，引起振动，影响加工精度和表面粗糙度。背向力计算公式由：

$$F = \sqrt{F_c^2 + F_D^2} = \sqrt{F_c^2 + F_p^2 + F_f^2}$$

可得：

$$F_p = \sqrt{F^2 - F_c^2 - F_f^2}$$

2. 切削功率

切削功率 P_m：切削力在切削过程中的做功功率。

$$P_m = \left(F_c v + \frac{F_f n_w f}{1\,000}\right) \times 10^{-3} \,(\text{kW})$$

式中：v——切削速度（m/s）；

n_w——工件转速（r/s）；

f——进给量（mm/r）。

由于 F_f 与 F_c 相比小很多，而且进给速度很小，因此 F_f 消耗的功率可以忽略不计，则：

$$P_m = F_c v \times 10^{-3} \, (\text{kW})$$

由切削功率可以求得机床电机功率 P_E：

$$P_E \geqslant \frac{P_m}{\eta_m} \, (\text{kW})$$

式中：η_m——机床传动效率，一般可以取 $0.75 \sim 0.85$。

3. 切削力的计算方法

切削力的常用计算方法有两种：一是用指数经验公式法计算；二是用单位切削力法计算。在金属切削中广泛应用指数公式计算切削力。不同的加工方式和加工条件下，切削力计算的指数公式可在切削用量手册中查得。

4. 影响切削力的因素

（1）工件材料

影响较大的因素主要是工件材料的强度、硬度和塑性。工件材料的强度、硬度越高，则屈服强度越高，切削力越大。在强度、硬度相近的情况下，工件材料的塑性、韧性越大，则前刀面上的平均摩擦因数越大，切削力也就越大。

（2）切削用量

进给量 f 和背吃刀量 a_p 增加，使切削力 F_c 增加，但影响程度不同。进给量 f 增大时，切削力有所增加；而背吃刀量 a_p 增大时，切削刃上的切削负荷也随之增大，即切削变形抗力和前刀面上的摩擦力均成正比地增加。

（3）切削速度

切削速度对切削力的影响较复杂：切削速度在 $5 \sim 20 \, \text{m/min}$ 区域内增加时，积屑瘤高度逐渐增加，切削力减小；切削速度继续在 $20 \sim 35 \, \text{m/min}$ 范围内增加时，积屑瘤逐渐消失，切削力增加；在大于 $35 \, \text{m/min}$ 时，由于切削温度上升，摩擦因数减小，切削力下降；一般切削速度超过 $90 \, \text{m/min}$ 时，切削力无明显变化。在切削脆性金属工件材料时，因塑性变形很小，刀屑界面上的摩擦也很小，所以切削速度 v_c 对切削力 F_c 无明显的影响。所以，在实际生产中，如果刀具材料和机床性能许可，采用高速切削，既能提高生产效率，又能减小切削力。

（4）刀具几何参数

前角 γ_o 对切削力的影响：加工塑性材料时，前角增大，变形程度减小，切削力减小；加工脆性材料时，切削变形很小，前角对切削力影响不显著。

主偏角 K_r 对切削力的影响：对 F_c 影响较小，但对 F_p、F_f 影响较大，F_p 随 K_r 增大而减小，F_f 随 K_r 增大而增大。

刃倾角 λ_s 对切削力的影响：对 F_c 影响很小，但对 F_p、F_f 影响较大，F_p 随 λ_s 增大而减小，F_f 随 λ_s 增大而增大。

刀尖圆弧半径 r_ε 对切削力的影响：对 F_c 影响很小，但随 F_p 增大而增大，F_f 随 r_ε 增大而减小。

1.3.3 认知切削热和切削温度

1. 切削热来源与传出

如图 1-3-10 所示，在三个变形区中，变形和摩擦所做的功绝大部分都转化成热能。切削区域产生的热能通过切屑、工件、刀具和周围介质传出。切削热传出时由于切削方式的不同，工件和刀具热传导系数的不同等，各传导媒体传出的比例也不同。表 1-3-2 所示为在车削和钻削时各传热媒体切削热传出的比例。

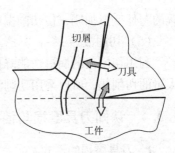

图 1-3-10 切削热的
来源与传出

表 1-3-2 切削热的传出比例

媒 体	切 屑	工 件	刀 具	周围介质
车削	50%～86%	10%～40%	3%～9%	1%
钻削、镗削	28%	52.5%	14.5%	5%
铣削	70%	<30%	5%	
磨削	4%	>80%	12%	

切削热对切削加工也将产生不利的影响：它传入工件，使工件温度升高，产生热变形，影响加工精度；传入刀具的热量虽然比例较小，但是刀具质量小，热容量小，仍会使刀具温度升高，加剧刀具磨损，同时又会影响工件的加工尺寸。

切削热是通过切削温度对刀具产生作用的，切削温度一般是指切屑与前刀面接触区域的平均温度。

切削塑性材料时，前刀面靠近刀尖处温度最高；而切削脆性材料时，后刀面靠近刀尖处温度最高。

2. 影响切削温度的主要因素

（1）工件材料

材料的强度、硬度越高，则切削抗力越大，消耗的功率越多，产生的热就越多；导热系数越小，传散的热越少，切削区的切削温度就越高。

（2）切削用量

切削用量中切削速度对切削温度影响最大，切削速度增大，切削温度随之升高；进给量对切削温度影响稍大，背吃刀量的影响最小。

（3）刀具几何参数

前角 γ_o 的影响：前角 γ_o 增大，塑性变形和摩擦力减小，切削温度降低。但前角不能太大，否则刀具切削部分的楔角过小，容热、散热体积减小，切削温度反而上升。

主偏角 K_r 的影响：主偏角 K_r 增大，切削刃工作接触长度增长，切削宽度 b_D 减小，散热条件变差，故切削温度随之升高。

（4）刀具磨损

刀具主后刀面磨损时，后角减小，后刀面与工件间摩擦加剧。刃口磨损时，切屑形成过程的塑性变形加剧，使切削温度增大。

（5）切削液

利用切削液的润滑功能降低摩擦因数，减少切削热的产生，也可利用它的冷却功能吸收大量的切削热，所以采用切削液是降低切削温度的重要措施。

1.3.4 认知刀具磨损与使用寿命

1. 刀具磨损的形式

在切削过程中切削区域有很高的温度和压力，刀具在高温和高压条件下，受到工件、切屑的剧烈摩擦，使刀具前刀面和后刀面都会产生磨损，随着切削加工的延续，磨损逐渐扩大，这种现象称为刀具正常磨损。

刀具正常磨损时，按其发生的部位不同可分为三种形态，即前刀面磨损、后刀面磨损、前后刀面同时磨损的边界磨损，如图 1-3-11（a）所示。

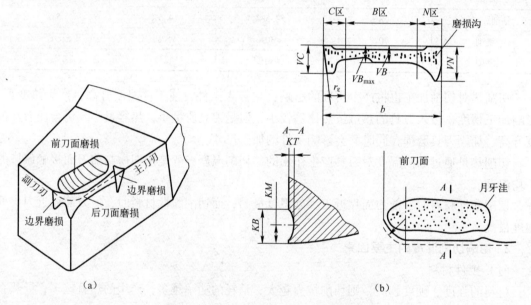

图 1-3-11　刀具磨损的形态与测量位置

（1）前刀面磨损

前刀面磨损以月牙洼的深度 KT 表示（见图 1-3-11），用较高的切削速度和较大的切削厚度切削塑性金属时常见这种磨损。

（2）后刀面磨损

后刀面磨损以平均磨损带宽 VB 表示（见图 1-3-11）。切削刃各点处磨损不均匀，刀尖部分（C 区）和近工件外表面处（N 区）因刀尖散热差或工件外表面材料硬度较高，故磨损较大，中间处（B 区）磨损较均匀。加工脆性材料或用较低的切削速度和较小的切削厚度切削塑性金属时常见这种磨损。

（3）边界磨损

在以中等切削用量切削塑性金属时易产生前刀面和后刀面的同时磨损。

2. 刀具的磨损程度

刀具允许的磨损限度，通常以后刀面的磨损带宽 VB 作为标准。但是，在实际生产中，不可能经常测量刀具磨损的程度，而常常是按刀具进行切削的时间来判断的。

刀具磨损到一定程度，将不能使用，这个限度称为磨钝标准。一般以刀具表面的磨损量作为衡量刀具磨钝的标准。因为刀具后刀面的磨损容易测量，所以国际标准中规定以 1/2 背吃刀量处后刀面上测量的磨损带宽 VB 作为刀具磨钝标准。具体标准可参考相关手册。实际生产中，考虑到不影响生产，一般根据切削中发生的一些现象来判断刀具是否磨钝，例如是否出现振动与异常噪声等。

3. 刀具磨损过程

随着切削时间的延长，刀具的后刀面磨损带宽 VB 随之增加，如图 1-3-12 所示，其磨损过程可分为 3 个阶段。

（1）初期磨损阶段 I

新刃磨的切削刃较锋利，其后刀面与加工表面接触面积小，存在微观不平等缺陷，所以这一阶段磨损很快，其大小与刀面刃磨质量有很大关系。

（2）正常磨损阶段 II

经前阶段后，刀具的粗糙表面已磨平，承压面积增大，压应力减小，使磨损速度明显减小，所以这一阶段磨损比较缓慢均匀。从图 1-3-12 中可以看出，后刀面磨损量随切削时间延长而近似地成比例增加，这是刀具工作的有效阶段。

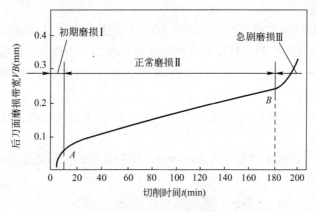

图 1-3-12　刀具磨损过程

（3）急剧磨损阶段 III

到这一阶段，刀具切削刃变钝，切削力、切削温度迅速升高，磨损速度急剧增加，以致刀具损坏而失去切削能力。所以在生产中要在这个阶段到来之前，及时更换刀具。

4. 刀具耐用度

刃磨后的刀具从开始切削直到磨损量达到磨钝标准为止总的切削时间称为刀具耐用度，用 T 表示；也可用达到磨钝标准前的切削路程长度或加工出的零件数来表示。

刀具耐用度是确定换刀时间的重要依据，也是衡量工件材料切削加工性和刀具切削性能优劣，以及刀具几何参数和切削用量选择是否合理的重要指标。

刀具耐用度与刀具寿命的概念不同。所谓刀具寿命，是指一把新刀从投入使用到报废为止总的切削时间，它等于刀具耐用度乘以刃磨次数（包括新刀开刃）。

刀具耐用度标志刀具磨损的快慢程度，刀具耐用度高，即刀具磨损的速度慢；刀具耐用度低，即刀具磨损的速度快。凡是影响切削温度和刀具磨损的因素，都影响刀具耐用度。其中切削速度的影响最明显。

5. 刀具使用寿命

从生产效率考虑，刀具使用寿命越高，允许采用的切削速度就越低，从而使生产效率降低；刀具使用寿命规定过低，装刀、卸刀及调整机床的时间增多，生产效率也降低。这就存在一个最大生产效率刀具使用寿命，从加工成本考虑，刀具使用寿命过低，换刀时间增多，刀具消耗及磨刀成本均提高，成本也增高。因此使刀具存在经济刀具使用寿命。

合理的刀具使用寿命的确定，要综合考虑各种因素的影响。一般刀具使用寿命制订可遵循以下原则：第一，根据刀具的复杂程度、制造和磨刀成本的高低来选择。复杂刀具制造、刃磨成本高，换刀时间长，刀具使用寿命要选高些；简单刀具使用寿命可取低些。如齿轮刀具大致为 $T = 200 \sim 300\,\text{min}$，硬质合金端铣刀大致为 $T = 120 \sim 180\,\text{min}$，可转位车刀大致为 $T = 15 \sim 30\,\text{min}$。第二，对机床、组合机床以及数控机床上的刀具，刀具使用寿命应选得高些。第三，精加工大型工件时，刀具使用寿命应规定至少能完成一次走刀。

1.3.5 切削液的合理选择

1. 切削液的作用

① 冷却作用：切削液能将产生的热量从切削区带走，使刀具切削部分和工件的表面及其总体的温度降低，从而有利于延长刀具耐用度和减小工件的热变形以提高加工精度。

② 润滑作用：通过切削液的渗入，可在刀具、切屑、工件表面之间，形成润滑性能较好的油膜，起润滑作用。

③ 清洗作用：可消除黏附在机床、刀具、夹具和工件上的切屑，以防止划伤已加工表面和机床导轨等。

④ 防锈作用：在切削液中加入防锈添加剂，能在金属表面形成保护膜，起防锈作用。

2. 切削液的种类

常用的切削液可分为：水溶液、乳化液和切削油三大类。

① 水溶液：水是热容量很大而又最容易得到的液体，它的冷却作用最好。为了防止它对钢铁的锈蚀作用，常常添加易溶于水的硝酸钠、碳酸钠等防锈剂。水溶液广泛用于磨削和粗加工。

② 乳化液：它是由矿物油加乳化剂配制而成乳化油。乳化剂的分子具有亲水亲油性，它能使水和油均匀混合，既具有良好的冷却作用，又有一定的润滑作用。低浓度乳化液主要起冷却作用，高浓度乳化液主要起润滑作用。乳化液主要用于车削、钻削、攻螺纹。

③ 切削油：切削油的主要成分是矿物油（机油、轻柴油、煤油），生产中用得最多的是煤油，它与水相比热容量较小，冷却作用不如水好。切削油一般用于滚齿、插齿、铣削、车螺纹及一般材料的精加工。

3. 切削液的合理选择

选用切削液必须根据工件材料、刀具材料、加工方法和技术要求等具体情况确定。如高速钢刀具耐热性差，需采用切削液。粗加工时，主要以冷却为主，同时如需减少切削力和降低功率消耗，可采用 3% ~ 5% 的乳化液；精加工时，主要目的是改善加工表面质量，降低刀具磨损，减少积屑瘤，此时可以采用 15% ~ 20% 的乳化液。而硬质合金刀具耐热性高，一般不用切削液，若要用，必须连续、充分地使用，否则因骤冷骤热，产生的内应力易导致刀片产生裂纹。

1.3.6 刀具几何参数的选择

切削力的大小、切削温度的高低、切屑的连续与碎断、加工质量的好坏以及刀具寿命、生产效率、生产成本的高低等都与刀具几何参数有关。

合理选择刀具几何参数的原则是在保证加工质量的前提下，尽可能地使刀具寿命高、生产效率高和生产成本低。但在生产中应根据具体情况决定哪一项是主要目标，如粗加工和半精加工时，主要考虑生产率和刀具寿命；精加工时，主要考虑保证加工质量。刀具几何参数之间相互影响又相互联系。一个参数可改变对刀具切削性能的影响，这样既有有利方面，也有不利方面，应根据具体情况选取合理值。

1. 前角及前刀面形式的选择

（1）前角的功用及选择

① 前角的功用。前角是刀具上重要的几何参数之一，它决定切削刃的锋利程度和刀尖的坚固程度。除此之外，前角对切削过程有如下影响：

a. 增大前角能减小切屑变形，减小切削力和切削功率；

b. 增大前角能改善刀、屑接触面上的摩擦状况，降低切削温度和刀具磨损，延长刀具寿命；

c. 增大前角能减小或抑制积屑瘤，减少振动，从而改善加工表面质量。

但是，增大前角使刀楔角减小，散热条件和刀尖的强度削弱，引起刀具寿命下降。因此，在一定的切削条件下，存在着一个刀具寿命最大的前角值，这个前角称为合理前角，用 γ_{opt} 表示，如图 1-3-13、图 1-3-14 所示。

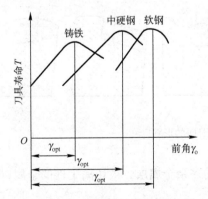

图 1-3-13 加工不同材料工件时合理前角

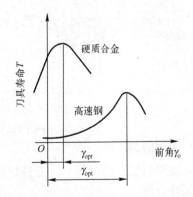

图 1-3-14 使用不同材料刀具时合理前角

② 前角的选择。实验证明，合理的前角主要取决于工件材料和刀具材料的种类和性质。

a. 工件材料塑性越大，前角合理值越大；塑性越小，前角合理值越小（见图1-3-13）。这是由于切削塑性大的材料时，前角对切屑变形影响显著，所以增大前角后切削力减小，刀具磨损小。加工脆性材料时，由于产生崩碎切屑，切削力集中在切削刃附近，前角对切屑变形影响不大，同时为了防止崩刃，应选择较小的前角。当工件材料的强度、硬度大时，为保证刀尖的强度，前角应选择较小些。

b. 刀具材料抗弯强度和冲击韧性越大，合理前角越大（如图1-3-14中的高速钢），抗弯强度低、韧性低则合理前角越小（如图1-3-14中的硬质合金）。

c. 粗加工时切削力大，特别是断续切削时冲击力较大，合理前角小；精加工时切削力小，要求刃口锋利，合理前角大。工艺系统刚性较差或机床功率小时，前角应大些。自动机床刀具前角取小些，以提高切削性能的稳定性和刀具寿命。

（2）前刀面形式的选择

常见的前刀面形式如图1-3-15所示。

① 正前角平面型〔见图1-3-15（a）〕这是前刀面的最基本形式，其制造简单、刀刃锋利，但刀尖强度较差，对卷屑的断屑能力差，常用于精加工。

② 正前角平面带倒棱型〔见图1-3-15（b）〕，这种前刀面是在正前角平面型基础上沿切削刀磨出很窄的棱边（负倒棱）而形成的。刀刃强度增强，用于脆性大的刀具材料，如陶瓷刀具、硬质合金刀具，适于在断续切削时使用。负倒棱宽度必须选择适当，否则就会变成负前角切削了。负倒棱宽度 $b_{r1} = (0.3 \sim 0.8)f$，粗加工时取大值，精加工时取小值；负倒棱前角 $\gamma_{o1} = -10° \sim -5°$（硬质合金刀具）。

③ 正前角曲面带倒棱型〔见图1-3-15（c）〕这种前刀面是在正前角平面带倒棱型基础上磨出一定曲面形成的。这个曲面起卷屑作用，并增大前角，改善切削条件，主要用于粗加工和半精加工塑性材料。

④ 负前角单平面型〔见图1-3-15（d）〕。用硬质合金刀具切削高强度、高硬度材料，如切削淬火钢或带硬皮并有冲击的粗加工时采用此种形式的前刀面。其最大特点是抗冲击能力强。

⑤ 负前角双平面型〔见图1-3-15（e）〕。当刀具磨损同时发生在前、后刀面时，为了减少前刀面刃磨面积，充分利用刀片材料，可采用负前角双平面型。

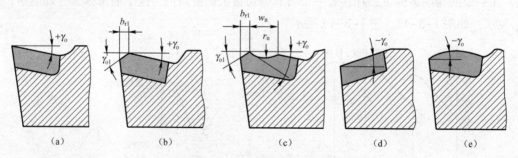

图1-3-15 刀具前刀面的形式

（3）切屑控制

在金属切削加工的过程中，刀具切除工件上的多余金属层，被切离工件的金属以切屑的形式与工件分离。

研究切屑的控制（卷屑和断屑）方法和机理对高速切削或自动化生产是十分重要的。切屑的控制问题主要取决于前刀面的形式与尺寸参数。

① 切屑的控制要求。

切屑按几何形状和处理要求大体分为带状屑、C形屑、崩碎屑、螺卷屑、长紧卷屑、宝塔状卷屑和发条状卷屑等，如图 1-3-16 所示。

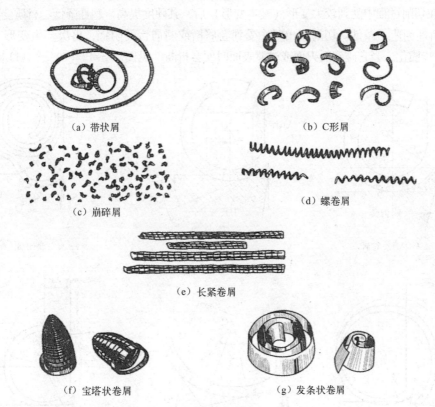

（a）带状屑　　　　　　　　　（b）C形屑

（c）崩碎屑　　　　　　　　　（d）螺卷屑

（e）长紧卷屑

（f）宝塔状卷屑　　　　　　（g）发条状卷屑

图 1-3-16　切屑的形状

在不同的切削加工条件下，对切屑的形状要求也不同。产生带状屑时虽然切削平稳，但易缠绕在工件或刀具上，会划伤工件表面、损伤刀具甚至伤人。为了清除方便，人们常常将带状屑转变成螺卷屑或长紧卷屑。C形屑不缠绕工件，也不易伤人，是一种比较好的屑形，但其高频率的碰撞和折断会影响切削过程的平稳性，影响已加工表面粗糙度，所以精车时形成长螺卷屑较好。在重型车床上采用大的切削厚度和大的进给量车削钢件时，C形屑易损坏切削刃和崩飞伤人，则希望得到发条状卷屑。在自动化生产中，宝塔状卷屑是理想的。加工脆性金属（如铸铁、黄铜）时，为避免碎屑飞溅或磨损导轨，应设法使切屑连成卷状，形成假带状屑。

② 卷屑机理。

卷屑的基本原理是：设法使切屑在沿前刀面流出时，受到额外的作用力而产生附加的变形而卷曲。

a. 自然卷屑机理。切屑沿正前角平面型前刀面流出时，在切削速度 v 不是很高时，在积屑瘤的作用下，切屑往往自行曲卷 [见图 1-3-17 (a)]。

b. 卷屑槽卷屑机理。前刀面上磨出卷屑槽或选择带卷屑槽的刀片，当切屑流出并受附加力后产生卷曲 [见图 1-3-17 (b)]。

③ 断屑原理。

切屑在切削过程中受到较大变形（基本变形）后，其硬度提高、塑性降低、材质变脆，从而为切屑的折断创造了条件。切屑流出时，受到卷屑槽或断屑台的阻挡，再次产生变形（附加变形），进一步脆化，当它碰到后刀面或过渡表面时便会折断 [见图 1-3-17 (c) ~ (f)]。

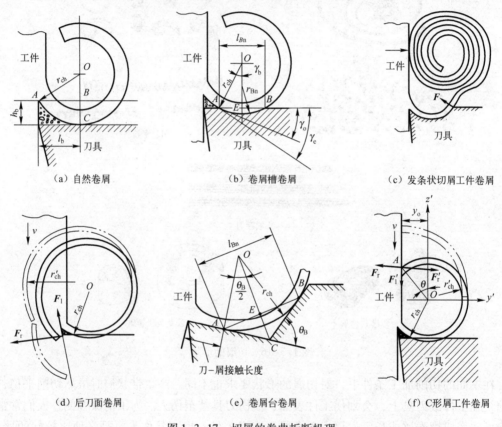

图 1-3-17　切屑的卷曲折断机理

2. 后角的功用及选择

（1）后角的功用

后角的大小影响后刀面与工件加工表面之间的摩擦，影响刀楔角的大小，因此，后角的主要功用是：

① 增大后角可以减少刀具的磨损，提高加工表面质量。

② 增大后角，在 VB 相同时，达到磨钝标准磨去金属体积多，刀具寿命高；但在 NB 相同时，则磨去的金属体积少，刀具寿命低（见图 1-3-18）。

③ 后角增大，刀楔角减小，刀尖圆弧半径减小，刀尖锋利，易切入工件，使变质层深

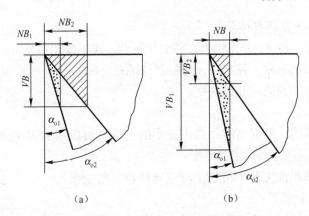

图 1-3-18 后角大小对刀具磨损的影响

度减小。但后角太大时，刀楔角显著减小，散热条件变差，同时削弱刀尖强度，使刀具寿命降低或者发生刀具破损。

（2）后角的选择

刀具后角主要依据切削厚度（或按粗、精加工）选择。精加工时切削厚度小，主要是后刀面磨损，为了使刀尖锋利应取较大后角；粗加工时，切削厚度大、切削力大、切削温度高，应取较小的后角，以增大刀尖的强度和改善散热条件。此外，工件材料的强度、硬度高时宜选小的后角；材料的韧性大时宜选大的后角。工艺系统刚性差时为防止振动，宜选小的后角，可增加阻尼，甚至磨出消振棱（见图 1-3-19）。对各种有尺寸精度要求的刀具，为了限制重磨后刀具尺寸的变化，宜选择较小的后角。

副后角的功用与主后角基本相同，如车刀的副后角与主后角相同，为 4°～6°。切断刀和切槽刀受结构强度的影响，副后角只能取 1°～2°（见图 1-3-20）。

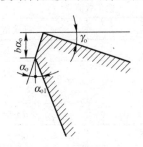

图 1-3-19 带消振棱的车刀

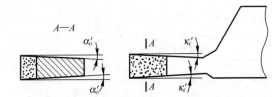

图 1-3-20 切断刀副后角和副偏角

3. 主、副偏角的功用及选择

主偏角、副偏角及刀尖形状的共同点是影响刀尖强度、散热面积、热容量以及刀具寿命和已加工表面的质量。

（1）主偏角的功用及选择

① 主偏角的功用。

a. 主偏角减小时，刀尖角增大，提高刀尖强度，散热体积增大，刀具寿命提高；

b. 主偏角减小时，切削宽度 b_D 增大，切削厚度 h_D 减小，切削刃工作长度增大，单位切削刃负荷减小，有利于提高刀具寿命；

c. 主偏角减小时，使 F_D 分力增大，易引起振动，使工件弯曲变形，降低加工精度；

d. 主偏角影响切屑形状、流出方向和断屑性能；

e. 主偏角影响加工表面的残留高度。

② 主偏角的选择。

a. 工件材料的强度、硬度高时，选用较小的主偏角可以增大刀尖强度、散热体积及单位切削负荷；

b. 硬质合金刀具粗加工和半精加工时应选择较大的主偏角，有利于减少振动和断屑；

③ 工艺系统刚性好时，宜选取较小的主偏角，以提高刀具寿命；刚度不足，如加工细长轴时，宜取较大的主偏角，甚至取 $\kappa_r \geqslant 90°$，以减小径向力。

（2）副偏角的功用及选择

副偏角的功用与主偏角基本相同，选择副偏角时应考虑以下因素：

① 已加工表面粗糙度值小时，应选择小的副偏角，有时磨出修光刃（见图 1-3-21）。

② 工艺系统刚性较差时，副偏角不宜选择太小，以不致引起振动为原则。

③ 切断刀、切槽刀考虑结构强度，一般取 $1° \sim 3°$。

主副偏角的选择可参照表 1-3-3。

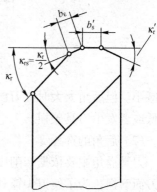

图 1-3-21　具有修光刃的车刀

表 1-3-3　硬质合金车刀主副偏角参考值

加工情况		偏角数值（°）	
		主偏角	副偏角
粗车，无中间切入	工艺系统刚度好	45、60、75	5～10
	工艺系统刚度差	60、75、90	10～15
车削细长轴、薄壁件		90、93	6～10
精车，无中间切入	工艺系统刚度好	45	0～5
	工艺系统刚度差	60、75	0～5
车削冷硬铸铁、淬火钢		10～30	4～10
从工件中间切入		45～60	30～45
切断刀、切槽刀		60～90	1～2

4. 刃倾角的功用及选择

刃倾角主要影响刀尖强度和切屑流动的方向。在加工一般钢料和铸铁时，无冲击的粗车取 $\lambda_s = 0° \sim -5°$，精车取 $\lambda_s = 0° \sim +5°$；有冲击负荷时，取 $\lambda_s = -15° \sim -5°$；冲击特别大时，取 $\lambda_s = -45° \sim -30°$。切削高强度钢、冷硬钢时，为提高刀头强度，可取 $\lambda_s = -30° \sim -10°$。

当 λ_s 为负值时，切屑流向已加工表面，易划伤已加工表面；λ_s 为正值时，切屑流向待加工表面。精加工时，常取正刃倾角。微量极薄切削时，取大正刃倾角。刃倾角对切屑流向的影响如图1-3-22所示。刃倾角的选择可参照表1-3-4。

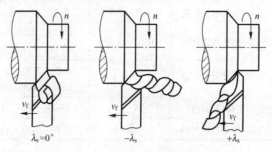

图1-3-22　刃倾角对切屑流出方向的影响

表1-3-4　刃倾角数值选择参考表

λ_s（°）	0～+5	+5～+10	-5～0	-10～-5	-15～-10	-45～-10	-75～-45
应用范围	精车钢、车细长轴	精车有色金属	粗车钢和灰铸铁	粗车余量不均匀钢	断续车削钢和灰铸铁	带冲击切削淬硬钢	大刃倾角刀具薄切削

1.3.7　认知工件材料的切削加工性

材料的切削加工性指在一定的切削条件下，工件材料切削加工的难易程度。切削加工性是一个相对的概念，如低碳钢，从切削力和切削功率方面来衡量，则加工性好；如果从已加工表面粗糙度方面来衡量，则加工性不好。

1. 衡量切削加工性的指标

切削过程的要求不同，切削加工性的衡量指标也不同。

（1）以刀具寿命 T 或一定刀具寿命下允许的切削速度 v_T 衡量

在相同的切削条件下加工不同的材料时，在一定的切削速度下刀具寿命 T 越大或一定刀具寿命下所允许的切削速度越高，加工性越好；反之，加工性越差。

在一定刀具寿命下，某种材料允许的切削速度 v_T 是最常用的衡量加工性的指标。通常以 $\sigma_b = 0.735$ GPa 的正火状态下45钢的刀具寿命 $T = 60$ min 允许的切削速度 v_{60} 为基准，记作（v_{60}）$_j$，其他各种材料的 v_{60} 与之相比，比值 K_v 即为这种材料的相对加工性。即

$$K_v = v_{60}/(v_{60})_j$$

$K_v > 1$，说明该材料的加工性比45钢好；$K_v < 1$，说明该材料的加工性比45钢差。常用工件材料相对加工性 K_v 可分为8级，如表1-3-5所示。

表1-3-5　材料的相对加工性等级

加工性等级	名称及种类		相对加工性	代表性材料
1	很容易切削的材料	一般有色金属	>3.0	5-5-5铜铅合金、9-4铝铜合金、铝镁合金
2	容易切削材料	易切削钢	2.5～3.0	退火15Cr，$\sigma_b = 0.373 \sim 0.441$ GPa 自动机钢，$\sigma_b = 0.393 \sim 0.491$ GPa
3		较易切削钢	1.6～2.5	正火30钢，$\sigma = 0.441 \sim 0.549$ GPa

续表

加工性等级	名称及种类		相对加工性	代表性材料
4	普通材料	一般钢及铸铁	1.0～1.6	45 钢、灰铸铁
5		稍难切削材料	0.65～1.0	2Cr13，调质，$\sigma_b = 0.834$ GPa 85 钢，$\sigma_b = 0.883$ GPa
6	难切削材料	较难切削材料	0.5～0.65	45Cr，调质，$\sigma_b = 0.834$ GPa 65Mn，调质，$\sigma = 0.932～0.981$ GPa
7		难切削材料	0.15～0.5	50CrV，调质，1Cr18NigTi，某些钛合金
8		很难切削材料	<0.15	某些钛合金、铸造镍基高温合金

（2）以已加工表面质量衡量

如果切削加工时容易获得好的加工质量（包括表面粗糙度、加工硬化程度和表面残余应力等），材料的切削加工性就好；反之则差。精加工时常以此作为衡量加工性的指标。

（3）以切削力或切削功率衡量

在相同切削条件下加工不同材料时，切削力或切削功率越大，切削温度越高，则材料的切削加工性越差；反之，切削加工性越好。在粗加工或机床的刚性、动力不足时，可采用切削力或切削功率作为衡量切削加工性的指标。

（4）以切屑的处理性能衡量

切削加工时切屑的处理性能（指切屑的卷曲、折断和清理等）越好，则材料的加工性越好；反之，加工性越差。数控机床、组合机床、自动机床或自动线加工时，常以此作为衡量切削加工性的指标。

2．影响材料加工性的因素

影响材料加工性的因素主要有化学成分、金相组织、力学性能、物理性能及化学性能等，其中材料的力学性能、物理性能及化学性能是由化学成分和金相组织决定的。

（1）工件材料的力学性能

一般情况下，工件材料的硬度（包括常温硬度、高温硬度、硬质点和加工硬化等方面）、强度越高，塑性、韧性越大，弹性模量越小，其加工性越差；反之，则越好。但在生产实际中不能孤立地考虑这些因素，而应根据不同的材料，对多种影响因素进行综合考虑，如低碳钢，虽然其硬度很低，但塑性很大，其加工性并不是很好。

（2）工件材料的物理性能

在材料的物理性能中，导热系数对切削加工性有直接的影响。切削过程中所产生的切削热分别从切屑、工件及刀具传出。工件材料的导热系数越高，刀具与工件及切屑摩擦面上的温度越低，刀具磨损越小，刀具寿命越高，工件切削性好。反之，则越差。

（3）工件材料的化学性能

某些材料在切削温度高时，容易引起化学反应：如镁合金易燃烧；钛合金在切削时与空气中的氧气和氮气发生反应，形成硬脆的化合物，使切屑呈短碎片状，切削力和切削热集中在切削刃附近；切削液有时会和某些材料起化学反应等。这些都对材料的切削性能有一定的影响。

3. 改善切削加工性的途径

在保证产品使用性能的前提下，可以通过多种方法改善材料的切削加工性。

（1）采用热处理措施

通过热处理可以改善材料的金相组织和物理力学性能，这是生产实践中最常用的方法。如高碳钢和工具钢硬度高，有较多的网状、片状渗碳体组织，通过球化退火可以降低其硬度。热轧状态的中碳钢组织不均匀，有时表面有硬皮，经过正火可使其组织均匀，硬度适中，改善其切削加工性。低碳钢塑性过高，可通过冷拔或正火适当降低其塑性，提高硬度，改善其切削加工性。

（2）调整材料的化学成分

在钢中适当添加一些元素如硫、钙、铅等，这些添加元素几乎不能与钢的基体固溶，而以金属或金属夹杂物的状态分布，在切削过程中起到减小变形和摩擦的作用，使钢的切削性能得到改善，这样的钢称为易切钢。它具有良好的加工性，使刀具寿命提高，切削力减小，切屑易折断等。

任务练习

1. 填空题

（1）金属切削过程的实质是_____。

（2）由于工件材料和加工条件的不同，切削加工常见的四种切屑有_____、_____、_____和_____。其中前三种切屑形成特点是_____，第四种切屑所加工工件材料通常是_____。

（3）积屑瘤的产生条件是切屑的_____和_____。

（4）积屑瘤的产生将刀具的实际工作前角_____，切削力_____。积屑瘤的脱落将影响_____。

（5）切削加工时，刀具切除工件材料多余金属所需的力称为切削力，在进行工艺分析时，常将切削力 F 沿主运动方向、进给运动方向和垂直进给运动方向（在水平面内）分解为三个相互垂直的分力，分别是_____、_____和_____。在进行切削功率计算时主要应考虑_____。

（6）切削用量三要素中对切削力影响最直接的是_____。

（7）加工塑性材料时刀具前角对切削力的影响是_____。

（8）切削热对切削加工的主要影响体现在_____。

（9）切削用量三要素中对切削温度影响最大的是_____。

（10）工件材料的强度和硬度升高会导致切削温度_____。

（11）刀具的磨损将导致切削温度_____。

（12）刀具正常磨损按其发生部位分为三种形式，是_____、_____和_____。

（13）前刀面磨损通常用_____衡量磨损程度。

（14）后刀面磨损的常见形成条件是＿＿＿＿＿＿＿＿＿＿＿＿＿＿＿＿＿＿＿＿＿。

（15）国际标准规定以＿＿＿＿＿＿＿＿＿＿＿＿＿＿＿＿＿＿作为刀具磨钝标准。

（16）刀具耐用度是指＿＿＿＿＿＿＿＿＿＿＿＿＿＿＿＿＿＿＿＿＿＿＿＿＿＿。
刀具寿命指＿＿＿＿＿＿＿＿＿＿＿＿＿＿＿＿＿＿＿＿＿＿＿＿＿＿＿＿＿＿＿。

（17）常用切削液的种类有＿＿＿＿＿、＿＿＿＿＿和＿＿＿＿＿三大类；切削液的重要作用为＿＿＿＿＿＿、＿＿＿＿＿、＿＿＿＿＿和＿＿＿＿＿。

（18）影响材料切削加工性的因素有＿＿＿＿＿、＿＿＿＿＿、＿＿＿＿＿、＿＿＿＿＿等。

（19）改善材料切削加工性的途径有＿＿＿＿＿＿＿＿＿和＿＿＿＿＿＿＿＿＿。

（20）如何控制切削形状＿＿＿＿＿＿＿＿＿＿＿＿＿＿＿＿＿＿＿＿＿＿＿＿＿＿＿。

2. 判断题

（1）采用低速或高速切削都有利于避免产生积屑瘤。　　　　　　　（　　）

（2）减小进给量、增大刀具前角有利于控制积屑瘤的产生。　　　　（　　）

（3）提高工件硬度有利于控制积屑瘤的产生。　　　　　　　　　　（　　）

（4）前角增大，则变形系数 ξ 减小，即切削变形减小。　　　　　（　　）

（5）进给量和切削厚度增大时，切削变形减小。　　　　　　　　　（　　）

（6）工件材料的强度和硬度越大，所需切削力越大。　　　　　　　（　　）

（7）工件材料强度和硬度接近，塑性和韧性越大，所需切削力越大。（　　）

（8）加工塑性材料时刀具前刀面刀尖处温度最高，加工脆性材料时刀具后刀面刀尖处温度最高。　　　　　　　　　　　　　　　　　　　　　（　　）

（9）对切削变形的影响塑性越大，变形越小。　　　　　　　　　　（　　）

（10）切削变形基本没有影响。　　　　　　　　　　　　　　　　　（　　）

项目训练

【训练目标】

1. 会分析零件的结构特点及表面特征。

2. 能根据零件表面结构分析表面成形方法。

3. 会分析简单结构表面所需成形运动。

4. 能定性分析外圆车削加工工艺系统的受力情况。

5. 能对选择使用的外圆车刀进行结构分析，定性分析刀具结构参数对外圆车削的影响。

【项目描述】

图 1-0-1 为 C6125 车床尾座丝杠零件图，零件的安装在尾座体和尾座套筒之间，轴径 $\phi 15^{+0.019}_{+0.001}$ 为轴承支撑轴径，轴承外圈与尾座体内孔配合，梯形螺纹 Tr14x3LH-7h 与尾座套筒内的丝杠螺母相连接，轴径 $\phi(12 \pm 0.005\,5)$ 用于安装手轮，M8 为锁紧限位螺母连接轴径。丝杠的作用是传递扭矩，通过尾座螺母驱动尾座套筒左右移动并带动尾座顶尖的左右移动而实现对工件的夹紧或松开。

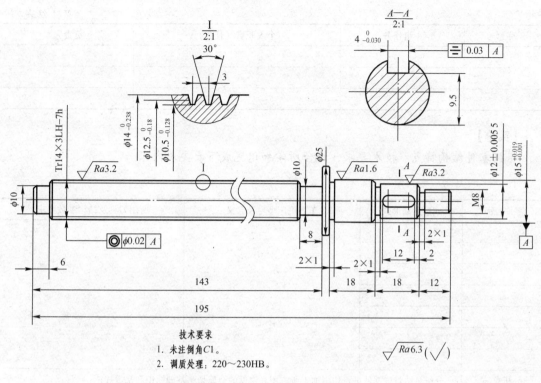

图 1-0-1 C6125 车床尾座丝杠

【资讯】

1. 该零件尺寸精度要求最高的零件表面是_____，表面质量要求最高的表面是_____。

2. Tr14X3LH-7H 的含义为_____。

3. 零件同轴度要求的目的是_____。

4. 零件调质处理的目的是_____。

5. 该零件的总体结构特点表现为_____。

【决策】

1. 学生分组讨论，查阅相关技术资料，完成项目要求（见实施表）。

2. 各小组负责人，负责对本小组任务进行分配，组员按照负责人要求完成相关任务内容，并将自己所在小组及个人任务填入下表中。

序号	小组任务	个人职责（任务）	负责人

续表

序号	小组任务	个人职责（任务）	负责人

【实施】

根据零件结构特点、技术要求，结合所学知识完成下表要求内容。

零件表面	成形运动形式	车削机床型号及含义	所用刀具及结构参数要求
分析总结	分析总结对该零件进行切削加工所应用和遵循的金属切削基础知识和基本规律		

金属切削加工方法是机械制造的基础，在制造技术中占据相当重要的地位，不同金属材料，不同加工精度，不同加工效率，均对应不同的加工方法。本项目主要介绍常见普通机床的种类，机床的工艺范围，零件的装夹方法，经常使用的刀具等内容。

任务 2.1　认知车削加工方法

学习导航

知识要点	常见车床工件装夹、常见车刀种类、车床工艺范围、常用切削参数的选择
任务目标	1. 了解常见车床类型；掌握车床工艺范围； 2. 了解不同车刀的使用方法，了解不同工件的装夹方法
能力培养	1. 具备不同车床型号的识别能力； 2. 具备各种表面切削车刀的选择能力； 3. 具备不同类型零件切削加工工艺装备的选择能力
教学组织	课堂讲解、课堂项目训练＋课下查阅资料、自主学习、项目联系
教学评价	学习过程评价（60%）；教学成果评价（30%）；团队合作评价（10%）
参考学时	2

任务学习

2.1.1　认知车床

金属切削机床（简称机床）是用切削的方法将金属毛坯加工成零件的机器，是制造机器的机器，又称为"工作母机"，习惯上称为机床。

车床类机床主要用于加工各种回转表面，如内外圆柱表面、内外圆锥表面、成形回转面和回转体端面等，有些车床还能加工螺纹面。由于大多数机器零件都具有回转表面，因此车床的应用极为广泛，在金属切削机床中所占的比重最大，占机床总数的 20%～35%。

金属切削机床的品种和规格繁多，按其用途、结构可分为：卧式车床、立式车床、数控车床、仪表车床、单轴与半自动车床、落地车床等。

1. 卧式车床

车床中，卧式车床的应用最为广泛，加工工艺范围广，CA6140 是最常见的卧式车床之一。

（1）CA6140 车床的主要技术参数

床身上最大工件回转直径：400 mm；

刀架上最大工件回转直径：210 mm；

最大棒料直径：47 mm；

最大工件长度：750 mm、1 000 mm、1 500 mm、2 000 mm；

最大加工长度：650 mm、900 mm、1 400 mm、1 900 mm；

主轴转速范围：正转 10 ~ 1 400 r/min（24 级），反转 14 ~ 1 580 r/min（12 级）；

进给量范围：纵向 0.028 ~ 6.33 mm/r（64 级），横向 0.014 ~ 3.16 mm/r（64 级）。

（2）CA6140 车床的组成及各部分作用

图 2-1-1 为卧式车床外形图，其主要部件有：主轴箱、刀架部件、尾座、床身、溜板箱、进给箱等。

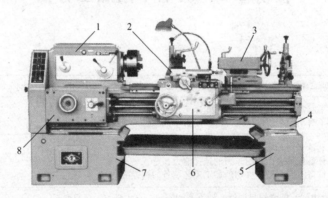

图 2-1-1　卧式车床外形图

1—主轴箱；2—刀架和拖板；3—尾座；4—床身；5—右床腿；6—溜板箱；7—左床腿；8—进给箱

① 主轴箱。它安装在床身的左上端，内装主传动系统和主轴部件。

② 刀架和拖板。拖板安装在床身的导轨上，在溜板箱的带动下沿导轨作纵向运动。刀架安装在拖板上，可与拖板一起作纵向运动，也可经溜板箱的传动在拖板上作横向运动。刀架上安装刀具。

③ 尾座。它安装在床身的右端尾座导轨上，可沿导轨纵向移动调整位置。可用于支承长工件和安装钻头等刀具进行孔加工。

④ 床身。床身是卧式车床的基础部件，它用作车床的其他部件的安装基础，保证其他部件相互之间的正确位置和正确的相对运动轨迹。

⑤ 溜板箱。它安装在床身的前侧拖板的下方，与拖板相连。其作用是实现纵、横向进给运动的变换，带动拖板、刀架实现进给运动。

⑥ 进给箱。它安装在床身的左下方前侧，进给箱内有进给运动传动系统，用以控制光杠及丝杠的进给运动变换和不同进给量的变换。

（3）加工精度

精车外圆的圆柱度是 0.01/100 mm；精车外圆的圆度是 0.01 mm；精车端面的平面度是 0.02/300 mm；精车螺纹的螺距精度是 0.04/100 mm；精车表面的粗糙度 Ra 值为 1.25 ～ 2.5 μm。

2. 立式车床

立式车床适合加工直径较大而轴向尺寸相对较小（高度与直径之比 H/D = 0.32 ～ 0.8）且形状较复杂的大型和重型零件，如各种机架、壳体类零件等。

可以进行内外圆柱面、圆锥面、端面、沟槽、切断及钻、扩、镗和铰孔等加工，借助于附件装置还可进行车螺纹、车端面、仿形、铣削和磨削等。

立式车床在结构布局上的主要特点是主轴垂直布置，并有一个直径很大的圆形工作台，用以安装工件，工作台台面处于水平位置，使笨重工件的装夹和校正方便。

立式车床通常用于单件小批生产，一般加工精度为 IT8 级，精密型可达 IT7 级工作精度；圆度为 0.01 ～ 0.03 mm，圆柱度为 0.01/300 mm，平面度为 0.02 ～ 0.04 mm。

它是汽轮机、水轮机、重型电动机、矿山冶金等重型机械制造不可缺少的设备。

立式车床分单柱式和双柱式两种。单柱式立式车床，加工直径较小，最大加工直径一般小于 1 600 mm。双柱式立式车床，如图 2-1-2 所示，加工直径较大，最大的立式车床其加工直径超过 2 500 mm。

3. 数控车床

数控车床（见图 2-1-3）与普通车床一样，可用来加工旋转面零件，一般能够自动完成外圆柱面、圆锥面、球面以及螺纹的加工，还能加工一些复杂的回转面。工件安装方式与普通车床基本相同，为了提高加工效率，数控车床多采用液压、气动和电动卡盘。

图 2-1-2　C5225 型双柱立式车床　　　　　图 2-1-3　数控车床

数控车床的外形与普通车床相似，即由床身、主轴箱、刀架、进给系统、液压系统、冷却和润滑系统等部分组成。数控车床的进给系统与普通车床有质的区别，传统普通车床有进给箱和交换齿轮架，而数控车床是直接用伺服电动机通过滚珠丝杠驱动溜板和刀架实现进给运动，因而进给系统的结构大为简化。

数控车床品种繁多，规格不一，不同类型的数控车床，加工的工艺范围也不同。

（1）按照结构分类

① 立式数控车床。其车床主轴垂直于水平面，有一个直径很大的圆形工作台，用来装夹工件。这类机床主要用于加工径向尺寸大，轴向尺寸相对较小的大型复杂零件。

② 卧式数控车床。此类车床又分为数控水平导轨卧式车床和数控倾斜导轨卧式车床。其倾斜导轨结构可以使车床具有更大的刚性，并易于排除切屑。

③ 卡盘式数控车床。这类车床没有尾座，适合车削盘类（含短轴类）零件。夹紧方式多为电动或液动控制，卡盘结构多具有可调卡爪或不淬火卡爪（软卡爪）。

④ 顶尖式数控车床。这类车床配有普通尾座或数控尾座，适合车削较长的零件及直径不太大的盘类零件。

（2）按照功能分类

① 经济型数控车床。它是采用步进电动机和单片机对普通车床的进给系统进行改造后形成的简易型数控车床，成本较低，但自动化程度和功能都比较差，车削加工精度也不高，适用于要求不高的回转类零件的车削加工。

② 普通数控车床。它是根据车削加工要求在结构上进行专门设计并配备通用数控系统而形成的数控车床，数控系统功能强，自动化程度和加工精度也比较高，适用于一般回转类零件的车削加工。这种数控车床可同时控制两个坐标轴，即 X 轴和 Z 轴。

③ 车削加工中心。它在普通数控车床的基础上，增加了 C 轴和动力头，更高级的数控车床带有刀库，可控制 X 轴、Z 轴和 C 轴三个坐标轴，联动控制轴可以是（X、Z）（X、C）或（Z、C）。由于增加了 C 轴和铣削动力头，这种数控车床的加工功能大大增强，除可以进行一般车削外，还可以进行径向和轴向铣削，曲面铣削，中心线不在零件回转中心的孔和径向孔的钻削等加工。

图 2-1-4 所示的 CKX5680 数控七轴五联动车铣加工中心，由武汉重型机床厂生产，是 863 计划项目之一，解决了我国大型军舰螺旋桨加工的精度问题，是我国数控加工技术中的又一大突破。

4. 落地车床（见图 2-1-5）

图 2-1-4　CKX5680 数控七轴五联动车铣加工中心　　图 2-1-5　落地车床

落地车床又叫大头车床，落地车床主要用于车削直径较大的重型机械零件，如轮胎模具、大直径法兰管板、汽轮机配件、封头等，广泛应用于石油化工、重型机械、汽车制造、矿山铁路设备及航空部件的加工制造。

适用于单件、小批量生产。结构特点：无床身、尾架、丝杠。

2.1.2 认知车刀

刀具是机床加工中最活跃的因素之一，被称为工业牙齿，直接影响加工效率、加工精度、产品质量、生产成本等，刀具种类繁多，分类如下。

1. 按照用途分类

车刀按用途可分为外圆车刀、内孔车刀、端面车刀、切断车刀、螺纹车刀等，如图 2-1-6 所示。

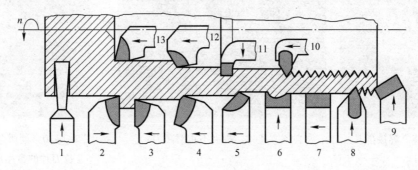

图 2-1-6 常用车刀

2. 按照结构分类

（1）整体式高速钢车刀

整体车刀主要是高速钢车刀，俗称"白钢刀"，如图 2-1-7 所示，使用时可根据不同用途进行修磨。这种车刀刃磨方便，可以根据需要刃磨成不同用途的车刀，尤其适于刃磨各种成形车刀，如切槽刀、螺纹车刀等。刀具磨损后可以多次重磨。但由于刀杆材料也为高速钢，而造成刀具材料的浪费。刀杆强度低，当切削力较大时，会造成破坏。高速钢车刀一般用于较复杂成形表面的低速精车。

图 2-1-7 整体式
高速钢车刀

（2）硬质合金焊接式车刀

焊接车刀是在普通碳钢刀杆上镶焊（钎焊）硬质合金刀片，经过刃磨而成（见图 2-1-8），其优点是结构简单，制造方便，并且可以根据需要进行刃磨，对硬质合金的利用也较充分。在一般的中小批量生产和修配生产中应用较多。但其切削性能受工人的刃磨技术水平影响和焊接质量的影响，不适应现代制造技术发展的要求，且刀片不能重复使用，材料浪费。

（3）机夹可转位车刀

机夹可转位车刀又称机夹不重磨车刀（见图 2-1-9），将可转位刀片用机械夹固的方法安装在刀杆上。它与机夹重磨车刀的不同点在于刀片为多边形，每一边都可作为切削刃，用钝后只需将刀片转位，使新的切削刃投入工作，当每个切削刃都用钝后，再更换新刀片。可转位车刀除具备机夹重磨车刀的优点外，其最大优点在于几何参数完全由刀片和刀槽保证，不受工人技术水平的影响，因此切削性能稳定，适合现代化生产的要求。

硬质合金可转位车刀形状很多，常用的有三角形、各种凸三角形、正方形、五角形和圆形等，如图 2-1-10 所示。刀片大多不带后角，但在每个切削刃上做有断屑槽并形成刀片的前角。刀具的实际角度由刀片和刀槽的角度组合确定。

| 图 2-1-8　焊接车刀 | 图 2-1-9　机夹不重磨车刀 | 图 2-1-10　硬质合金可转位刀片的常用形状 |

可转位车刀多利用刀片上的孔对刀片进行夹固，典型的夹固结构有：

① 偏心式夹固结构。如图 2-1-11 所示，它以偏心销 2 作为转轴，螺钉上端为偏心圆柱销，偏心量为 e。当转动螺钉时，偏心销就可以夹紧或松开刀片。

② 杠杆式夹固结构。图 2-1-12（a）所示为直杆式结构，图 2-1-12（b）所示为曲杆式结构，利用螺钉带动杠杆转动而将刀片夹固在定位侧面上。

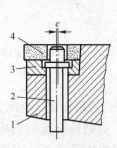 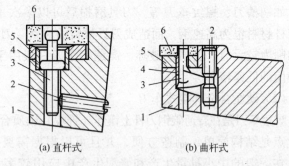

(a) 直杆式　(b) 曲杆式

图 2-1-11　偏心式夹固结构　　　图 2-1-12　杠杆式夹固结构
1—刀杆；2—偏心销；3—刀垫；4—刀片　　1—刀杆；2—螺钉；3—杠杆；4—弹簧套；5—刀垫；6—刀片

③ 上压式夹固结构如图 2-1-13 所示，这种螺钉压板结构尺寸小，不需要多大的压紧力，夹固元件的位置易避开切屑流出方向。一般用于夹固不带孔的刀片。

（4）成形车刀

成形车刀（见图2-1-14），是加工回转体成形表面的专用刀具，它的切削刃形状是根据工件的廓形设计的。成形车刀操作简单，生产率高，成形表面的精度主要取决于刀具切削刃的制造精度，与工人熟练程度无关，因此它可以保证被加工工件表面形状和尺寸精度的一致性和互换性，加工精度可达 IT9～IT10，表面粗糙度 $Ra3.2～6.3\,\mu m$。成形车刀只需刃磨前刀面，而前刀面是一平面，所以刃磨简单。成形车刀的可重磨次数多，使用寿命较长，但是刀具的设计和制造较复杂，成本较高，故主要用在小型零件的大批量生产中。

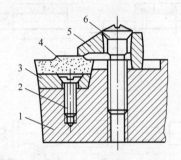

图 2-1-13　上压式夹固结构　　　　　图 2-1-14　平体成形车刀

1—刀杆；2、6—螺钉；3—刀垫；4—刀片；5—压板

2.1.3　分析车削加工工艺特性

分析机床运动的目的在于利用简便的方法认识一台陌生的机床，掌握机床的运动规律，分析各种机床的传动系统，从而能够合理地使用机床。对认知与掌握被加工工件表面成形运动具有直接指导作用。

1. 车削加工工艺范围

在切削加工过程中，安装在机床上的刀具和工件按一定的规律作相对运动，通过刀具的刀刃对工件毛坯的切削作用，把毛坯上多余的金属切除掉，从而得到所要求的表面。尽管被加工零件的形状各异，但其常用的组成表面无非是平面、圆柱面、圆锥面、球面、圆环面、螺旋面、成形表面等基本表面元素，如图 2-1-15 所示。

2. 车床常见工艺装备及其应用

车床工艺装备是车削加工重要内容之一，它可以扩大车床的使用范围，常见工艺装备如下：

（1）中心钻

中心钻如图 2-1-16 所示，用于加工中心孔。中心孔在轴类工件的端面，用中心钻钻出，起到给工件定位的作用。这个中心孔非常重要，它是工件定位的标准和精度的保证，一般常用的是 A 型 60°的中心孔钻 。

（2）三爪自定心卡盘

如图 2-1-17 所示，当定位精度较高时，可以使用软爪卡盘。

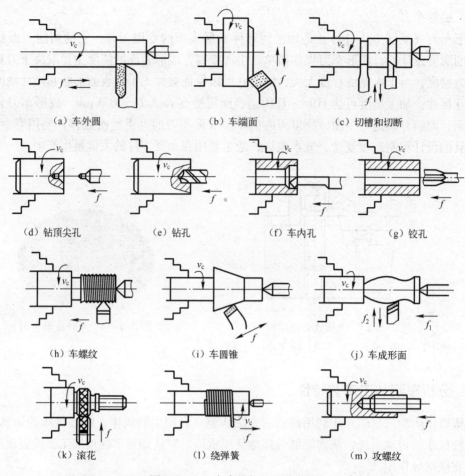

图 2-1-15　车床的加工工艺范围

图 2-1-16　中心钻

图 2-1-17　三爪自定心卡盘

（3）四爪单动卡盘

如图 2-1-18 所示，四爪单动卡盘常用于单件小批量方形零件的孔加工，四爪单动卡盘在使用中，调整时间较长。

（4）反爪

反爪如图 2-1-19 所示，反爪用于直径较大的盘类零件加工，使用反爪时要注意离心力的作用，机床主轴转速不要太高，相对于正爪卡盘而言，其夹紧力较小，在使用中，应注意工件飞出。

图 2-1-18　四爪单动卡盘

图 2-1-19　反爪

（5）花盘

图 2-1-20 所示花盘是安装在车床主轴上的一个大圆盘，盘面上的许多长槽用以穿放螺栓，工件可用螺栓直接安装在花盘上，如图 2-1-21 所示。也可以把辅助支承角铁（弯板）用螺钉牢固夹持在花盘上，工件则安装在弯板上。为了防止转动时因重心偏向一边而产生振动，在工件的另一边要加平衡铁。工件在花盘上的位置需经仔细找正。

图 2-1-20　花盘

图 2-1-21　花盘装夹

（6）中心架

中心架是车削细长工件时，起到支撑和过渡作用的附件，一般为原厂车床可选附件，如图 2-1-22 所示。

（7）跟刀架

跟刀架在车削工件时顶在车刀后面，起到加强工件强度的作用，防止工件被车刀顶变形，常用于车削细长工件，同样为原厂车床可选附件，如图 2-1-23 所示。

（8）顶尖

车削轴类工件时起到定位和支撑工件的作用，分为回转顶尖（见图 2-1-24）和死顶尖（见图 2-1-25）两种，回转顶尖就是顶尖的尖可以随着工件的转动而转动，减小了工件与中心孔的摩擦，其定位精度不高，死顶尖不随工件旋转，其定位精度较高，可以用于精车和磨削加工中工件的支撑定位。死顶尖在使用中由于不能旋转，磨损较高，在运行时要使用润滑脂，并且要经常修正，以保持其精度。

图 2-1-22　中心架

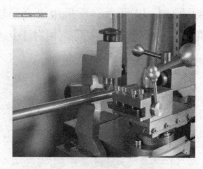
图 2-1-23　跟刀架

图 2-1-24　回转顶尖

图 2-1-25　死顶尖

（9）尾座夹头

在尾座上使用的夹头，可用于夹持钻头和丝锥等，常用的有快速夹头（见图 2-1-26）和普通钻夹头（见图 2-1-27）等。快速夹头装夹快捷，使用方便，不需要其他辅助扳手，直接用手拧紧，而且夹持紧固，可以装夹钻头和丝锥等。

图 2-1-26　快速夹头

图 2-1-27　钻夹头

任务练习

1. 选择题

（1）CM6140 车床中的 M 表示（　　　）。

A. 磨床　　　　　　　B. 精密　　　　　　　C. 机床类型的代号

（2）切削液中的乳化液，主要起（　　）作用。

A. 冷却　　　　　　　B. 润滑　　　　　　　C. 减少摩擦

（3）C6140A 车床表示床身上最大工件回转直径为（　　）mm 的卧式车床。

A. 140　　　　　　　B. 400　　　　　　　C. 200

（4）加工铸铁等脆性材料时，应选用（　　）类硬质合金。

A. 钨钛钴　　　　　　B. 钨钴　　　　　　　C. 钨钛

（5）粗车 HT150 时，应选用牌号为（　　）的硬质合金刀具。

A. YT15　　　　　　　B. YG3　　　　　　　C. YG8

（6）车刀刀尖高于工件轴线，车外圆时工件会产生（　　）。

A. 加工表面母线不直　　　　　　　　　　　B. 产生圆度误差

C. 加工表面粗糙度值大

（7）为了增加刀头强度，断续粗车时采用（　　）值的刃倾角。

A. 正　　　　　　　　B. 零　　　　　　　　C. 负

（8）同轴度要求较高，工序较多的长轴用（　　）装夹较合适。

A. 四爪单动卡盘　　　B. 三爪自定心卡盘　　C. 两顶尖

（9）用一夹一顶装夹工件时，若后顶尖轴线不在车床主轴轴线上，会产生（　　）。

A. 振动　　　　　　　B. 锥度　　　　　　　C. 表面粗糙度达不到要求

（10）由外圆向中心处横向进给车端面时，切削速度是（　　）。

A. 不变　　　　　　　B. 由高到低　　　　　C. 由低到高

（11）台阶的长度尺寸不可以用（　　）来测量。

A. 钢直尺　　　　　　　　　　　　　　　　B. 三用游标卡尺

C. 千分尺　　　　　　　　　　　　　　　　D. 深度游标卡尺

（12）对高精度的轴类工件一般是以（　　）定位车削的。

A. 外圆　　　　　　　B. 中心孔　　　　　　C. 外圆与端面

（13）中心孔在各工序中（　　）。

A. 能重复使用，其定位精度不变

B. 不能重复使用

C. 能重复使用，但其定位精度发生变化

（14）切削用量中（　　）对刀具磨损影响最大。

A. 切削速度　　　　　B. 背吃刀量　　　　　C. 进给量

（15）粗车时为了提高生产率，选用切削用量时，应首先取较大的（　　）。

A. 切削速度　　　　　B. 背吃刀量　　　　　C. 进给量

（16）用硬质合金车刀精车时，为减小工件表面粗糙度值，应尽量提高（　　）。

A. 切削速度　　　　　B. 进给量　　　　　　C. 背吃刀量

（17）用高速钢刀具车削时，应降低（　　），保持车刀的锋利，减少表面粗糙度值。

A. 切削速度　　　　　B. 进给量　　　　　　C. 背吃刀量

（18）车削套类工件要比车削轴工件类难，主要原因有很多，其中之一是（　　）。

A. 套类工件装夹时容易产生变形　　　　　B. 车削位置精度高

C. 其切削用量比车轴类高

（19）软卡爪是未经淬硬的卡爪。用软卡爪装夹工件时，下列说法错误的是（　　　）。

A. 使用软卡爪，工件虽然经过多次装夹，仍能保证较高的相互位置精度

B. 定位圆柱必须放在软卡爪内

C. 软卡爪的形状与硬卡爪相同

（20）车削同轴度要求较高的套类工件时，可采用（　　　）。

A. 台阶式心轴　　　B. 小锥度心轴　　　C. 软卡爪

2. 判断题

（1）装夹较重较大工件时，必须在机床导轨面上垫上木块，防止工件突然坠下砸伤导轨。　　　　　（　　）

（2）粗加工时，加工余量和切削用量均较大，因而会使刀具磨损加快，所以应选用以润滑为主的切削液。　　　　　（　　）

（3）使用硬质合金刀具切削时，如用切削液，必须一开始就连续充分地浇注，否则，硬质合金刀片会因骤冷而产生裂纹。　　　　　（　　）

（4）切削铸铁等脆性材料时，为了减少粉末状切屑，需用切削液。　　　　　（　　）

（5）一般情况下，YG3 用于粗加工，YG8 用于精加工。　　　　　（　　）

（6）YT15 硬质合金车刀适用于加工塑性金属材料。　　　　　（　　）

（7）如果要求切削速度保持不变，当工件直径增大时，转速应相应降低。　　　　　（　　）

（8）粗加工时，余量较大，为了使切削省力，车刀应选择较大的前角。　　　　　（　　）

（9）因三爪自定心卡盘有自动定心作用，故对高精度工件的位置可不必校正。　　　　　（　　）

（10）用正爪装夹工件时，工件直径不能太大，卡爪伸出卡盘圆周可以超过卡爪长度的 1/3。　　　　　（　　）

（11）四爪单动卡盘装夹工件时，先用两个相对的卡爪夹紧，然后再用另一对相对的卡爪夹紧。　　　　　（　　）

（12）在四爪单动卡盘上校正较长的外圆时，只要对工件前端外圆校正就可以。（　　）

（13）国家标准中心孔只有 A 型和 B 型两大类。　　　　　（　　）

（14）钻中心孔时不宜选择较高的机床转速。　　　　　（　　）

（15）中心孔钻得过深时，顶尖和中心孔不能用锥面结合，定心不准。　　　　　（　　）

（16）中心孔是轴类工件的定位基准。　　　　　（　　）

（17）车削短轴可直接用卡盘装夹。　　　　　（　　）

（18）一夹一顶装夹，适用于工序较多、精度较高的工件。　　　　　（　　）

（19）两顶尖装夹粗车工件，由于支承点是顶尖，接触面积小，不能承受较大的切削力，所以该方法不好。　　　　　（　　）

（20）高速车削普通螺纹时，因工件材料受车刀挤压使螺纹大径变小，所以车削螺纹大径时应比基本尺寸大 0.2 ～ 0.4 mm。　　　　　（　　）

3. 计算题

（1）在车床上车削一毛坯直径为 40 mm 的轴，要求一次进给车至直径为 35 mm，如果选用切削速度等于 110 m/min。求背吃刀量及主轴转速 n 各等于多少？

（2）将一外圆的直径从 80 mm 一次进给车至 74 mm，如果选用车床主轴转速为 400 r/min，求切削速度为多少？

任务 2.2　认知铣削加工方法

学习导航

知识要点	常见铣床工件装夹，常见铣刀种类、铣床工艺范围，常用切削参数的选择
任务目标	1. 了解常见铣床、铣刀的种类； 2. 掌握铣削加工工艺特性； 3. 了解不同工件的装夹方法
能力培养	1. 具备不同铣床型号的识别能力； 2. 具备各种表面铣削铣刀的选择能力； 3. 具备不同类型零件的装夹能力
教学组织	课堂讲解、课堂项目训练＋课下查阅资料、自主学习、项目联系
教学评价	学习过程评价（60%）；教学成果评价（30%）；团队合作评价（10%）
参考学时	2

任务学习

2.2.1　认知铣床

铣床是主要用铣刀进行切削加工的机床。铣刀旋转为主运动，工件或铣刀的移动为进给运动。铣床的工艺范围很广，生产效率很高。铣床在机器制造业中应用很广，在绝大多数场合替代了刨床。铣床的主要类型有卧式升降台铣床、立式升降台铣床、龙门铣床、床身铣床、工具铣床以及各种专门化铣床。

1. 卧式升降台铣床

卧式升降台铣床的主轴水平布置，简称"卧铣"。图 2-2-1 为其外形图。床身固定在底座上，用于安装和支承机床的各个部件，床身内装主轴部件、主传动装置和变速操纵机构等。横梁可沿水平方向调整其位置，支架用于支撑刀杆的悬伸端。工件通过滑座和升降台带动，可以在互相垂直的三个方向实现任一方向的进给和调整。

（1）主运动：铣刀的旋转；电源开关→主电动机→主轴变速机构→主轴→刀杆→刀具旋转。

（2）进给运动：工作台纵向、横向和垂直方向上的移动，如图 2-2-2 所示。

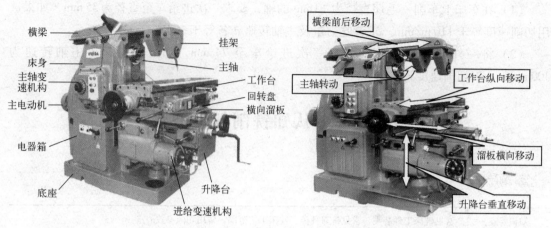

图 2-2-1 X6132 卧式万能升降台铣床　　　　　图 2-2-2 X6132 卧式万能升降台铣床主要运动

为了适应零件的加工要求，将工作台分为三部分。

① 纵向工作台：是工作台最上面的部分，它用于安装工件，并带动工件左右移动，即纵向进给。

② 横向工作台：在纵向工作台的下面，它用于带动工件沿横向导轨作前后移动，即横向进给。

③ 升降台：最下面是升降台，它用于带动纵向、横向工作台连同工件沿着床身前面的垂直导轨作上下移动，即垂直进给。

三个方向的进给运动是彼此垂直的，并与刀杆垂直平行，三个方向的进给，可以手动，也可以机动。

（3）各部分作用如下所述。

① 横梁：在横梁上装有挂架，用以支承刀杆的外端，以减少刀杆的弯曲和颤动，它伸出长度可根据刀杆的长度进行调整。

② 主轴：主轴可用来安装刀杆并带动铣刀旋转，刀杆是靠锥柄装在主轴的锥孔中，并用螺杆拉紧在主轴锥孔中。

③ 变速机构：用以实现主轴转速的变换，以适应不同工件的加工条件，从而保证工件表面的粗糙度和生产率。

④ 床身：床身是铣床的一个主要部件，上连横梁，前连工作台，其内部还装有主轴的变速机构（齿轮变速），这样将铣床连成一个整体。

2. 立式升降台铣床

立式升降台铣床与卧式升降台铣床的主要区别在于，它的主轴是垂直布置的，可用端铣刀或立铣刀加工平面、斜面、沟槽、台阶等表面。图 2-2-3 所示为一种常见的立式升降台铣床，其工作台、床鞍及升降台的结构与卧式升降台铣床相同，不同之处在于立铣头，根据其与床身的连接结构不同，又分为两种：一种是立铣头和床身做成一体，这种铣床刚度高，但加工范围窄；另一种是立铣头和床身不为一体，两者之间有一回转盘，回转盘上有角度刻线，立轴可随着立铣头扳转一定角度，它可以铣削各种角度的斜面，加工范围更广些，通常适用于单件及批量生产。

3. 龙门铣床

龙门铣床是一种大型高效的通用机床，主要用于加工各类大型工件的平面、沟槽等。图2-2-4为龙门铣床的外形图，工作台7位于床身1上，两个立柱固定在床身的两侧，横梁可沿立柱导轨上下移动，横梁上有两个立式铣削头3，可沿横梁导轨水平移动，两个立柱下部各安装一个卧式铣削头2，可沿立柱导轨上下移动。各铣削头都可沿各自的轴线作轴向移动，实现铣刀的切入运动。铣削时，铣刀的旋转运动为主运动，工作台带动工件作直线进给运动。

图 2-2-3　X5032 立式升降台铣床

1—立铣头；2—主轴进给手柄；3—主轴套筒；4—工作台；
5—纵向进给手柄；6—横向溜板；7—升降台；
8—进给变速机构；9—底座；10—电气箱；
11—主电机；12—主轴变速机构；13—床身；14—回转盘

图 2-2-4　龙门铣床

1—床身；2—卧式铣削头；
3—立式铣削头；4—立柱；
5—横梁；6—按钮站；7—工作台

4. 万能工具铣床

万能工具铣床能完成镗、铣、钻、插等切削加工，适用于加工各种刀具、夹具、冲模、压模等中小型模具及其他复杂零件，借助多种特殊附件能完成圆弧、齿条、齿轮、花键等类零件的加工，如图2-2-5所示。

5. 仪表铣床

仪表铣床是一种小型的升降台铣床，用于加工仪器、仪表和其他小型零件。

6. 工具铣床

工具铣床用于模具和工具制造，配有立铣头、万能角度工作台和插头等多种附件，还可进行钻削、镗削和插削等加工。

图 2-2-5　X8126C 万能工具铣床

7. 其他铣床

其他铣床如键槽铣床、凸轮铣床、曲轴铣床、轧辊轴颈铣床和方钢锭铣床等，是为加工相应的工件而制造的专用铣床。

2.2.2 认知铣刀

铣刀是刀齿分布在圆周表面或端面上的多刃回转刀具，可以用来加工平面、台阶、沟槽和各种成形表面等。由于铣刀的加工对象不同，就产生了各种不同类型的铣刀，一般按用途对铣刀进行分类，另外还可按铣刀结构、刀齿数、齿背形状等来分。

1. 按铣刀的用途分类

（1）加工平面的铣刀

① 圆柱形铣刀：圆柱形铣刀如图2-2-6所示，大多用在卧式铣床上，加工时铣刀轴线平行于加工面，它的特点是切削刃呈螺旋线状分布在圆柱表面上，无副切削刃。圆柱形铣刀主要用高速钢整体制成，可以镶焊螺旋形硬质合金刀片。选择铣刀直径时，应在保证铣刀杆有足够强度和刚度，刀齿有足够容屑空间的条件下，尽可能选用小直径的铣刀，以减小铣削力矩，减少切入时间，提高生产率。通常根据刀杆直径和铣削用量来选择铣刀直径。

② 面铣刀：面铣刀又称端铣刀，如图2-2-7所示，大多用于在立式铣床上加工平面，加工时，铣刀轴线垂直于加工面。它的特点是切削刃分布在铣刀的一端。面铣刀比圆柱形铣刀质量大，刚性好，大多制成硬质合金镶齿结构。面铣刀的切削速度比圆柱形铣刀切削速度高，生产率高，表面粗糙度小，所以加工平面时大多采用面铣刀。

（2）加工沟槽的铣刀

① 三面刃铣刀：如图2-2-8所示，除圆周表面具有主切削刃外，两侧面也有副切削刃，从而改善了切削条件，提高了切削效率，可减小表面粗糙度。三面刃铣刀主要用于加工沟槽和台阶面。

图2-2-6　圆柱形铣刀　　　　　图2-2-7　面铣刀　　　　　图2-2-8　三面刃铣刀

② 立铣刀：立铣刀如图2-2-9所示，主要用于在立式铣床上加工沟槽、台阶面、平面，也可以利用靠模加工成形表面。立铣刀圆周上的螺旋切削刃是主切削刃，端面上切削刃是副切削刃，故切削时一般不宜沿铣刀轴线方向进给。

③ 键槽铣刀：键槽铣刀如图2-2-10所示，是铣键槽专用刀具，它仅有两个刀齿，端面铣削刃为主切削刃，圆周切削刃为副切削刃。它兼有钻头和立铣刀的功能。通常分别加工H9和N9键槽。加工时，键槽铣刀先沿刀具轴线对工件钻孔，然后沿工件轴线铣出键槽的

全长，故仅在靠近端面部分发生磨损，重磨时只需刃磨端面切削刃。

（3）加工成形面的铣刀

① 角度铣刀：角度铣刀如图 2-2-11 所示，是根据工件的成形表面形状而设计切削刃廓形的专用成形刀具，用于加工成形表面，有尖齿和铲齿两种类型。

图 2-2-9　立铣刀　　　图 2-2-10　键槽铣刀　　　　图 2-2-11　角度铣刀

② 球头铣刀：如图 2-2-12 所示，把立铣刀的端部做成球形，即为球头立铣刀，其球面切削刃也是主切削刃，可沿轴线作进给运动，可用于多坐标三维成形表面的加工。

③ T 形槽铣刀：T 形槽铣刀如图 2-2-13 所示。

图 2-2-12　球头铣刀　　　　　　图 2-2-13　T 形槽铣刀

2. 按铣刀的其他形式分类

（1）按铣刀的结构分

① 整体式：刀体和刀齿制成一体。

② 整体焊齿式：刀齿用硬质合金或其他耐磨刀具材料制成，并钎焊在刀体上。

③ 镶齿式：刀齿用机械夹固的方法紧固在刀体上。这种可换的刀齿可以是整体刀具材料的刀头，也可以是焊接刀具材料的刀头。刀头装在刀体上刃磨的铣刀称为体内刃磨式；刀头在夹具上单独刃磨的铣刀称为体外刃磨式。

④ 可转位式：这种结构已广泛用于面铣刀、立铣刀和三面刃铣刀等。

（2）按铣刀的刀齿齿数分

① 粗齿：铣刀齿数少，刀齿强度高，容屑空间大，适用于粗加工。

② 细齿：适用于精加工。

2.2.3　分析铣削加工工艺特性

1. 铣削工艺范围

铣削有较高的加工精度，其经济加工精度一般为 IT7 ～ IT9，表面粗糙度 Ra 值一般为

1.6 ～ 12.5 μm。精细铣削精度可达 IT5，表面粗糙度 Ra 值可达到 0.04 ～ 0.1 μm。

铣床的工艺范围非常广泛，可以进行平面加工（见图 2-2-14）切断加工（见图 2-2-15）、铣 V 形槽（见图 2-2-16）、用成形铣刀铣齿轮（见图 2-2-17）、铣花键轴（见图 2-2-18）、铣台阶表面（见图 2-2-19）、铣内孔（见图 2-2-20）、铣特形面（见图 2-2-21）、铣圆弧面（见图 2-2-22）、铣螺旋槽（见图 2-2-23）、数控铣曲面（见图 2-2-24）、数控雕刻（图 2-2-25）等。

图 2-2-14　铣平面

图 2-2-15　切断

图 2-2-16　铣 V 形槽

图 2-2-17　铣齿轮

图 2-2-18　铣花键轴

图 2-2-19　铣台阶表面

图 2-2-20　铣内孔

图 2-2-21　铣特形面

图 2-2-22　铣圆弧面

图 2-2-23　铣螺旋槽

图 2-2-24　数控铣曲面

图 2-2-25　数控雕刻

2. 圆周铣削方式

① 逆铣：铣刀切削速度方向与工件进给速度方向相反时，称为逆铣，如图2-2-26（a）所示。

② 顺铣：铣刀切削速度方向与工件进给速度方向相同时，称为顺铣，如图2-2-26（b）所示。

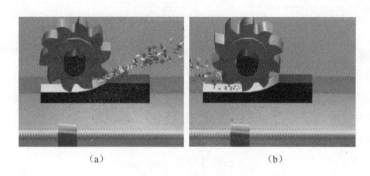

（a）　　　　　　　　　　　（b）

图2-2-26　顺铣与逆铣

逆铣和顺铣时，因为切入工件时的切削厚度不同，刀齿与工件的接触长度不同，所以铣刀磨损程度不同。实践表明顺铣时，铣刀耐用度可比逆铣时提高2～3倍，表面粗糙度也相应降低。但顺铣不宜用于铣削带硬皮的工件。

逆铣时，工件受到的纵向分力与进给运动的方向相反，铣床工作台丝杠与螺母始终接触；而顺铣时工件所受纵向分力与进给方向相同，如果丝杠螺母之间有螺纹间隙，就会造成工作台窜动，导致铣削进给量不匀，甚至还会打刀。因此在没有消除螺纹间隙装置的铣床上，只能采用逆铣，而无法采用顺铣。

3. 端铣平面时的铣削形式

① 对称铣削［见图2-2-27（a）］：切入、切出时切削厚度相同。

② 不对称逆铣［见图2-2-27（b）］：切入时切削厚度最小，切出可将时切削厚度最大。铣削碳钢和一般合金钢时，这种铣削方式可减小切入时的冲击，同时硬质合金铣刀耐用度提高一倍以上。图2-2-27（c）：切入时切削厚度最大，切出时切削厚度最小。实践证明，不对称顺铣用于加工不锈钢和耐热合金时，可减少硬质合金的剥落磨损，切削速度可提高40%～60%。

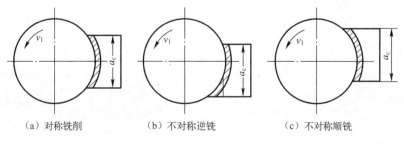

（a）对称铣削　　　　（b）不对称逆铣　　　　（c）不对称顺铣

图2-2-27　端铣刀加工平面时的铣削方式

4. 铣削特点

（1）多刃切削：铣刀的刀齿多，切削刃的总长大，生产效率高，刀具耐用度高。

（2）断续切削：铣削时，铣刀刀齿周期性的切入、切出工件，瞬时切削力是变化的，切削有振动，影响加工质量。铣刀一转中有较长的时间冷却，有利于提高耐用度，但硬质合金刀具因周期性热冲击易产生裂纹和破损。

（3）铣床加工工艺范围广，适应性强，数控铣床具有较高的精度，适合加工平面及形状复杂的组合体，在模具制造行业占据非常重要的地位。

5. 铣削参数

（1）铣削速度

铣削速度是铣削时铣刀切削刃上选定点在主运动中的线速度，通常以切削刃上离铣刀轴线距离最大点在 1 min 内所经过的路程表示，单位 mm/min。

铣刀铣削速度：

$$v_c = \pi dn/1\,000 \quad (\text{m/mim})$$

式中：d——刀具外径，mm；

   n——铣刀转速，r/mim。

（2）进给量

进给量是铣刀在进给运动方向上相对工件的单位位移量。

铣刀进给速度：

$$v_f = fn = znF_z \quad (\text{mm/s})$$

式中：v_f——进给速度；

   f——每转进给量；

   F_z——每个刃的进给速度，mm/z；

   z——铣刀刃数；

   n——铣刀转速，r/mim。

（3）背吃刀量与切削宽度

背吃刀量 a_p。在平行于铣刀轴线方向上测得的切削层尺寸，单位 mm。

铣削宽度 a_e。在垂直于铣刀轴线方向上、工件进给方向上测得的切削层尺寸，单位 mm，如图 2-2-28 和图 2-2-29 所示。

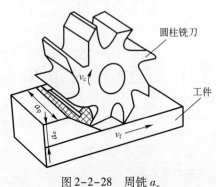

图 2-2-28　周铣 a_p

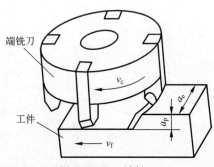

图 2-2-29　端铣 a_p

2.2.4 铣床常用工艺装备

1. 刀柄

普通铣床的刀柄（见图2-2-30）一般采用7:24外锥，莫式4#、3#、2#内锥，弹簧卡头外锥7:24，钻卡头外锥7:24。但也有一些工具铣床主轴锥柄是莫式4#的。而数控铣床和加工中心用的是BT40的锥柄，这是因为数控铣床和普通铣床装夹刀具的方式不同决定的。

图2-2-30 铣床刀柄

2. 万能立铣头

万能立铣头主要在卧式铣床上使用，但在横梁上加了个小的立铣头，该立铣头可以前后左右旋转角度，能够代替立铣机床加工工件，扩大了卧式铣床的加工范围，如图2-2-31和图2-2-32所示。

图2-2-31 万能立铣头

图2-2-32 万能立铣头安装

万能铣头的底座用螺栓固定在铣床的垂直导轨上。铣床主轴的运动通过铣头内的两对锥齿轮传到铣头主轴上。铣头主轴还能在铣头壳体上偏转任意角度。因此，铣头主轴就能在空间偏转成所需要的任意角度。

3. 平口钳

图2-2-33所示平口钳的尺寸规格，是以其钳口宽度来区分的。X62W型铣床配用的平口钳为160 mm。平口钳分为固定式和回转式两种。回转式平口钳可以绕底座旋转360°，固定在水平面的任意位置上，因而扩大了其工作范围，是目前平口钳应用的主要类型。

图2-2-33 平口钳

平口钳安装时应先擦净钳体底座表面和铣床工作台表面。将底座上的定位键放入工作台中央的T形槽内，即可对平口钳进行初步的定位。然后，拧紧T形螺栓上的螺母即可。

校正固定钳口面常用的方法有用划针校正、用90°角尺校正和用百分表校正，校正平口钳时，应先松开平口钳的紧固螺母，校正后将紧固螺母旋紧。

平口钳固定方式有两种，如图2-2-34和图2-2-35所示。

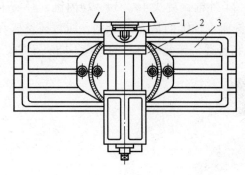 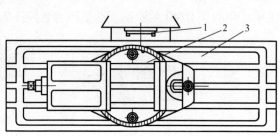

图2-2-34　平口钳轴线与工作台垂直　　　　图2-2-35　平口钳轴线与工作台平行

1—铣床主轴；2—平口钳；3—工作台　　　　　1—铣床主轴；2—平口钳；3—工作台

铣削一般长方体工件的平面、斜面、台阶或轴类工件的键槽时，都可以用平口钳来进行装夹。

4. 压板

外形尺寸较大或不便用平口钳装夹的工件，常用压板将其压紧在铣床工作台台面上，如图2-2-36所示。使用压板装夹工件时，应选择两块以上的压板。压板的一端搭在垫铁上，另一端搭在工件上。垫铁的高度应等于或略高于工件被压紧部位的高度。T形螺栓略接近于工件一侧，并使压板尽量接近加工位置。在螺母与压板之间必须加垫垫圈。

（a）压板　　　　　　（b）T形螺栓　　　　　（c）阶梯垫铁

图2-2-36　压板

注意事项

（1）在铣床工作台面上，不允许拖拉表面粗糙的工件。夹紧位置应在毛坯件与工件工作台面加工表面。

（2）压板在工件已加工表面上夹紧时，应在工件与压板间衬垫铜皮，避免损伤工件已加工表面。

（3）正确选择压板在工件上的夹紧位置，使其尽量靠近加工区域，并处于工件刚性最好的位置。若夹紧部位有悬空现象，应将工件垫实。

（4）螺栓要拧紧，尽量不使用活扳手。

（5）每个压板的夹紧力应大小均匀，并逐步以对角压紧，不应以单边重力紧固，防止因压板夹紧力的偏移使工件倾斜，如图 2-2-37 和图 2-2-38 所示。

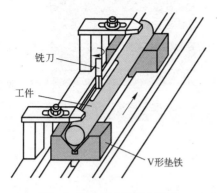

图 2-2-37　压板装夹工件 1　　　　　图 2-2-38　压板装夹工件 2

5. 分度头

分度头（见图 2-2-39）一般用在等分工作中。它既可以用分度头卡盘（或顶尖）与尾架顶尖一起使用用于安装轴类零件，也可以只使用分度头卡盘安装工件。又由于分度头的主轴可以在垂直平面内转动，因此可以利用分度头在水平、垂直及倾斜位置安装工件。

当零件的生产批量较大时，可采用专用夹具或组合夹具装卡工件，这样既能提高生产效率，又能保证产品质量，如图 2-2-40 所示。

图 2-2-39　万能分度头　　　　　图 2-2-40　分度头的应用

6. 回转工作台

回转工作台（见图 2-2-41）又称为转盘、平分盘、圆形工作台等。它的内部有一套蜗轮蜗杆。摇动手轮，通过蜗杆轴，就能直接带动与转台相连接的蜗轮转动。转台周围有刻度，可以用来观察和确定转台位置，拧紧固定螺钉，转台就固定不动。转台中央有一孔，利用它可以方便地确定工件的回转中心。当底座上的槽和铣床工作台的 T 形槽对齐后，即可用螺栓把回转工作台固定在铣床工作台上。

铣圆弧槽时，工件安装在回转工作台上，铣刀旋转，用手均匀缓慢地摇动回转工作台而使工件铣出圆弧槽，如图 2-2-42 所示。

图 2-2-41　回转工作台　　图 2-2-42　回转工作台的应用

任务练习

1. 判断题

（1）高精度的齿轮通常在铣床上铣削加工。（　　）

（2）铣床无法加工螺旋槽工件。（　　）

（3）键槽是精度较高的加工内容，必须在专用铣床上加工。（　　）

（4）应用铣床加工的平面都比较小，无法加工较大的箱体类零件的平面。（　　）

（5）在铣床上可以加工圆柱孔和椭圆孔。（　　）

（6）铣削加工的主要特点是刀具旋转、多刃切削。（　　）

（7）在铣床上用单刃刀具切削加工不能称为铣削。（　　）

（8）常用的铣床是龙门铣床和仿形铣床。（　　）

（9）铣床的种类很多，最常用的是立式铣床和卧式铣床。（　　）

（10）立式铣床的主要特征是主轴与工作台面平行。（　　）

（11）目前常用的可转位铣刀的刀片是用高速钢制造的。（　　）

（12）机用平口虎钳、分度头是铣床常用的夹具和附件。（　　）

（13）分度头的主要功用是装夹轴类工件。（　　）

（14）万能分度头和回转工作台属于铣床专用夹具。（　　）

（15）用压板和螺栓装夹工件，属于常用的装夹方式，不是一种通用夹具。（　　）

2. 选择题

（1）通常在铣床上加工效率较高的是（　　）。

A. 齿轮　　　　B. 花键　　　　C. 凸轮　　　　D. 平面

（2）大型的箱体零件应选用（　　）铣削加工。

A. 立式铣床　　B. 仿形铣床　　C. 龙门铣床　　D. 万能卧式铣床

（3）键槽一般在（　　）上铣削加工。

A. 龙门铣床　　B. 卧式铣床　　C. 平面仿形铣床　D. 立式铣床

（4）主轴与工作台面垂直的升降台铣床称为（　　）。

A. 立式铣床　　B. 卧式铣床　　C. 龙门铣床　　D. 工具铣床

（5）龙门铣床的特征之一是工作台只能作（　　）进给。

A. 纵向　　　　B. 横向　　　　C. 垂向　　　　D. 圆周

（6）较小直径的键槽铣刀是（　　）铣刀。

　　A. 圆柱直柄　　　　　B. 莫氏锥柄　　　　　C. 盘形带孔　　　　　D. 圆柱带孔

（7）机用虎钳主要用于装夹（　　）。

　　A. 矩形工件　　　　　B. 轴类零件　　　　　C. 套类零件　　　　　D. 盘形工件

（8）分度头的主要功能是（　　）。

　　A. 分度　　　　　　　B. 装夹轴类零件　　　C. 装夹套类零件　　　D. 装夹矩形工件

（9）V形架的主要作用是轴类零件（　　）。

　　A. 夹紧　　　　　　　B. 测量　　　　　　　C. 定位　　　　　　　D. 导向

（10）铣床的进给速度是指（　　）。

　　A. 每齿进给量　　　　B. 快速移动量　　　　C. 每转进给量　　　　D. 每分钟进给量

（11）铣削的主运动是（　　）。

　　A. 铣刀旋转　　　　　B. 工件移动　　　　　C. 工作台进给　　　　D. 铣刀位移

（12）用于切断加工的铣刀是（　　）。

　　A. 锯片铣刀　　　　　B. 立铣刀　　　　　　C. 三面刃铣刀　　　　D. 键槽铣刀

（13）用于铣削封闭键槽的铣刀是（　　）。

　　A. 窄槽铣刀　　　　　B. 立铣刀　　　　　　C. 三面刃铣刀　　　　D. 键槽铣刀

（14）各种通用铣刀切削部分材料大多采用（　　）。

　　A. 结构钢　　　　　　B. 高速钢　　　　　　C. 硬质合金　　　　　D. 碳素工具钢

（15）可转位铣刀属于（　　）铣刀。

　　A. 整体　　　　　　　B. 镶齿　　　　　　　C. 机械夹固式　　　　D. 焊接式

任务2.3　认知钻削加工方法

学习导航

知识要点	常见钻床工件装夹，常见钻刀种类，钻床工艺范围，常用切削参数的选择
任务目标	1. 了解常见钻床类型； 2. 掌握钻削工艺范围； 3. 了解不同钻刀的使用方法； 4. 了解不同工件的装夹方法
能力培养	1. 具备不同钻床型号的识别能力； 2. 具备各种表面钻削钻刀的选择能力； 3. 具备不同类型零件的装夹能力
教学组织	课堂讲解、课堂项目训练＋课下查阅资料、自主学习、项目联系
教学评价	学习过程评价（60%）；教学成果评价（30%）；团队合作评价（10%）
参考学时	2

![任务学习]

孔是各种机器零件上出现最多的几何表面之一。孔加工的方法很多，除了常用的钻孔、扩孔、锪孔、铰孔、镗孔、拉孔、磨孔外，还有金刚镗、珩磨、研磨、挤压以及孔的特种加工等。

钻削是在实体材料上一次钻成孔的工序，钻孔加工的孔精度低，表面较粗糙。扩孔是对已有的孔眼（铸孔、锻孔、预钻孔等）再进行扩大，以提高其精度或降低其表面粗糙度的工序。锪孔是在钻孔孔口表面上加工出倒棱、平面或沉孔的工序，锪孔属于扩孔范围。铰孔是利用铰刀对孔进行半精加工和精加工的工序。滚压挤光是利用钢球或滚压头对孔作光整加工，校准孔的几何形状，降低表面粗糙度，同时还有强化金属表面层的作用。

2.3.1 认知钻床

钻床是主要用钻头在实体工件上加工孔的机床。钻床主要用来加工外形比较复杂的工件上的孔，如箱体、机架等零件上的孔。钻床可完成钻孔、扩孔、铰孔、锪平面、攻螺纹等工作。在钻床上加工时，工件不动，刀具旋转为主运动，刀具轴向移动为进给运动。钻床的加工精度不高，仅用于加工一般精度的孔。如果配合钻床夹具，可以加工精度较高的孔。

1. 台式钻床

台式钻床实质上是加工小孔的立式钻床，简称台钻，其钻孔直径一般在 16 mm 以下，主要用于小型零件上各种小孔的加工。台钻的自动化程度较低，通常采用手动进给，但其结构简单，小巧灵活，使用方便。其结构如图 2-3-1 所示。

2. 立式钻床

图 2-3-2 所示为立式钻床的外形。其特点为主轴轴线垂直布置，且位置固定。主轴箱中装有主运动和进给运动的变速传动机构、主轴部件以及操纵机构等。主轴箱固定不动，用移动工件的方法使刀具旋转中心线与被加工孔的中心线重合，进给运动由主轴随主轴套筒在主轴箱中作直线移动来实现。利用装在主轴箱上的进给

图 2-3-1　台钻

操纵机构，可以使主轴实现手动快速升降、手动进给以及接通或断开机动进给。被加工工件可直接或通过夹具安装在工作台上。工作台和主轴箱都装在方形立柱的垂直导轨上，可上下调整位置，以适应加工不同高度的工件。立式钻床适用于中小型工件孔的加工，且加工孔数不宜过多。

3. 摇臂钻床

在大型零件上钻孔时，因工件移动不便，就希望工件不动，而钻床主轴能在空间任意调整其位置，这就产生了摇臂钻床。图 2-3-3 为摇臂钻床的外形图。主轴箱 5 可沿摇臂 4 的导轨横向移动。摇臂 4 可沿外立柱 3 上下移动，同时外立柱 3 及摇臂 4 还可以绕内立柱 2 在 -180°～ 180°范围内任意转动。因此，主轴 6 的位置可在空间任意地调整。被加工工件可

以安装在工作台上，如果工件较大，还可以卸掉工作台，直接安装在底座 1 上，或直接放在周围的地面上。摇臂钻床改变加工位置灵活方便，被广泛应用于一般精度的各种批量的大、中型零件的加工。

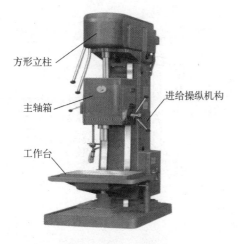

图 2-3-2　立式钻床

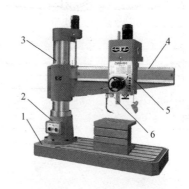

图 2-3-3　摇臂钻床

1—底座；2—内立柱；3—外立柱；4—摇臂；5—主轴箱；6—主轴

4. 其他钻床

（1）深孔钻床：深孔钻床是用深孔钻钻削深度比直径大得多的孔（如枪管、炮筒和机床主轴等零件）的专门化机床，为便于排屑及避免机床过于高大，一般为卧式布局，常备有冷却液输送装置（由刀具内部输入冷却液至切削部位）及周期退刀排屑装置等。

（2）中心孔钻床：中心孔钻床用于加工轴类零件两端的中心孔。

（3）铣钻床：铣钻床是工作台可纵、横向移动，钻轴垂直布置，能进行铣削的钻床。

（4）卧式钻床：卧式钻床是主轴水平布置，主轴箱可垂直移动的钻床。

2.3.2　认知钻床用刀具

钻床上常用的刀具分为两类：一类用于在实体材料上加工孔，如麻花钻、扁钻、中心钻及深孔钻等；另一类用于对工件上已有的孔进行再加工，如扩孔钻、铰刀等。其中麻花钻是最常用的孔加工刀具。

1. 麻花钻

麻花钻刀体结构如图 2-3-4（a）所示。标准高速钢麻花钻主要由工作部分、颈部和柄部等三部分组成。工作部分担负切削与导向工作，柄部是钻头的夹持部分，用于传递扭矩。麻花钻的工作部分如图 2-3-4（b）所示。切削部分有两条主切削刃、两条副切削刃和一条横刃；两条螺旋槽钻沟形成两条主切削刃的前刀面，两主后刀面在钻头端表面上，分布于横刃两边；钻头外缘上两小段窄棱边形成的刃带是副后刀面，在钻孔时刃带起导向作用且控制孔的廓形和直径；为减小与孔壁的摩擦，刃带向柄部方向有减小的倒锥量，从而形成副偏角；在钻头中心部分连接两个刀瓣且与两螺旋钻沟底部相切的回转体称为钻芯，为保证钻头具有必要的刚性和强度，钻芯直径 d_0 向柄部方向递增。在钻芯上的切削刃称为横刃，它与两主切削刃相连。

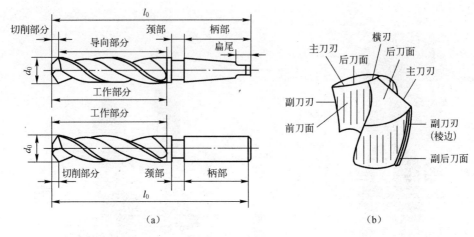

图 2-3-4　麻花钻

2. 扩孔钻

扩孔钻的形式随直径不同而不同。直径为 $\phi10 \sim \phi32$ 的扩孔钻为锥柄扩孔钻，如图 2-3-5（a）所示；直径为 $\phi25 \sim \phi80$ 的扩孔钻为套式扩孔钻，如图 2-3-5（b）所示。

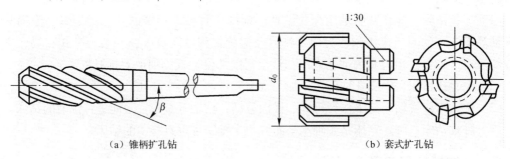

图 2-3-5　扩孔钻

3. 铰刀

铰削是一种常用的孔的精加工方法，通常在钻孔和扩孔之后进行，加工孔精度达 IT6 ～ IT7，加工表面粗糙度可达 $Ra0.4 \sim 1.6~\mu m$。

根据使用方法不同，铰刀可分为手用铰刀与机用铰刀。手用铰刀可做成整体式［见图 2-3-6（a）］，也可做成可调式的［见图 2-3-6（b）］，在单件小批和修配工作中常使用尺寸可调的铰刀。机用铰刀直径小的做成直柄或锥柄的［见图 2-3-6（c）］，直径较大常做成套式结构［见图 2-3-6（d）］。

根据加工孔的形状不同铰刀可分为柱形铰刀和锥度铰刀。锥度铰刀因切削量较大做成粗铰刀和精铰刀，一般两把或 3 把一套，如图 2-3-6（e）所示。

铰刀过去多数使用高速钢制造，现在在成批大量生产中已普遍地使用硬质合金铰刀［见图 2-3-6（d）］，不仅加工效率高而且加工孔的质量也很高。

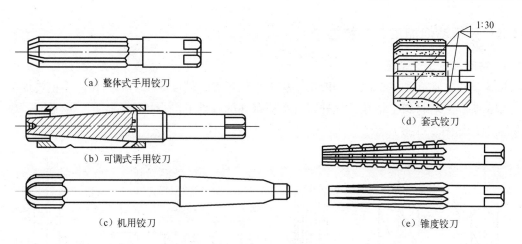

（a）整体式手用铰刀

（b）可调式手用铰刀

（c）机用铰刀

（d）套式铰刀

（e）锥度铰刀

图 2-3-6　不同种类的铰刀

图 2-3-7 所示为常用的手用铰刀，它由工作部分、颈部及柄部三部分组成。工作部分主要由切削部分及校准部分构成，其中校准部分又分为圆柱部分和倒锥部分。对于手用铰刀，为增强导向作用，校准部分应做得长些；对机用铰刀，为减小机床主轴和铰刀不同心的影响和避免过大的摩擦，校准部分应做得短些。当切削部分的锥角 $2\varphi \leqslant 30°$ 时，为了便于切入，在其前端常制成引导锥。

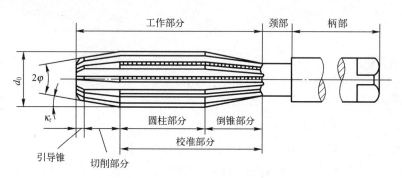

图 2-3-7　铰刀的构造

铰削加工余量很小，刀齿容屑槽很浅，因而铰刀的齿数比较多，刚性和导向性好，工作更平稳。由于铰削的加工余量小，切削厚度 a_c 很薄，而刀刃具有一定的刃口圆弧半径 r_n，因此铰刀有时会在 $a_c < r_n$ 的情况下切削，此时工作前角为负值，挤压作用很大，实际上铰削过程是切削与挤刮的联合作用过程。由于铰削的切削余量小，同时为了提高铰孔的精度，通常铰刀与机床主轴采用浮动连接，所以铰刀只能修正孔的形状精度，提高孔径尺寸精度和减小表面粗糙度，而不能修正孔的位置误差。

工作时，2/3 切削液经内、外管之间的间隙输入到切削区，用于冷却和润滑。其余 1/3 的切削液经内管壁上的月牙小槽窄缝喷入管内，使内管的前端与后端形成压力差产生"吸力"，加速切削液和切屑排出。

2.3.3 分析钻削加工工艺特性

1. 钻削加工工艺范围

钻床类机床属孔加工机床，一般用于加工直径不大，精度要求不高的孔。其主要加工方法是用钻头在实心材料上钻孔，此外还可在原有孔的基础上进行扩孔、铰孔、锪平面、攻螺纹等加工，如图 2-3-8 所示。

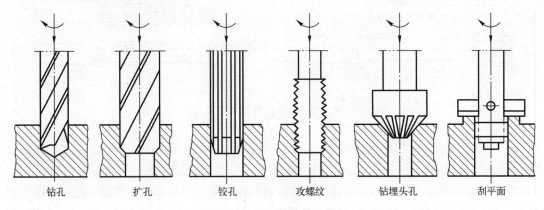

| 钻孔 | 扩孔 | 铰孔 | 攻螺纹 | 钻埋头孔 | 刮平面 |

图 2-3-8　钻削加工工艺范围

钻床上加工时，工件固定不动，刀具作旋转运动（主运动）的同时沿轴向移动（进给运动）。

2. 钻削加工特点

（1）钻头在半封闭的状态下进行的切削，切削量大，排屑困难。

（2）摩擦严重，产生热量多，散热困难。

（3）转速高、切削温度高，致使钻头磨损严重。

（4）挤压严重，所需切削力大，容易产生孔壁的冷作硬化。

（5）钻头细而悬伸长，加工时容易产生弯曲和振动。

（6）钻孔精度低，尺寸精度为 IT10 ～ IT13，表面粗糙度 Ra 值为 6.3 ～ 12.5 μm。

任务练习

1. 填空题

（1）钻削由切削运动和_____运动组成。

（2）钻孔时加切削液的主要目的是_____。

（3）钻孔时，钻头绕本身轴线的旋转运动称为_____运动 。

（4）钻削是在实体材料上一次钻成孔的工序，钻孔加工的孔精度_____，表面较粗糙度_____。

（5）扩孔是对已有的孔眼（铸孔、锻孔、预钻孔等）再进行扩大，以提高孔_____或降低其表面粗糙度的工序。

（6）锪孔是在钻孔孔口表面上加工出_____的工序，锪孔属于扩孔范围。

（7）铰孔是利用铰刀对孔进行_____的工序。

（8）滚压挤光是利用钢球或滚压头对孔作光整加工，校准孔的几何形状，降低表面粗糙度，同时还有_____的作用。

（9）深孔一般指孔的长径比大于_____倍以上的孔。

（10）钻深孔时，必须要解决_____问题。

2. 判断题

（1）锪孔的切削速度一般比钻削的切削速度高。 （ ）

（2）工作完毕后，应切断电源，卸下钻头，将横臂下降到立柱的下部边端，并刹好车，以防止发生意外。同时清理工具，做好机床保养工作。 （ ）

（3）修磨钻头横刃时，其长度磨得愈短愈好。 （ ）

（4）钻床的通用夹具主要用于大批量生产。 （ ）

（5）钻孔时加切削液的主要目的是提高孔的表面质量。 （ ）

3. 选择题

（1）孔将钻穿时，进给量必须（ ）。

    A. 减小   B. 增大   C. 保持不变   D. 无所谓

（2）铰孔的加工精度可高达（ ）。

    A. IT6 ～ IT7 级   B. IT1 ～ IT2

（3）在钻壳体与衬套之间的螺纹底孔时，钻孔中心的样冲眼应打在（ ）。

    A. 略偏软材料一边   B. 略偏硬材料一边

    C. 两材料中间   D. 两边均可以

（4）用以扩大已加工的孔叫（ ）。

    A. 扩孔   B. 钻孔

（5）麻花钻刃磨时，其刃磨部位是（ ）。

    A. 前刀面   B. 后刀面   C. 副后刀面   D. 韧带

（6）立钻适用于单件小批量生产中加工（ ）零件。

    A. 中小型   B. 大型

（7）一般情况下多以（ ）作为判别金属强度高低的指标。

    A. 抗压强度   B. 抗拉强度

    C. 抗扭强度   D. 抗剪切强度

（8）铰孔结束后，铰刀应（ ）退出。

    A. 正转   B. 反转   C. 正反转均可   D. 停车

（9）Z35 摇臂钻床是万能性机床，主要用于加工中小型零件，不可以进行（ ）加工。

    A. 钻孔   B. 铰孔   C. 扩孔   D. 镗孔

（10）在零件加工过程中，为满足加工和测量要求而确定的基准叫（ ）。

    A. 设计基准   B. 工艺基准   C. 测量基准   D. 尺寸基准

任务 2.4　认知镗削加工方法

学习导航

知识要点	常见镗床工件装夹，常见镗刀种类，镗床工艺范围，常用切削参数的选择
任务目标	1. 了解常见镗床类型； 2. 掌握镗床工艺范围； 3. 了解不同镗刀的使用方法； 4. 了解不同工件的装夹方法
能力培养	1. 具备不同镗床型号的识别能力； 2. 具备各种表面镗削镗刀的选择能力； 3. 具备不同类型零件的装夹能力
教学组织	课堂讲解、课堂项目训练＋课下查阅资料、自主学习、项目练习
教学评价	学习过程评价（60%）；教学成果评价（30%）；团队合作评价（10%）
参考学时	2

任务学习

由于制造武器的需要，在 15 世纪就已经出现了水驱动的炮筒镗床，由于瓦特蒸汽机内部加工精度的需求，1776 年制造了气缸镗床，1880 年前后，在德国开始生产带前后立柱和工作台的卧式镗床，为适应特大、特重工件的加工，20 世纪 30 年代发展了落地镗床，随着铣削加工工作量的增加，20 世纪 50 年代出现了落地镗铣床，由于钟表仪器制造业的发展，需要加工孔距误差较小的设备，上世纪初出现了坐标镗床。镗床是用来加工尺寸较大、精度要求较高的孔的机床，特别适用于加工分布在零件不同位置上的相互位置精度要求较高的孔系。通常对铸、锻、钻的孔作进一步加工。现在的镗床大多已采用数字控制系统实现坐标定位和加工过程自动化。

2.4.1　认知镗床

镗床是主要用镗刀在工件上加工已有预制孔的机床。对于多数箱体类零件或支架类零件，由于其结构相对复杂，并且零件表面上有许多相互交叉的孔系，因而对此类零件孔的加工提出了较高要求，在实际应用中常选用镗床来进行加工。镗床主要有卧式镗床、立式镗床、坐标镗床和金刚镗床等。

1. 卧式镗床

卧式镗床因其工艺范围非常广泛和加工精度高而得到普遍应用。卧式镗床除了镗孔以外，还可车端面、铣端面、车螺纹等，零件可在一次安装中完成大量的加工工序，而且其加工精度比钻床和一般的车床、铣床高，因此特别适合加工大型、复杂的箱体类零件上精度要求较高的孔系及端面。

图 2-4-1 所示为卧式镗床的主要加工方法。图 2-4-2 所示为卧式镗床的外形图。在

图 2-4-2 所示主轴箱 1 中，装有主轴部件、主运动和进给运动变速机构以及操纵机构。根据加工情况不同，刀具可以装在镗杆主轴 3 上或平旋盘 4 上。加工时，当刀具装在镗杆主轴 3 上时，镗杆主轴既可旋转完成主运动，又可沿轴向移动完成进给运动 [见图 2-4-1（a）、（d）]；当刀具装在平旋盘 4 上时，平旋盘只能作旋转主运动 [见图 2-4-1（b）]；当刀具装在平旋盘 4 的径向刀架上时，径向刀架可带着刀具作径向进给运动，以车削端面 [见图 2-4-1（c）]。主轴箱 1 可沿前立柱 2 的导轨上下移动进行调位或进给 [见图 2-4-2（e）]。工件安装在工作台 5 上，可与工作台一起随下滑座 7 或上滑座 6 作纵向或横向运动 [见图 2-4-1（e）、（f）、（g）]。工作台还可绕上滑座的圆导轨在水平面内转位，以便加工互相成一定角度的平面或孔。装在后立柱 9 上的后支架 8，用于支承较长的镗杆，以增加刚性，后支架可沿后立柱上的导轨与主轴箱同步升降，以保持其支承孔与镗轴在同一轴线上。后立柱可沿床身的导轨左右移动，以适应镗杆不同长度的需要。在加工箱体类零件和较大的支架类零件时，这种情况是其他机床不容易实现的。

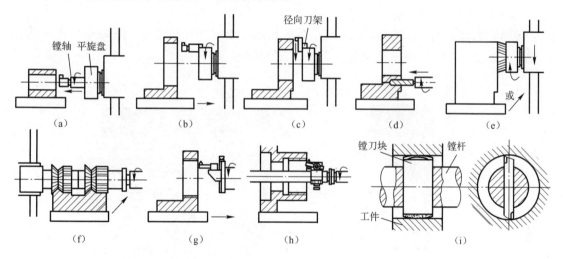

图 2-4-1 卧式镗床的主要加工方法

综上所述，卧式镗床具有下列工作运动：镗杆的旋转主运动、平旋盘的旋转主运动、镗杆的轴向进给运动、主轴箱垂直进给运动、工作台纵向进给运动、工作台横向进给运动、平旋盘径向刀架进给运动。卧式镗床的辅助运动有主轴箱、工作台在进给方向上的快速调位运动、后立柱的纵向调位运动、后支架的垂直调位运动、工作台的转位运动。这些辅助运动由快速电机传动。

2. 坐标镗床

坐标镗床是一种高精度机床，它具有测量坐标位置的精密测量装置，而且这种机床的主要零部件的制造和装配精度很高，并有良好的刚性和抗振性。所以它主要用来镗削精密的孔（IT5 级或更高）和位置精度要求很高的孔系（定位精度达 0.002 ～ 0.01），如钻模、镗模等精密孔。坐标镗床的工艺范围很广，除镗孔、钻孔、扩孔、铰孔、精铣平面和沟槽外，还可进行精密画线和刻线，以及孔距和直线尺寸的精密测量等工作。

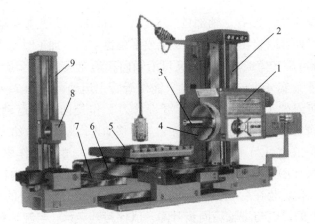

图 2-4-2　卧式镗床的外形图

1—主轴箱；2—前立柱；3—镗杆主轴；4—平旋盘；5—工作台；

6—上滑座；7—下滑座；8—后支架；9—后立柱

坐标镗床有立式和卧式之分。立式坐标镗床还有单柱和双柱之分。图 2-4-3 所示为立式单柱坐标镗床。图 2-4-4 所示为立式双柱坐标镗床。

图 2-4-3　立式单柱坐标镗床

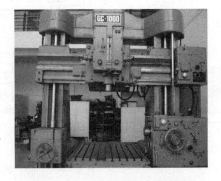

图 2-4-4　立式双柱坐标镗床

3. 金刚镗床

金刚镗床是一种高速精密镗床，因以前采用金刚石镗刀而得名，现在已大量采用硬质合金刀具。这种机床的特点是切削速度 v 很高（加工钢件 $v = 1.7 \sim 3.3\,\text{m/s}$，加工有色合金件 $v = 5 \sim 25\,\text{m/s}$，而背吃刀量和进给量极小（背吃刀量一般不超过 $0.1\,\text{mm}$，进给量一般为 $0.01 \sim 0.14\,\text{mm/r}$），因此可以获得很高的加工精度（孔径精度一般为 IT6 ～ IT7 级，圆度不大于 $3 \sim 5\,\mu\text{m}$）和表面质量（表面粗糙度值 Ra 一般为 $0.08 \sim 1.25\,\mu\text{m}$）。金刚镗床常用于在成批生产、大量生产中加工有色金属零件上的精密孔。

主轴组件是金刚镗床的关键部件，它的性能好坏，在很大程度上决定着机床的加工质量。这类机床的主轴短而粗，在镗杆的端部设有消振器；主轴采用精密的角接触球轴承或静压轴承支承，并由电动机经传动带直接带动主轴旋转，可保证主轴组件准确平稳地运转。

金刚镗床的种类很多，按其布局形式可分为单面、双面和多面的，按其主轴的位置可分为立式、卧式和倾斜式；按主轴的数可分为单轴、双轴及多轴的。

2.4.2　认知镗床用刀具

镗床上使用的刀具种类较多，除了采用钻床所用的各种孔加工刀具和铣床所用的各种铣刀外，还可采用单刃镗刀、微调镗刀和浮动镗刀。

在镗床上使用钻头、扩孔钻、铰刀等钻床所用的各种孔加工刀具时，可把刀具直接安装在镗杆主轴的莫氏锥孔中，如图 2-4-1（d）所示。

在镗床上使用各种铣刀时，可把刀具直接安装在镗杆或平旋盘上，如图 2-4-1（e）、图 2-4-1（f）所示。

1. 单刃镗刀

单刃镗刀切削部位与普通车刀相似，刀体较小，安装在镗杆的孔中，尺寸靠操作者调整。整体式单刃镗刀结构紧凑，体积小，应用较为广泛，可以镗削各类小孔、盲孔和台阶孔。若将整体式单刃镗刀装在万能刀架或平旋盘滑座上，则可以镗削直径较大的孔、镗端面、镗内螺纹等。

在镗床上用微调镗刀可以提高调整精度。如图 2-4-5 所示，镗杆 5 上装有镗刀头 3，刀片 4 装在镗刀头 3 上，镗刀头的外螺纹上装有拉紧螺钉 1 可将带有调整螺母 2 的镗刀头 3 拉紧在镗杆的锥窝中，螺纹尾部的两个导向键 6 可用来防止镗刀头转动。转动调整螺母，装有刀头的心杆即可沿定向键作直线移动，借助游标刻度读数精度可达 0.001 mm。

特点：

（1）加工工艺性广，能加工扩孔钻及铰刀不能加工的孔，如盲孔、阶梯孔、交叉孔等。

（2）可以纠正由于钻孔、扩孔而留存的各种偏差。加工精度高，表面粗糙度较小，并能保证孔的形状和位置精度。

（3）使用硬质合金刀片，能够进行高速切削，生产效率高。

（4）主要缺点是调整刀具和对刀时间较长，影响生产效率的提高。

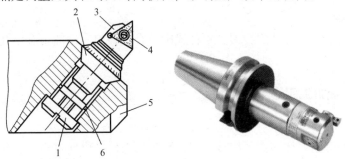

图 2-4-5　微调镗刀

1—拉紧螺钉；2—调整螺母；3—镗刀头；4—刀片；5—镗杆；6—导向键

2. 双刃镗刀

双刃镗刀的两个切削刃对称地分布在镗杆轴线的两侧，可以消除切削抗力对镗杆变形的影响。

3. 浮动镗刀

为了消除镗孔时径向力对镗杆的影响，可采用浮动镗刀。浮动镗刀的刀块以间隙配合状态浮动地安装在镗杆的径向孔中，工作时刀块在切削力的作用下保持平衡位置，可以减少镗刀块安装误差及镗杆径向跳动所引起的加工误差。图 2-4-6 所示为可调式浮动镗刀块，拧动调整螺钉 3 可以推动斜面垫板 4，从而调整刀片 1 的位置。

因其切削过程中镗刀是浮动的，所以它不能纠正原有孔的位置误差和形状误差，如孔轴线的偏移、扭曲、平行度、垂直度误差等。用浮动镗刀精镗孔前，被镗孔必须满足以下基本技术要求：

（1）孔的直线度要好，表面粗糙度值控制在 $Ra3.2\ \mu m$ 以下并且要求孔壁上不允许有明显的走刀波纹。

（2）精镗余量不能太大，一般控制在 $0.06 \sim 0.12\ mm$ 之内。

为保证用浮动镗刀精镗孔时的加工精度，应正确选择切削用量，浮动镗刀精镗孔时的切削深度，一般为 $0.05 \sim 0.10\ mm$；进给量一般为 $0.3 \sim 0.7\ mm/r$；镗削速度 v 可换算成主轴每分钟转速，一般取 $8 \sim 12\ r/min$。

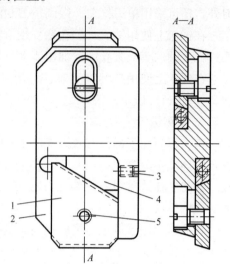

图 2-4-6　可调式浮动镗刀块
1—刀片；2—镗刀块；3—调整螺钉
4—斜面垫板；5—紧固螺钉

其次是浮动镗刀在镗刀杆方孔槽内的配合要求较高，而且方孔轴线必须和镗刀杆轴线相垂直，这给刀杆制造提出了更高的要求。此外，浮动镗刀的刃磨必须保证两切削刃的对称，技术要求高。由于浮动镗刀是由两切削刃产生的切削力自动平衡的，所以对工件的材质、形状均有较高的要求。浮动镗刀只能镗削整圆的通孔。对不通孔、阶梯孔和不完整的孔是不能采用浮动镗刀来加工的。

4. 其他分类镗刀

镗刀的种类很多，有带杆式镗刀、带杆式硬质合金镗刀、硬质合金小孔镗刀、可转位镗刀等近 20 种。

2.4.3　分析镗削加工工艺特性

1. 镗孔方法

（1）镗床主轴带动刀杆和镗刀旋转，工作台带动工件做纵向进运动，如图 2-4-7 所示。两种方式镗削的孔径一般小于 $\phi120\ mm$。图 2-4-7（a）所示为悬伸式刀杆，刀杆不宜伸出过长。图 2-4-7（b）所示为较长的刀杆，其另一端支承在镗床后立柱的导套座里较长，用以镗削箱体两壁相距较远的同轴孔系。

（2）镗床主轴带动刀杆和镗刀旋转，并作纵向进给运动，如图 2-4-8 所示。这种方式主轴悬伸的长度不断增大，刚性随之减弱，一般只用来镗削长度较短的孔。

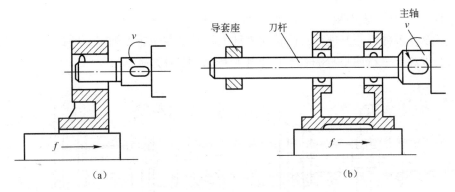

图 2-4-7　镗床镗孔方式 1

上述两种镗削方式，孔径的尺寸和公差要由调整刀头伸出的长度来保证，如图 2-4-9 所示。镗削时需要进行调整、试镗和测量，孔径合格后方能正式镗削，其操作技术要求较高。

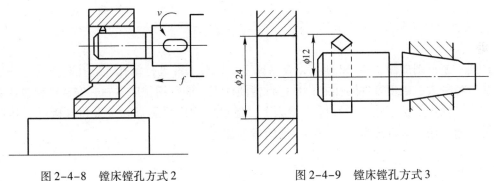

图 2-4-8　镗床镗孔方式 2　　　　　图 2-4-9　镗床镗孔方式 3

　　（3）镗床平旋盘带动镗刀旋转，工作台带动工件做纵向进给运动。

　　图 2-4-10 所示的镗床平旋盘可随主轴箱上下移动，自身又能做旋转运动。其中部的径向刀架可做径向进给运动，也可处于所需的任一位置上。

　　如图 2-4-11（a）所示，利用径向刀架使镗刀处于偏心位置，即可镗削大孔。ϕ200 mm 以上的孔多用这种镗削方式，但孔不宜过长。图 2-4-11（b）所示为镗削内槽，平旋盘带动镗刀旋转，径向刀架带动镗刀作连续的径向进给运动。若将刀尖伸出刀杆端部，也可镗削孔的端面。

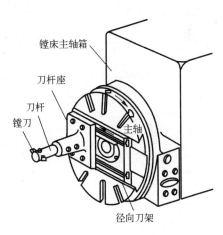

图 2-4-10　镗床平旋盘

2. 镗削工艺范围

对于直径较大的孔（一般 $D > 80 \sim 100\,\text{mm}$）、内成形面或孔内环槽等，镗削是唯一合适的加工方法。一般镗孔精度达 1T7 $\sim$ IT8，表而粗糙度 Ra 值为 $0.8 \sim 1.6\,\mu\text{m}$。精细镗时，精度可达 IT7 ～ IT6，表面粗糙度 Ra 值为 0.2 ～ 0.8 μm。

镗孔可以在多种机床上进行。回转体零件上的孔多在车床上加工，箱体类零件上的孔或孔系（即要求相互平行或垂直的若干几个孔）则常用镗床加工。

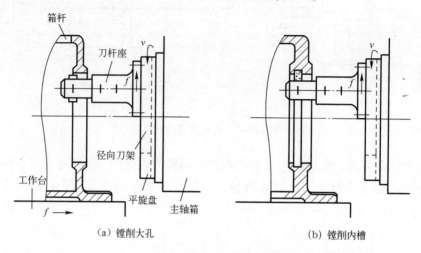

（a）镗削大孔　　　　　　　　　　（b）镗削内槽

图 2-4-11　镗床平转盘

镗削工艺范围如图 2-4-12 所示，在镗床上可以对工件进行钻孔、扩孔和铰孔等一般加工。能对各种大、中型零件的孔或孔系进行镗削加工。能利用镗床主轴，安装铣刀盘或其他铣刀，对工件进行铣削加工。在卧式镗床上，还可以利用平旋盘和其他机床附件，镗削大孔、大端面、槽及进行攻螺纹等一些特殊的镗削加工。

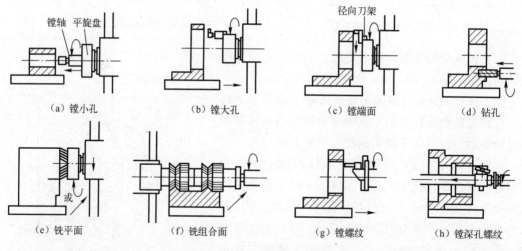

（a）镗小孔　　　　（b）镗大孔　　　　（c）镗端面　　　　（d）钻孔

（e）铣平面　　　　（f）铣组合面　　　　（g）镗螺纹　　　　（h）镗深孔螺纹

图 2-4-12　镗削工艺范围

下列情况适合镗削加工：

（1）孔和其他相关部分的加工精度要求较高，两次装夹易产生装夹误差的零件。

（2）不易装卸的大型笨重零件。

（3）结构形状复杂，加工工序多，且又是单件或小批量生产，有时还受到设备条件的限制，没有更合理的加工设备的零件。

3. 镗削表面粗糙度太大的主要原因

（1）机床工作台或立铣头调整后未锁紧。

（2）刀杆刚性差，切削时产生振动。

（3）副偏角太大及进给量过大，致使切削后残留面积大。

（4）镗刀变钝，切削时引起振动。

（5）冷却不佳，出屑不畅。

（6）退刀时刀尖背向操作者，使孔壁产生划痕。

4. 镗削造成孔的形状误差的主要原因

（1）主轴旋转精度差。

（2）工件或工作台在镗削过程中有晃动。

（3）镗刀杆和镗刀产生弹性变形。

（4）薄壁零件在装夹时产生变形。

（5）立铣头零位不准，并用升降进给。

（6）镗削过程中刀尖磨损和镗刀未紧固等。

5. 单圆柱孔镗削加工方法

镗削圆柱时，必须确定镗孔的加工步骤，确定粗镗、精镗之间的余量分配及不同精度孔的镗削方式。此外，对于实心工件，镗削前还应对孔进行预加工，如钻孔、扩孔等。

（1）粗镗

粗镗是半精镗和精镗的预加工工序。粗镗是采用较大的切削量对毛坯或钻、扩后的孔进行粗加工，切除表面的不规则余量，使孔达到一定精度，为下道工序做好准备。对于精度要求不高的孔，粗镗也可以作为最终加工工序。

粗镗后，一般单边留 $1 \sim 1.5\,\mathrm{mm}$ 作为半精镗和精镗的加工余量，对于精密零件，粗加工后应对零件进行去应力处理，例如进行自然时效和人工时效，消除加工后的内应力，然后进行精镗。对于加工精度要求不高的零件，粗镗后也至少放置一两天，才能进行精镗。

为了保证粗镗的生产效率和一定的加工精度，粗镗时选用的镗刀应注意以下要求：

① 切削刃锋利，且后角较小，以保证镗刀切削部分有足够强度。

② 主偏角要稍小，适当增加刀尖角，刃倾角取负值以承受较大切削力，提高其冲击韧性。

（2）半精镗和精镗

半精镗是精镗的预备工序，主要解决粗镗留下的余量不均匀部分，半精镗后留给精镗的余量一般为 $0.3 \sim 0.5\,\mathrm{mm}$。对于精度要求不高的孔可以直接精镗，不必增加半精镗工序。

精镗的目的是保证尺寸精度、形状精度和获得较好的表面粗糙度。精镗时应选用较高的切削速度，较小的进给量和切削深度来切除较小的加工余量。通常精镗时设置切削深度小于 $0.1\,\mathrm{mm}$，进给量小于 $0.05\,\mathrm{mm/r}$。

精镗时要防止切削用量过小，导致刀具磨损加剧，达不到孔的各项加工精度要求。精镗时，对镗刀有以下要求：

（1）精镗刀应取较大的前角，以减小切削变形、切削力和切削热。

（2）精镗刀应取用较大的后角，以减少镗刀对已加工表面的摩擦。

（3）精镗刀应取用负刃倾角，以便切屑流向待加工表面。

任务练习

1. 简答题

（1）常见镗床种类有哪些？

（2）常见镗刀种类有哪些？

（3）简述镗削加工适合那些类型的孔加工。

2. 填空题

（1）镗床是主要用镗刀在工件上加工_____孔的机床。

（2）对于多数箱体类零件或支架类零件，由于其结构相对复杂，并且零件表面上有许多相互交叉的孔系，因而对此类零件孔的加工提出了较高要求，在实际应用中常选用_____床来进行加工。

（3）镗床主要有_____镗床、_____镗床、_____镗床和_____镗床等。

（4）卧式镗床除了镗孔以外，还可车端面、铣端面、车_____等。零件可在一次安装中完成大量的加工工序，而且其加工精度比钻床和一般的车床、铣床高，因此特别适合加工_____类零件上精度要求较高的孔系及端面。

（5）坐标镗床是一种高精度机床，它具有测量坐标位置的精密测量装置，而且这种机床的主要零部件的制造和装配精度很高，并有良好的刚性和抗振性。所以它主要用来镗削精密的孔_____级或更高和位置精度要求很高的孔系（定位精度达_____），如钻模、镗模等精密孔。

（6）金刚镗床常用于在成批生产、大量生产中加工_____零件上的精密孔。

（7）镗床上用的刀具种类较多，除了采用钻床所用的各种孔加工刀具和铣床所用的各种铣刀外，还可用_____、_____和_____镗刀。

（8）为了消除镗孔时径向力对镗杆的影响，可采用_____镗刀。

任务 2.5　认知磨削加工和光整加工方法

学习导航

知识要点	常见磨床工件装夹，砂轮参数，磨削工艺范围，常用磨削参数的选择
任务目标	1. 了解常见磨床类型； 2. 掌握磨床工艺范围； 3. 了解不同砂轮的使用方法； 4. 了解不同工件的装夹方法
能力培养	1. 具备识别不同磨床型号的能力； 2. 具备各种表面磨削加工，砂轮的选择能力； 3. 具备不同类型零件的装夹能力

教学组织	课堂讲解、课堂项目训练＋课下查阅资料、自主学习、项目联系
教学评价	学习过程评价（60%）；教学成果评价（30%）；团队合作评价（10%）
参考学时	4

任务学习

2.5.1　认知常见磨削方法

磨削加工是用磨料磨具（如砂轮、砂带、油石、研磨料等）为工具在磨床上进行切削的一种加工方法，是零件精加工的主要方法之一。它的应用范围很广，不仅能加工一般材料，如钢、铸铁等，还可加工一般刀具难以加工的材料，如淬火钢、硬质合金、玻璃及陶瓷等。

磨床加工的工艺范围很宽，可磨削内外圆柱面、圆锥面、平面、齿轮齿廓面、螺旋面及各种成形面等，还可刃磨刀具和切断等。随着磨料磨具的不断发展，机床结构和性能的不断改进，以及高速磨削、强力磨削等高效磨削工艺的采用，磨削已逐步扩大到粗加工领域。选用小切削余量的毛坯，以磨代车（或镗、铣、刨），既节省原料，又节省工时，是机械加工的方向之一。

在所有机床类别中，磨床的种类最多，常用磨床主要有外圆磨床和万能磨床、内圆磨床、平面磨床、无心磨床、各种工具磨床，各种刃具磨床；还有珩磨机、研磨机和超精加工机床等。

1. 外圆磨削

（1）M1432A 型万能外圆磨床

① 主要技术参数。

M1432A 型万能外圆磨床是普通精度级的万能外圆磨床。它主要用于磨削精度 IT6 ～ IT7 的圆柱形或圆锥形的外圆或内孔，表面粗糙度 Ra 值 0.08 ～ 0.25 μm 之间。主参数是最大磨削直径和最大磨削长度。

② 机床主要部件。

图 2-5-1 为 M1432A 型万能外圆磨床的外形图，它由下列主要部件组成：床身 1、头架 2、滑鞍和横向进给机构 3、内圆磨具 4、砂轮架 5、尾座 6、工作台 8。

各部件功用如下。

床身：它是磨床的基础支承件，在其上装有工作台、砂轮架、头架、尾座等部件。床身的内部用作液压油的油池。

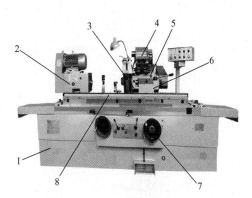

图 2-5-1　M1432A 型万能外圆磨床
1—床身；2—头架；3—滑鞍和横向进给机构；
4—内圆磨具；5—砂轮架；6—尾座；
7—横向进给手轮；8—工作台

头架：主要用于安装及夹持工件，并带动工件旋转。

工作台：由上下两层组成，上工作台可相对于下工作台在水平面内回转一个角度（±10°），用于磨削锥度较小的长圆锥面。工作台上装有头架与尾座，它们随工作台一起作纵向往复运动。

内磨装置：主要由支架和内圆磨具两部分组成。内圆磨具是磨内孔用的砂轮主轴部件，它做成独立部件安装在支架孔中，可以方便地进行更换。通常每台磨床备有几套尺寸与极限工作转速不同的内圆磨具。

砂轮架：用于支承并传动高速旋转的砂轮主轴，当需磨削短锥面时，砂轮架可以在水平面内调整至一定角度（±30°）。

尾座：它和前顶尖一起支承工件。

（2）磨削运动

主运动：砂轮的旋转运动。

进给运动：工件的旋转运动、工件纵向进给运动、砂轮架的横向进给运动。

辅助运动：砂轮架快速进退（液压）、工作台手动移动、尾座套筒的退回（手动或液动）。图2-5-2所示为该机床的几种典型加工方法及机床所需要的运动。这种机床的通用性较好，但生产率较低，适用于单件小批生产。

M1432A型磨床的运动，是机械和液压联合传动的。工作台纵向往复移动、砂轮架快速进退和周期径向自动切入、尾座顶尖套筒缩回等运动采用液压传动，其余运动都采用机械传动。

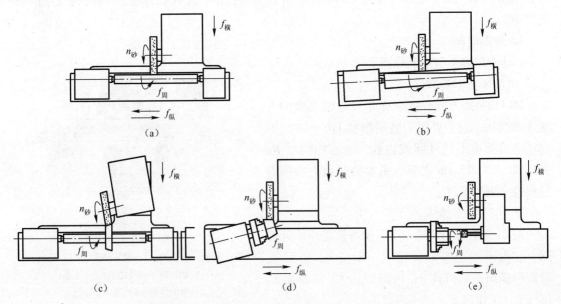

图 2-5-2 M1432A 型万能外圆磨床典型加工示意图

（3）磨削方法

外圆磨削法分为纵向进给磨削法和横向进给磨削法。

采用纵向进给磨削法磨外圆时［见图 2-5-2（a）］，工件旋转并与工作台一起作纵向往复运动，工件每一纵向行程或往复行程终了时，砂轮作一次横向进给运动。在磨削最后阶段，在无横向进给的情况下，纵向往复运动几次，一直到火花消失为止，即所谓光磨。这种磨削法适合磨削较长的轴类零件，但走刀次数多，生产率低。把工作台面旋转一定的角度，可以磨削外圆锥面［见图 2-5-2（b）］。把头架旋转一定的角度，可以磨削角度较大的短圆锥面［见图 2-5-2（d）］。磨削特点是：精度高、表面粗糙度值小、生产效率低。适用于单件小批量生产及零件的精磨。

采用横向进给磨削法（切入磨削法）磨外圆时［见图 2-5-2（c）］，工件只作旋转运动，没有纵向往复运动，砂轮作连续的横向进给运动。横向进给磨削法主要用于加工磨削长度小于砂轮宽度的工件或刚性好的工件。磨削特点是：磨削效率高，磨削长度较短，磨削较困难。横磨法适用于批量生产，磨削刚性好的工件上较短的外圆表面。

（4）工件的装夹

① 用前、后顶尖装夹工件。

装夹时，利用工件两端的顶尖孔将工件支承在磨床的头架及尾座顶尖间，这种装夹方法的特点是装夹迅速方便，加工精度高。

② 用三爪自定心卡盘或四爪单动卡盘装夹工件。

三爪自定心卡盘适用于装夹没有中心孔的工件，而四爪单动卡盘特别适用于夹持表面不规则的工件。

③ 利用心轴装夹工件。

心轴装夹适用于磨削套类零件的外圆，常用心轴有以下几种：小锥度心轴，台肩心轴，可胀心轴。

2. 平面磨削

平面磨削主要在平面磨床上进行，若零件较小或加工一些特殊平面时也可在工具磨床上进行。平面磨削精度可达 IT5 ～ IT7，表面粗糙度 Ra 值为 $0.2 ～ 0.8 \mu m$。

平面磨床可分为四类：卧轴矩台式、立轴矩台式、立轴圆台式和卧轴圆台式，他们的加工方式如图 2-5-3 所示。图中主运动为砂轮的旋转运动 $n_砂$，矩台的直线往复运动和圆台的回转运动 $f_纵$ 是进给运动。用轮缘磨削时，砂轮的宽度小于工件的宽度，故卧轴磨床砂轮还有轴向进给运动 $f_横$。矩台的 $f_横$ 是间歇运动，在 $f_纵$ 的两端进行；圆台的 $f_横$ 是连续运动。$f_切$ 是周期的切入运动。

（1）平面磨削方法

采用砂轮的轮缘（圆周）进行磨削的平面磨床称为周面磨削法或轮缘磨削法，砂轮主轴水平放置（卧轴），如图 2-5-3（a）、（d）所示。用周面磨削法磨削平面时，砂轮与工件接触面积少，发热少，散热快，排屑和冷却容易，可以得到较高的加工精度和较小的表面粗糙度，但生产率较低。

采用砂轮的端面进行磨削的方法称为端面磨削法，砂轮主轴竖直放置（立轴），如图 2-5-3（b）、（c）所示。端面磨削法磨头主轴伸出长度短，刚性好，可采用较大的切削用量，磨削面积大，生产率高。但由于砂轮与工件接触面积大，发热多，排屑和冷却困难，故加工精度和表面粗糙度等级较低，在大批量生产中多用于粗加工和半精加工。

平面磨床的工作台有矩形和圆形两种。前者适宜加工长工件，但工作台作往复运动，较易发生振动；后者适宜加工短工件或圆工件的端面，工作台连续旋转，无往复冲击。

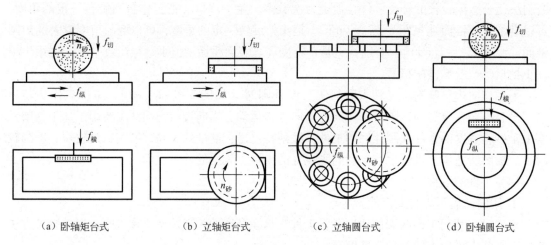

  （a）卧轴矩台式 （b）立轴矩台式 （c）立轴圆台式 （d）卧轴圆台式

图 2-5-3 平面磨床加工示意图

（2）工件的安装

平面零件磨削时最常用的安装夹具是电磁吸盘。凡是由钢、铸铁等磁性材料制成的平行面零件，都可由电磁吸盘安装，利用磁力吸牢工件。采用这种方法装卸工件方便迅速，牢固可靠，能同时安装许多工件。

（3）磨削用量的选择

根据加工方法、磨削性质、工件材料等因素来选择磨削用量。

砂轮的圆周速度：不宜过高或过低，过高会引起砂轮的碎裂，过低会影响加工质量和生产效率。

工作台纵向进给速度：当工作台为矩形时，纵向进给量选 1 ～ 12 m/min；当工作台为圆形时，其速度选为 7 ～ 30 m/min。

砂轮的垂直进给量：根据横向进给量选择砂轮的垂直进给量。横向进给量大时，垂直进给量应小些，以免影响砂轮和机床的寿命以及加工精度；横向进给量小时，则垂直进给量可适当增大。一般粗磨时，垂直进给量为 0.05 ～ 0.015 mm；精磨时为 0.005 ～ 0.01 mm。

3. 内圆磨削

内圆磨床主要有普通内圆磨床、无心内圆磨床和行星运动内圆磨床。普通内圆磨床是生产中应用最广的一种。主参数是最大磨削孔径和最大磨削深度。内圆磨床可以磨削圆柱形或圆锥形的通孔、盲孔、阶梯孔。图 2-5-4（a）所示为用纵磨法磨孔，图 2-5-4（b）所示为用切入法磨孔。图 2-5-4（a）、（b）的 $f_{横}$ 是切入运动。有的内圆磨床还附有磨削端面的磨头，可以在一次装夹下磨削端面和内孔，以保证端面垂直于孔中心线，如图 2-5-4（c）、（d）所示，此时 $f_{纵}$ 是切入运动。

内圆磨削的尺寸精度可以达到 IT6 ～ IT7 级，表面粗糙度 Ra 值 0.2 ～ 0.8 μm。采用高精度内圆磨削工艺，尺寸精度可以控制在 0.005 mm 以内，表面粗糙度 Ra 值 0.025 ～ 0.1 μm。

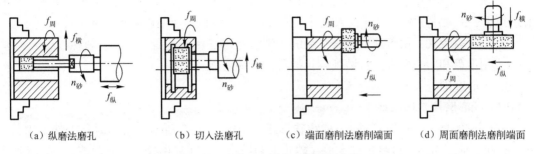

（a）纵磨法磨孔　　　（b）切入法磨孔　　　（c）端面磨削法磨削端面　　（d）周面磨削法磨削端面

图 2-5-4　普通内圆磨床的磨削方法

（1）内圆磨削加工特点

① 由于受到内圆直径的限制，内圆磨削的砂轮直径小，转速又受内圆磨床主轴转速的限制（一般为 10 000 ～ 20 000 r/min），砂轮的圆周速度一般达不到 30 ～ 35 m/s，因此磨削表面质量比外圆磨削差。

② 内圆磨削时，直径越小，安装砂轮的接长轴直径也越小，而悬伸却较长、刚性差，容易产生弯曲变形和振动，影响了尺寸精度和形状精度，降低了表面质量，同时也限制了磨削用量，不利于提高生产率。

③ 内圆磨削时，砂轮直径小，转速却比外圆磨削高得多，因此单位时间内每一磨粒参加磨削的次数比外圆磨削高，而且与工件呈内切圆接触，接触弧比外圆磨削长，再加之内圆磨削处于半封闭状态，冷却条件差，磨削热量较大，磨粒易磨钝，砂轮易堵塞，工件易发热和烧伤，影响表面质量。

（2）合理选择砂轮

① 砂轮的尺寸选择。

直径选择：选择大值，圆周速度得到提高，砂轮接长轴可选较粗，刚性好；但与内圆表面的接触弧面积增大，使磨损热量增加，冷却和排屑变差，砂轮易堵塞、变钝。所以，直径与孔径有的比值为 0.5 ～ 0.9。内径较小时，应取较大比值，当内径较大时，应取较小比值。

② 砂轮特性选择。

硬度选择：磨内孔的砂轮要比磨外圆的砂轮硬度要软 1 ～ 3 级。内孔直径小时，硬度要适当一些。

粒度的选择：为提高磨粒的切削能力，同时避免工件烧伤，应选择较粗的粒度。砂轮组织的选择：内孔磨削排屑困难，冷却条件差，砂轮组织要疏松一些。

（3）工件的安装

① 用三爪自定心卡盘装夹：能自动定心，但定心精度较低。

较短工件的装夹：如果工件端面与夹持外圆有位置精度要求，需要用百分表和铜棒敲击找正，否则不用找正；

较长工件的装夹：装夹容易偏斜，自由端的径向圆跳动较大，需要找正；

盘形工件的装夹：其端面容易倾斜，要找正。

② 用四爪单动卡盘装夹：不能自动定心，需要用划针盘（粗找正）和百分表（精找正）找正。主要用于装夹尺寸较大或外形为方形、矩形和其他不规则形状的工件。

③ 用花盘装夹：用于外形比较复杂的工件。

④ 用卡盘和中心架装夹：磨削较长的套类工件内圆。

4. 无心磨削（无心外圆磨床）

（1）无心磨床工作原理

无心外圆磨削是外圆磨削的一种特殊形式。如图 2-5-5 所示，磨削时，工件不用顶尖来定心和支承，而是直接将工件 5 放在砂轮 1 和导轮 2 之间，用托板 3 支承着，工件被磨削的外圆作定位面。导轮 2 是用树脂或橡胶为黏结剂制成的刚玉砂轮，它与工件 5 之间的摩擦因数较大，工件由导轮的摩擦力带动旋转。导轮的线速度为 10 ~ 50 m/min，工件的线速度基本上等于导轮的线速度。磨削砂轮 1 就是一般外圆磨削砂轮，其线速度很高，所以磨削砂轮与工件之间有很大的切削速度。

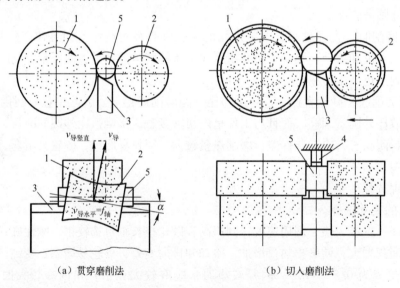

（a）贯穿磨削法　　　　　　　　　（b）切入磨削法

图 2-5-5　无心磨床磨削示意图

1—砂轮；2—导轮；3—托板；4—挡销；5—工件

为了避免磨削出棱圆形工件，工件的中心应高于磨削砂轮与导轮中心的连心线。因为，这样就使工件和导轮及砂轮的接触，相当于在假想的 V 形槽中转动，工件的凸起部分和形槽的两侧面不可能对称的接触，因此，就可使工件在多次运动中，逐步磨圆。工件中心高出的距离为工件直径的 15% ~ 20%。如果高出的距离过大，导轮对工件的向上的垂直分力也随着增大，磨削时易引起工件跳动，影响加工表面的粗糙度，所以，高出的距离不宜过大。

（2）无心外圆磨削的特点

① 外圆磨削工件两端不打中心孔，不用顶针支承工件。由于工件中心不定，磨削余量相对减少。

② 外圆磨削不能磨轴向带沟槽的工件，磨削带孔的工件时，不能纠正孔的轴心线位置，工件的同轴度较低。

③ 内圆磨削一般情况下只能加工可放于滚柱上滚动的工件，特别适宜磨削套圈等薄壁工件。磨套类零件时由于零件以自身外圆为定位基准，因此不能修正内、外圆间的原有同轴度误差。

④ 无心磨削机动时间与上、下料时间重合，易于实现磨削过程自动化，生产效率高。

⑤ 在无心磨削过程中，工件中心的位置变化大小取决于工件磨削前的原始误差、工艺系统刚性、磨削用量及其他磨削工艺参数（如工件中心高、托板角等）。

⑥ 无心磨削工件运动的稳定性、均匀性取决于机床传动链、工件形状、质量，导轮及支承的材料、表面形态，磨削用量及其他工艺参数。

⑦ 无心磨削机床的调整时间较长，对调整机床的技术要求也较高，不适用于单件小批量生产。

（3）无心外圆磨削的方法

在无心外圆磨床上磨削工件的方法主要有贯穿法、切入法和强迫贯穿法。

① 贯穿磨削法：磨削时，工件一边旋转一边纵向进给，穿过磨削区域，工件的加工余量需要在几次贯穿中切除，此种方法适用于磨削无阶台的外圆表面。

② 切入磨削法。磨削时，工件不做纵向进给运动，通常将导轮架回转较小的倾斜角（$\theta = 30°$），使工件在磨削过程中有一微小轴向力，使工件紧靠挡销，因而能获得理想的加工质量。切入磨削法适用于加工带肩台的圆柱形零件或锥销、锥形滚柱等成形旋转体零件。

采用切入法时需精细修整磨削轮，磨削轮表面要平整，当工件表面粗糙度值超出所要求值时，要及时修整磨削轮，磨削时，导轮横向切入要慢而且要均匀。

5. 其他磨床介绍

（1）工具磨床

工具磨床是专门用于工具制造和刀具刃磨的磨床，有万能工具磨床、钻头刃磨床、拉刀刃磨床、工具曲线磨床等，多用于工具制造厂和机械制造厂的工具车间。

（2）砂带磨床

砂带磨床以快速运动的砂带作为磨具，工件由输送带支承，效率比其他磨床高数倍，功率消耗仅为其他磨床的几分之一，主要用于加工大尺寸板材、耐热难加工材料和大量生产的平面零件等。

（3）专门化磨床

专门化磨床是专门磨削某一类零件，如曲轴、凸轮轴、花键轴、导轨、叶片、轴承滚道及齿轮和螺纹等的磨床。

2.5.2 认知砂轮

磨削用的刀具有：砂轮、油石、磨头、砂带等，下面重点介绍砂轮。砂轮的构造如图 2-5-6 所示，是用结合剂把磨料黏结起来，经压坯、干燥和焙烧的方法制成的。砂轮的特性由下列参数来确定：磨料、粒度、结合剂、硬度、组织及形状尺寸。

1. 磨料

常用磨料有刚玉类、碳化硅类及高硬磨料类。刚玉类磨料的主要成分是 Al_2O_3，由于它的纯度不同和加入的金属元素不同而分为不同的品种。碳化物系磨料主要以碳化硅、碳化硼等为基体，也是因材料的纯度不同而分为不同品种。超硬磨料系中主要有人造金刚石和立方氮化硼。常用磨料性能及适用范围见表 2-5-1。

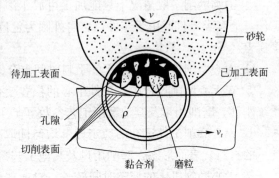

图 2-5-6　砂轮构造

2. 粒度

粒度分为磨粒及微粉两类。磨粒用筛选法分级，如粒度 60# 的磨粒，表示其大小正好能通过 2.54 cm 长度上孔眼数为 60 的筛网。直径小于 40 μm 的磨粒称为微粉，微粉按实际尺寸大小表示，如尺寸为 28 μm 的微粉，其粒度号标为 W28。常用砂轮的粒度及应用范围见表 2-5-2。

表 2-5-1　常用磨料性能及适用范围

系列	磨料名称	新标准代号	旧标准代号	颜色	特性	适用范围
氧化物类	棕刚玉	A	GZ	棕褐色	硬度高，韧性大，价格便宜	磨削和研磨碳钢、合金钢、可锻铸铁、硬青铜
	白刚玉	WA	GB	白色	硬度比 A 高，韧性比 A 低	磨削、研磨、珩磨和超硬加工淬火钢、高速钢、普碳钢及薄壁工件
碳化物类	黑碳化硅	C	TH	黑色	硬度比 WA 高，脆性锋利，导热性较好	磨削、研磨、珩磨铸铁、黄钢、铝、耐火材料
	绿碳化硅	GC	TL	绿色	硬度和脆性比 C 高，具有良好的导热、导电性能	磨削、研磨、珩磨硬质合金、宝石、玉石、陶瓷和玻璃
高硬磨料类	立方氮化硼	CBN	JLD	黑色	立方型晶体结构，硬度略低于金刚石，强度较高，导热性能好	磨削、研磨、珩磨各种既硬又韧的淬火钢和高钼、高矾、高钴钢、不锈钢
	人造金刚石	D	JR	乳白色	立方型晶体结构，硬度各向异性，比天然金刚石略脆，有较高强度和良好的导热性能	磨削、研磨、珩磨高硬脆材料，如硬质合金、宝石陶瓷、玻璃等

表 2-5-2　常用磨料粒度尺寸及应用范围

粒　度　号	颗粒尺寸/μm	使用范围
12#、14#、16#	2 000 ～ 1 000	粗磨、荒磨、打磨毛刺
20#、24#、30#、36#	1 000 ～ 400	磨钢锭、打磨铸件毛刺、切断钢坯等
46#、60#	400 ～ 250	内外圆、平面、无心磨、工具磨等
70#、80#	250 ～ 160	内外圆、平面、无心磨、工具磨半精磨、精磨
100#、120#、150#、180#、240#	160 ～ 50	半精磨、精磨、珩磨、成型磨、工具磨等
W40、W28、W20	50 ～ 14	精磨、超精磨、珩磨、螺纹磨、镜面磨
W14 ～ 更细	14 ～ 2.5	精磨、超精磨、镜面磨、研磨、抛光等

磨粒的粒度直接影响磨削的表面质量和生产率。一般粗磨时磨削量较大，要求较高的磨削效率，宜选用粒度粗的砂轮；精磨时，为了获得小的表面粗糙度及高的廓形精度，宜选用粒度细的砂轮。当工件材料软、塑性大时，为避免砂轮堵塞应选用粒度粗的砂轮。当磨削的面积大时，为避免过度发热而引起工件表面烧伤，也应选用粒度粗的砂轮。

3. 结合剂

结合剂的作用是将磨粒黏结在一起，使砂轮具有必要的形状和强度。常用的结合剂的性能及适用范围见表 2-5-3。

表 2-5-3　常用结合剂的性能及适用范围

名　称	代　号	性　　能	应　用　范　围
陶瓷	V	耐热、耐水、耐油、耐酸碱，气孔率大，强度高，但韧性弹性差	各种磨具，适用于成形磨削和磨螺纹、齿轮、曲轴等
树脂	B	强度高，弹性好，耐冲击，有抛光作用，但耐热性差，抗腐蚀性差	制造高速砂轮、薄砂轮
橡胶	R	强度和弹性更好，有极好的抛光作用，但耐热性更差，不耐酸，气隙堵塞	抛光砂轮、薄砂轮、无心磨导轮
金属	J	强度高，成形性好，磨耗少，自锐性差	制造各种金刚石砂轮

4. 硬度

砂轮的硬度是指磨粒在外力作用下自砂轮表面上脱落的难易程度。砂轮硬，磨粒难以脱落；砂轮软，磨粒容易脱落。砂轮的软硬和磨粒的软硬是两个不同的概念。砂轮硬度等级见表 2-5-4。一般情况下，磨软材料选用较硬砂轮，磨硬材料选用较软砂轮。粗磨采用较软砂轮，精磨采用较硬砂轮。当工件材料太软（如有色金属、橡胶、树脂等）时，为避免砂轮堵塞应选用较软的砂轮。当工件与砂轮接触面积大时，应选用较软砂轮。

表 2-5-4　砂轮的硬度等级名称及代号

大级名称	超软	软			中软		中		中硬			硬		超硬
小级名称	超软	软1	软2	软3	中软1	中软2	中1	中2	中硬1	中硬2	中硬3	硬1	硬2	超硬
代号	D E F	G	H	J	K	L	M	N	P	Q	R	S	T	Y

5. 组织

砂轮组织是指磨粒、结合剂与气孔三者之间的体积比。根据磨粒在砂轮总体积中所占的比例，将砂轮组织分为紧密、中等、疏松三大级（见图 2-5-7），细分为 15 个号（见表 2-5-5）。组织号越小，磨粒所占比例越大，表明组织越紧密，气孔越少。反之，组织号越大，表明组织越疏松，气孔越多。

紧密　　　　　中等　　　　　疏松

图 2-5-7　砂轮的组织

砂轮中气孔可以容纳切屑，不易堵塞，并能把切削液带入磨削区，使磨削温度降低，避免烧伤和产生裂纹，减少工件的热变形。但气孔太多，磨粒含量少，容易磨钝和使砂轮失去正确外形。一般 7 ～ 9 级组织的砂轮最常用。在精密磨削及成形磨削时应采用较紧密的砂轮；而在平面磨削、内圆磨削及磨削热敏性强的材料时应选用较疏松的砂轮。

表 2-5-5　砂轮组织的分级

类　别	紧　密				中　等				蔬　松					大气孔	
组组号	0	1	2	3	4	5	6	7	8	9	10	11	12	13	14
磨粒占砂轮体积	62%	60%	58%	56%	54%	52%	50%	48%	46%	44%	42%	40%	38%	36%	34%

6. 砂轮的形状

常用砂轮的形状、代号及用途见表 2-5-6。

砂轮的特性参数，一般都标在砂轮的端面上。砂轮的标记示例如下：

WA	60	L	V	P	$400 \times 40 \times 127$
（GB）		（ZR2）	（A）		
磨料	粒度	硬度	结合剂	形状	外径×宽度×孔径

组织号一般不标出，有些砂轮上还标有安全速度的数字，如"25 ～ 30 m/s"代表允许的最大磨削速度。

表 2-5-6　常用砂轮形状、代号及用途

砂轮名称	代　号	断面简图	基本用途
平形砂轮	P		根据不同尺寸，分别用于外侧磨、内侧磨、平面磨、无心磨、工具磨、螺纹磨和砂轮机上
双斜边-号砂轮	PSX$_1$		主要用于磨齿轮面和磨单线螺纹
双面凹砂轮	PSA		主要用于外圆磨削和刃磨刀具，还可用作无心磨的磨轮和导轮
薄片砂轮	PB		主要用于切断和开槽等
简形砂轮	N		用于立式平面磨床上
杯形砂轮	B		主要用其端面刃磨刀具，也可用其圆周磨平面和内孔
碗形砂轮	BW		通常用于刃磨刀具，也可在导轨磨床上磨机床导轨
碟形一号砂轮	D$_1$		用磨铣刀、铰刀、拉刀等，大尺寸砂轮的一般用于磨齿轮的齿面

7. 砂轮安装与修整

（1）砂轮的安装

砂轮在高速旋转条件下工作，使用前应仔细检查，不允许有裂纹。安装必须牢靠，并应经过静平衡调整，以免发生人身和质量事故。

装拆砂轮时必须注意压紧螺母的螺旋方向。在磨床上，为了防止砂轮工作时压紧螺母在磨削力的作用下自动松开，对砂轮轴端的螺旋方向作如下规定：逆着砂轮旋转方向拧螺母是旋紧，顺着砂轮旋转方向转动螺母为松开。

砂轮的重心与旋转中心不重合称为砂轮的不平衡。在高速旋转时，砂轮的不平衡会使主轴振动，从而影响加工质量，严重时甚至使砂轮碎裂，造成事故。所以砂轮安装后，首先需要对砂轮进行平衡调整。平衡砂轮是通过调整砂轮法兰盘上环形槽内平衡块的位置来实现的。

（2）砂轮的修整

在磨削时，砂轮磨粒逐渐变钝，作用在磨粒上的磨削抗力就会增大，结果使变钝的磨粒破碎，一部分会脱落，余下的露出锋利的刃口继续切削，这就是砂轮的自锐性。但是砂轮不能完全自锐，未能脱落的磨粒留在砂轮表面上使砂轮变钝，磨削能力下降，其外形也会有变化，这就需要用金刚石进行修整，恢复砂轮的切削能力和外形精度。修正砂轮的常用工具是金刚笔。修正砂轮时，金刚笔相对砂轮的位置，应避免笔尖扎入砂轮，同时也可保持笔尖的锋利。

2.5.3　分析磨削加工工艺特性

1. 磨削原理

砂轮表面磨粒的外露部分形成参差分布的棱角，每一棱角相当于具有负前角的微小刀刃，随着砂轮的高速旋转，无数的微刃以极高的速度从工件表面切下一条条极细微的切屑，从而形成了残留面积极小的光滑加工表面。

磨粒切削过程分析如下（见图2-5-8）：当磨粒刚进入切削区时，磨粒与切削层金属产生挤压和摩擦。随着磨粒切入，挤压力加大，磨粒切入工件，但只刻划出沟槽，金属被挤压向两侧，形成隆起。当继续切入时，磨粒切削厚度进一步加大，磨粒前面的金属开始形成磨屑。因此，磨屑形成过程可划分三个阶段：滑擦阶段、刻划阶段和切屑形成阶段。

虽然单个磨粒切除的材料很少，但砂轮表层有大量磨粒同时工作，而且由于磨粒几何形状的随机性和参数不合理，磨削时的单位磨削力很大，可达 70 000 N/mm^2 以上。

总磨削力可分解为三个分力：径向分力 F_x、切向分力 F_y、轴向分力 F_z，如图2-5-9所示，三向分力中径向分力 F_x 最大。因径向分力 F_x 与砂轮轴、工件的变形及振动有关，直接影响加工精度和表面质量，故径向分力是十分重要的。

2. 磨削特点

① 能经济地获得高的加工精度和小的表面粗糙度值。加工精度通常可达 IT5 ～ IT8，表面粗糙度 Ra 值一般为 0.32 ～ 1.25 μm。磨削加工不但可精加工，而且可进行粗磨、荒磨、重负荷磨削。

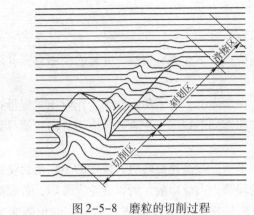

图 2-5-8　磨粒的切削过程

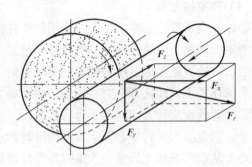

图 2-5-9　磨削力

② 砂轮磨料具有很高的硬度和耐热性，因此，能够磨削一些硬度很高的金属和非金属材料，如淬火钢、硬质合金、陶瓷材料等。这些材料用一般的车、铣等很难加工。但由于磨屑易堵塞砂轮表面的孔隙，所以不宜磨削软质材料，如纯铜、纯铝等。

③ 磨削速度大，磨削时磨削区温度可高达 800 ～ 1 000℃，这容易引起零件的变形和组织的变化。所以在磨削过程中，需要进行充分的冷却，以降低磨削温度。

④ 砂轮在磨削时具有"自锐作用"。在磨削力的作用下会部分磨钝的磨粒能自动崩碎脱落，从而形成新切削刃口，从而使砂轮保持良好的磨削性能。

3. 磨削温度

磨削时由于速度很高，且单位切削功率大（约为车削的 10 ～ 20 倍），因此，磨削温度很高。由于工件磨削区附近的温度高低差别很大，故将磨削温度分为以下几类：

① 磨粒磨削点温度。它是指磨粒切削刃与切屑接触点的温度。磨粒磨削点温度是磨削中温度最高的部位，瞬时可达 1 000 ～ 1 400℃，该温度不仅影响工件加工表面质量，而且对磨粒磨损和切屑熔着现象有影响。

② 砂轮磨削区温度。它是指砂轮与工件接触区的平均温度，在 400 ～ 1 000℃ 之间。该温度是产生磨削烧伤、残余应力、磨削裂纹等缺陷的原因。磨削温度一般是指砂轮磨削区温度。

③ 工件平均温度。随着磨削行程的不断进行，切削热传入工件，工件表面温度上升，且由表及里温度降低，形成了工件表层的温度场。工件平均温度及表层温度分布对工件的尺寸、形状精度、表面质量及磨削裂纹等有影响。

磨削过程中产生大量的热，使被磨削表面层金属在高温下产生相变，其硬度与组织发生变化，这种表面变质现象被称为表面烧伤。

表面烧伤损坏了零件表层组织，影响零件的使用寿命。避免烧伤的办法是要减少磨削热和加速磨削热的传出，具体措施有合理选择砂轮、合理选择磨削用量、加强冷却等。

4. 砂轮的磨损及耐用度

砂轮磨损有三种基本形态：磨耗磨损、破碎磨损及脱落磨损。

① 磨耗磨损。磨耗磨损表现为砂轮磨粒上形成磨损小平面，在磨削过程中，由于工件

硬质点的机械摩擦、高温氧化及扩散等作用均会使磨粒切削刃产生耗损钝化。

② 破碎磨损。磨粒在磨削过程中，经受反复多次急热急冷，在磨粒表面形成极大的热应力，最后磨粒沿某面出现局部破碎。同时，由于机械应力的作用，也会出现破碎磨损。

③ 脱落磨损。磨削过程中，随磨削温度的上升，结合剂强度相应下降。当磨削力增大超过结合剂强度时，整个磨粒从砂轮上脱落，即成脱落磨损。

砂轮磨损的结果，导致磨削性能的恶化，其主要形式有钝化型、脱落型（外形失真）及堵塞型三种。

当砂轮硬度较高，修整较细，磨削载荷较轻时，易出现钝化型。这时，加工表面质量虽较好，但金属切除率显著下降。

当砂轮硬度较低，修整较粗，磨削载荷较重时，易出现脱落型。这时，砂轮廓形失真，严重影响磨削表面质量及加工精度。

在磨削碳钢时由于切屑在磨削高温下发生软化，嵌塞在砂轮空隙处，形成嵌入式堵塞；在磨削钛合金时，由于切屑与磨粒的亲和力强，使切屑熔结黏附于磨粒上，形成黏附式堵塞。砂轮堵塞后即丧失切削能力，磨削力及温度剧增，表面质量明显下降。

2.5.4　认知光整加工方法

零件表面的光整加工技术主要是指超精研、研磨、珩磨和抛光加工。这些加工方法的特点是没有与磨削深度相对应的用量参数，一般只规定加工时的压强。加工时所用的工具由加工面本身导向，而相对于工件的定位基准没有确定的位置，所使用的机床也不需要具有非常精确的成形运动。所以这些加工方法的主要作用是降低表面粗糙度值，而形状精度和位置精度则主要由前面工序保证。采用这些方法加工时，其加工余量都不可能太大，一般只是前道工序公差的几分之一。

1. 超精研

超精研是降低零件加工表面粗糙度的一种有效的工艺方法，其工作原理及切削过程简介如下。

（1）超精研的工作原理

超精研是采用细粒度的磨条在一定的压力和切削速度下作往复运动，对工件表面进行光整加工的方法，其加工原理如图2-5-10所示。加工中有三种运动：工件低速回转运动1，磨条轴向进给运动2和磨条高速往复振摆运动3。这三种运动使磨粒在工件表面上形成不重复的复杂轨迹。

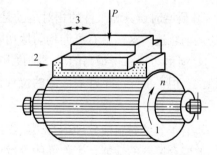

图2-5-10　超精研加工原理
1—工件低速回转运动；2—磨条轴向进给运动；
3—磨条高速往复振摆运动

（2）超精研的切削过程

超精研的切削过程与磨削不同，一般可划分为如下四个阶段：

① 强烈切削阶段。超精研加工时虽然磨条的磨粒细、压力小和工件与磨条之间易形成润滑油膜，但在开始研磨时，由于工件表面粗糙，少数凸峰上的压强很大，破坏了油膜，故切削作用强烈。

② 正常切削阶段。当少数凸峰被研磨平之后，接触面积增加、单位面积上的压力下降，致使切削作用减弱而进入正常切削阶段。

③ 微弱切削阶段。随着接触面积逐渐增大，单位面积上的压力更低，切削作用微弱，且细小的切屑形成氧化物嵌入磨条的空隙中，使磨条产生光滑表面，可对工件表面进行抛光。

④ 自动停止切削阶段。工件表面被研平，单位面积上的压力极低，磨条与工件之间又形成油膜，不再接触，故切削自动停止。

上述整个加工过程所需时间很短，约 30 s，生产率较高。

2. 研磨

研磨是一种最常用的光整加工和精密加工方法。在采用精密的定型研磨工具的情况下，可以达到很高的尺寸精度和形状精度，表面粗糙度 Rz 值可达 $0.04 \sim 0.4$ μm，多用于精密偶件、精密量规和精密量块等的最终加工。

研磨加工的基本原理如图 2-5-11 所示，它是通过介于工件与硬质研具间磨料或研磨液的流动，在工件和研磨剂之间产生机械摩擦或机械化学作用来去除微小加工余量的。

（1）研磨加工的特点

① 所有研具均采用比工件软的材料制成，这些材料为铸铁、铜、青铜、巴氏合金、塑料及硬木等，有时也采用钢制做研具。

② 研磨加工不仅具有磨粒切削金属的机械加工作用，同时还有化学作用。磨料混合液或研磨膏使工件表面形成氧化层，使之易于被磨料切除，因而大大加速了研磨过程的进行。

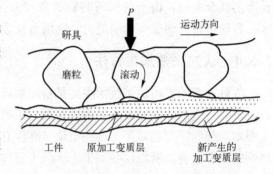

图 2-5-11 研磨加工原理示意图

③ 研磨时研具和工件的相对运动是较复杂的，因此每一磨粒不会在工件表面上重复自己的运动轨迹，这样就有可能均匀地切除工件表面的凸峰。

④ 研磨可以获得很高的尺寸精度和低的表面粗糙度值，也可以提高工件表面的宏观形状精度，但不能提高工件表面间的位置精度。

（2）研具

研磨工具的材料应软硬适当，组织结构应细密均匀，要有很高的稳定性和耐磨性，具有较好的嵌存磨料的性能，工作面的硬度应比工件表面硬度稍软。常用的研具材料有灰铸铁、球墨铸铁、软钢、铜。

制造研具的材料，最常用的是铸铁。因铸铁研具适用于加工各种材料的工件，能保证较好的研磨质量和较高的生产率，且研具制造容易，成本也较低。铜、铝等软金属研具比铸铁研具更易嵌入较大的磨料，因此它们适用于切除较大余量的粗研加工。铸铁研具则适用于精研加工。

生产中需要研磨的工件是多种多样的，不同形状的工件应用不同类型的研具。常用的研具有研磨平板、研磨环、研磨棒等。

（3）研磨剂

研磨剂是由磨料和油脂混合起来的一种混合剂。研磨加工中所使用的磨料主要有：金刚石粉（C）及碳化硼（B_4C），主要用于硬质合金的研磨加工；氧化铬（Cr_2O_3）和氧化铁（Fe_2O_3）是极细的磨料，主要用于表面粗糙度值要求小的表面研磨加工；碳化硅（SiC）及氧化铝（Al_2O_3）是一般常用的两种磨料。研磨加工中，研磨液（油脂）对加工表面粗糙度和生产率的影响也是不可忽视的。加工中研磨液不仅要起调和磨料和润滑冷却作用，而且在研磨过程中还要起化学作用，以加速研磨过程。目前常用作研磨液的油脂主要有：变压器油、凡士林油、锭子油、油酸和葵花子油等。

（4）研磨方法

研磨分手工研磨和机械研磨两种。手工研磨时，要使工件表面各处都受到均匀的切削，应合理选择运动轨迹，这对提高研磨效率、工件表面质量和研具的耐用度都有直接的影响。手工研磨的运动轨迹，一般采用直线、摆线、螺旋线和8字形或仿8字形等。

① 平面的研磨。一般平面的研磨是在平面非常平整的平板上进行的，平板分有槽的和光滑的两种。粗研时可在有槽的平板上进行，有槽平板能保证工件在研磨时整个平面内有足够研磨剂。这样，粗研时就不会使表面磨成凸弧面。精研时，则应在光滑的平板上进行，工件在研磨平板上作8字形运动，研磨出平面。

② 狭窄平面的研磨。在研磨狭窄平面时，应采用直线研磨的运动轨迹，保证工件的垂直度，可用金属块作导靠，金属块的工作面与侧面应具有良好的垂直度，使金属块和工件紧紧地靠在一起，并跟工件一起研磨。

③ 圆柱面的研磨。圆柱面的研磨一般都采用手工与机床互相配合的方式进行研磨。

a. 研磨外圆柱面。研磨外圆柱面一般是在车床或钻床上用研磨环对工件进行研磨。研磨环的内径应比工件的外径略大0.025～0.05 mm，研磨环的长度一般为其孔径的1～2倍。

b. 内圆柱面的研磨。内圆柱面与外圆柱面的研磨恰恰相反，内圆柱面的研磨是将工件套在研磨棒上进行。研磨棒的外径应比工件内径小0.01～0.025 mm，研磨棒工作部分的长度应大于工件长度，但不宜太长，否则会影响工件的研磨精度。一般情况下，研磨棒工作部分的长度是工件长度的1.5～2倍。

④ 圆锥面的研磨。圆锥表面的研磨，包括孔和外圆锥面的研磨。研磨时必须要用与工件锥度相同的研磨棒或研磨环。研磨时，一般在车床或钻床上进行。

（5）研磨的作用

① 减少表面粗糙度。一般情况，经过研磨加工后的表面粗糙度 Ra 值为0.05～0.8 μm，最小可达到 Ra0.006 μm。

② 能达到精确的尺寸。通过研磨后的工件，尺寸精度可以达到0.001～0.005 mm。

③ 提高零件几何形状的准确性。工件在一般机械加工方法中产生的形状误差，可以通过研磨的方法来校正。

④ 延长工件使用寿命。由于经过研磨后的工件，表面粗糙度值很小，形状准确，所以

工件的耐蚀性、抗腐蚀能力和抗疲劳强度也相应得到提高，从而延长了零件的使用寿命。

3. 珩磨

（1）工作原理

珩磨加工过程基本上与超精研加工相同，开始时珩磨头或珩磨轮与工件接触面积小，单位面积压力大，而且珩磨头或珩磨轮上的磨粒有自励性，故切削作用强烈。随着工件加工表面粗糙的凸峰被逐渐磨平，压强下降，磨粒的切削作用也就逐渐消失。

珩磨头结构如图2-5-12（a）所示。

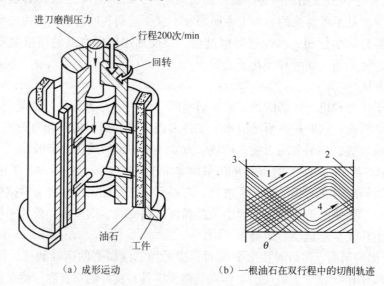

图2-5-12　珩磨运动及其切削轨迹

1、2、3、4—形成纹痕的顺序；θ—网纹交叉角

珩磨头的油石具有三种运动：旋转运动、往复运动和施加压力的运动——径向加压运动，如图2-5-12（a）所示。旋转和往复运动是珩磨的主要运动，这两种运动的组合，使油石上磨粒在孔的内表面上的切削轨迹呈交叉而不重复的网纹，如图2-5-12（b）所示，因此易获得较细的加工表面。径向加压运动是油石的进给运动，加压力愈大，进给量就愈大。

珩磨头与机床主轴采用浮动连接，以保证余量均匀，因此，珩磨能够修正几何误差而不能修正位置误差。孔的位置精度和孔中心线的直线度要求应在珩磨前的工序给予保证。

（2）珩磨加工精度

珩磨加工也是光整加工中常用的一种工艺方法，对于产品零件质量要求很高，尺寸精度达IT6～IT7，圆度和圆柱度可达0.003～0.005 mm，表面粗糙度Ra值通常为0.04～0.63 μm的内孔，生产批量较大时，通常采用珩磨加工方法。

它不仅可以降低加工表面的粗糙度值，而且在一定的条件下还可以提高工件的尺寸及形状精度。

（3）珩磨加工的应用范围

① 广泛应用于汽车、拖拉机和轴承制造业中的大批量生产，也适用于各类机械制造中

的批量生产。如珩磨缸套、连杆孔、油泵油嘴与液压阀体孔、轴套、齿轮孔，珩磨汽车制动分泵、总泵缸孔等。

② 大量应用于各种形状的孔的光整加工或精加工，孔径范围为 $\phi5 \sim \phi1\,200$ mm，长度可达 12 000 mm。国内珩磨机工作范围 $\phi5 \sim \phi250$ mm，孔长 3 000 mm。

③ 适用于外圆、球面及内外环形曲面加工，如镀铬活塞环、顶杆球面与滚珠轴承的内外圈等。

④ 适用于金属与非金属材料的加工，如铸铁、淬火钢与未淬火钢、硬铝、青铜、硬铬与硬质合金、玻璃、陶瓷、晶体与烧结材料等。

4. 抛光

通常所说的抛光与研磨并没有本质上的区别，只是抛光工具由软质材料制成（如无纺布等）。图 2-5-13 所示为抛光加工原理示意图。

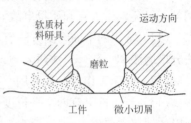

图 2-5-13　抛光加工原理示意图

当被加工表面只要求低的粗糙度值，而对形状精度没有严格要求时，就不能用硬的研具而只能用软的研具进行抛光加工。抛光常用于去掉前工序所留下来的痕迹，或者用于"打光"已精加工过的表面。为了得到光亮美观的表面和提高疲劳强度，或为镀铬等作准备，也常采用抛光加工。例如钻头沟的抛光加工及各种手轮、手柄等镀铬前的抛光加工。

机械抛光所用的研具常用帆布、毛毡等做成，它们可对平面、外圆、沟槽等进行抛光。抛光磨料可使用氧化铬、氧化铁等，也可使用按一定化学成分配合制成的抛光膏。

抛光过程中虽不易保证均匀地切下金属层，但在单位时间内切下的金属却是较多的，每分钟可切下十分之几毫米厚的金属层。

液体抛光是将含磨料的磨削液经喷嘴用 6 ～ 8 个大气压高速喷向已加工表面，磨料颗粒就能将原来已加工过的工件表面上的凸峰击平，而得到极光滑的表面。

液体抛光之所以能降低加工表面粗糙度，主要是由于磨料颗粒对表面微观凸峰高频（200 ～ 2 500 万次/秒）和高压冲击的结果。液体抛光的生产率极高，表面粗糙度 Rz 值可达 0.8 ～ 0.1 μm，并且不受工件形状的限制，故可对某些其他光整加工方法无法加工的部位，如对内燃机进油管内壁等进行抛光加工。

液体抛光是一种高效的、先进的工艺方法，此外还可采用电解抛光、化学抛光等方法。

任务练习

1. 填空题

（1）外圆磨床主要由_____部件组成。

（2）外圆磨削法分为纵向进给磨削法和_____磨削法。

（3）磨孔时，砂轮尺寸受到孔径尺寸限制，砂轮轴径一般为孔径的 50% ～ 90%，因此刚性较差，影响内圆磨孔质量和生产率。内圆磨削时就需要_____的转速。

（4）砂轮特性参数有_____。

（5）常用磨料有刚玉类、碳化硅类及高硬磨料类。刚玉类磨料的主要成分是____。

（6）砂轮的粒度表示砂轮磨粒的大小，如粒度 60# 的磨粒，表示其大小正好能通过_____长度上孔眼数为 60 的筛网。

（7）结合剂的作用是将磨粒黏结在一起，使砂轮具有必要的形状和强度。常用的结合剂有_____。

（8）砂轮的硬度是指_____。

（9）砂轮组织是指_____。

（10）砂轮安装时前应仔细检查，不允许有_____。安装必须牢靠，并应经过静平衡调整，以免发生人身和质量事故。

（11）常用的平面磨削方法有_____磨削和_____磨削两大类；外圆磨削常用的方法分横磨法和_____法两大类，其中_____法用得最广泛。

（12）磨床工作台一般采用_____传动，其特点是_____。

（13）若工件上有两个平行度要求高的平面，在磨削时应以两平面_____基准，反复磨削以达到技术要求。

（14）用端磨法磨削时，如砂轮与工件接触面积大，则磨粒尺寸应_____一些，因为只有这样才能有效地防止工件表面烧伤。

（15）生产实践中磨削工件外圆表面时，常见的工件装夹方法是：_____装夹，_____装夹。

2. 判断题

（1）在转速不变的情况下，砂轮直径越大，其切削速度越高。   （   ）

（2）内外圆表面磨削加工的主运动是工件的旋转运动。   （   ）

（3）磨削加工除了用于零件精加工外，还可用于毛坯的预加工。   （   ）

（4）砂轮表面的每颗磨粒，其切削作用相当于一把车刀，所以磨削加工是多刀多刃的加工方法。   （   ）

（5）在磨削过程中，当被磨表面出现波浪振痕或表面粗糙度 Ra 值增大，则表明磨粒已经变钝，锋利程度明显下降。   （   ）

（6）砂轮的硬度取决于磨料的硬度。   （   ）

（7）磨粒粒度号越大，颗粒尺寸就越大。   （   ）

（8）被磨工件的表面粗糙度在很大程度上取决于磨粒尺寸。   （   ）

（9）磨削过程中，当冷却液供给不充分时将会影响工件表面质量。   （   ）

（10）外圆磨削时砂轮直径不受工件直径限制，可以很大，故工件被磨表面质量好。

                （   ）

3. 选择题

（1）WA 是（   ）磨料的代号。

　　A. 白刚玉　　　　　　　　　B. 棕刚玉　　　　　　　　　C. 铬刚玉

（2）M131W 磨床型号中，"M1"表示"万能外圆磨床"，"31"表示（   ）

　　A. 砂轮直径为 320 mm　　　　　　　　　　　　　　B. 最大工件长度 320 mm

C. 工件最大磨削直径的 1/10

（3）磨削是零件的精加工方法之一，经济尺寸精度等级和表面粗糙度 Ra 值为（　　）

A. IT2 ～ IT4，$Ra0.05 ～ 0.1\,\mu m$　　　　　B. IT5 ～ IT6，$Ra0.2 ～ 0.8\,\mu m$

C. IT5 ～ IT7，$Ra0.05 ～ 0.14\,\mu m$

（4）砂轮的硬度是指（　　）

A. 组成砂轮的磨料的硬度　　　　　　　　　B. 粘结剂的硬度

C. 磨粒在外力作用下从砂轮表面上脱落的难易程度

（5）细长轴精磨后，应（　　）

A. 水平放置　　　　　　B. 垂直吊挂　　　　　　C. 斜靠在墙边

（6）平面磨削时常用的工件安装方法为（　　）

A. 三爪自定心卡盘　　　　B. 螺钉压板　　　　　C. 电磁吸盘

（7）磨削同轴度较高的台阶轴时，工件安装宜采用（　　）

A. 双顶尖安装　　　　B. 三爪自定心卡盘安装　C. 虎钳安装

（8）精磨时，为保证加工质量，其参数选择应为（　　）

A. 砂轮硬度、磨料尺寸和 a_p 均为中等

B. 砂轮硬度低、磨料尺寸和 a_p 大

C. 砂轮硬度高、磨粒尺寸和 a_p 小

任务 2.6　认知刨、插、拉削加工方法

学习导航

知识要点	常见刨床、插床、拉床，工件装夹，刨削加工、插削加工、拉削加工工艺范围
任务目标	1. 了解常见刨床、插床、拉床类型； 2. 掌握刨床、插床、拉床工艺范围
能力培养	1. 具备不同型号的刨床、插床、拉床的识别能力； 2. 具备适合刨床、插床、拉床加工表面选择能力
教学组织	课堂讲解、课堂项目训练 + 课下查阅资料、自主学习、项目练习
教学评价	学习过程评价（60%）；教学成果评价（30%）；团队合作评价（10%）
参考学时	2

任务学习

2.6.1　认知刨削加工

刨床类机床主要用于加工各种平面和沟槽。其主运动是刀具或工件所作的直线往复运动。它只在一个运动方向上进行切削，称为工作行程，返程时不切削，称为空行程。进给运动是刀具或工件沿垂直于主运动方向所作的间歇运动。由于刨刀相当于车刀，故刀具结构简

单，刃磨方便，在单件、小批生产中加工形成复杂的表面比较经济。但由于其主运动反向时需克服较大的惯性力，限制了切削速度和空行程速度的提高，同时还存在空行程所造成的时间损失，因此在大多数情况下其生产率较低，所以在大批量生产中常被铣床或拉床所代替。

加工精度一般可达 IT7 ~ IT8，表面粗糙度 Ra 值为 1.6 ~ 6.3 μm，精刨平面度可达 0.02/1 000，表面粗糙度 Ra 值为 0.4 ~ 0.8 μm。

这类机床一般适用于单件、小批生产，特别在机修和工具车间，是常用的设备。刨床类机床主要有牛头刨床、龙门刨床等类型。

1. 牛头刨床

牛头刨床适于加工尺寸和质量较小的工件，如图 2-6-1。滑枕可带动刀具沿床身的水平导轨作往复主运动。刀座可绕水平轴线转动，以适应不同的加工角度。刀架可沿刀座的导轨移动，以调整切削深度。工作台带动工件沿滑板导轨作间歇的横向进给运动。滑板可沿床身的竖直导轨上下移动，以适应工件的不同高度。

2. 龙门刨床

大型工件或同时加工多个工件的大平面，尤其是长而窄的平面，一般可刨削的工件宽度达 1 m，长度在 3 m 以上。龙门刨床的主参数是最大刨削宽度，如图 2-6-2 所示。工作台 2 带动工件沿床身导轨作纵向往复主运动。立柱 6 固定在床身 1 的两侧，由顶梁 5 连接。横梁 3 可在立柱上上下移动，装在横梁上的垂直刀架 4 可在横梁上作间歇的横向进给运动。两个侧刀架 9 可沿立柱导轨作间歇的上下移动进给。每个刀架上的滑板都能绕水平轴线转动一定的角度，刀座还可沿滑板上的导轨移动。

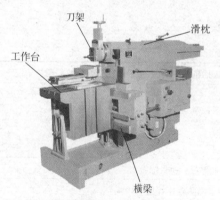

图 2-6-1　牛头刨床

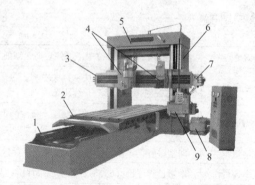

图 2-6-2　龙门刨床

1—床身；2—工作台；3—横梁；4—垂直刀架；5—顶梁；
6—立柱；7—进给箱；8—驱动机构；9—侧刀架

龙门刨床进行精密刨削，可得到较高的精度（直线度 0.02 mm/1 000 mm）和表面质量。大型机床的导轨通常是用龙门刨床精刨完成的。

3. 刨刀

刨刀的种类很多，由于刨削加工的形式和内容不同，采用的刨刀类型也不同。

刨刀的结构、几何形状均与车刀相似，但由于刨削属于断续切削，刨刀切入时受到较大的冲击力，刀具容易损坏，所以刨刀刀体的横截面一般比车刀大 1.2～1.5 倍。刨刀的前角 γ_o 比车刀稍小，刀倾角 λ_s 取较大的负值（-20°～-10°）以增强刀具强度。

刨刀一般做成弯头形式，这是刨刀的又一个显著特点，如图 2-6-3 所示。在刨削过程中，当弯头刨刀遇到工件上的硬点使切削力突然变大时，刀杆绕 O 点向后上方产生弹性弯曲变形，使切削深度减小，刀尖不至于啃入工件的已加工表面，加工比较安全；而直头刨刀突然受强力后，刀杆绕 O 点向后下方产生弯曲变形，使切削深度进一步增大，刀尖向右下方扎入工件的已加工表面，将会损坏刀刃及已加工表面。

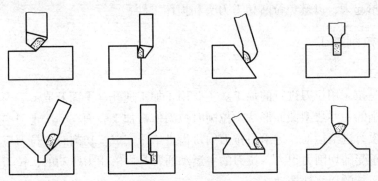

图 2-6-3　常用刨刀

4. 刨削运动与刨削用量

在牛头刨床上以刨刀的直线往复运动为主运动，工件的间歇移动为进给运动。刨削速度为刨刀或工件在刨削时的主运动平均速度，它的单位为 m/min。进给量 f，刨刀每往复一次工件横向移动的距离，称为进给量。刨削深度 a_P，指已加工面与待加工面之间的垂直距离，它的单位为 mm。

5. 刨削加工范围及工艺特点

刨削主要用于加工平面、各种沟槽和成形面等。刨削的工艺特点：由于刨削的主运动为直线往复运动，每次换向时都要克服较大的惯性力，刀具切入和切出时都会产生冲击和振动，因此刨削的速度不高。此外，刨刀回程时不参与切削，因此刨削的生产率较低。

刨削特别适合加工较窄、较长的工件表面，此时仍可获得较高的生产率。加之刨床的结构简单，操作简便，刨刀的制造和刃磨都很简便，因此刨削的通用性较好。

刨削加工时，工件的尺寸精度可达 IT8～IT10，表面粗糙度 Ra 值一般可达 1.6～6.3 μm。

6. 刨削加工方法

（1）刨平面

粗刨时，采用普通平面刨刀，精刨时，采用较窄的精刨刀，刀尖圆弧半径 R 为 3～5 mm，刨削深度一般为 0.2～2 mm，进给量为 0.33～0.66 mm/往复行程，切削速度为 17～50 m/min，粗刨时的刨削深度和进给量可取大值，切削速度宜取低值，精刨时的刨削深度和进给量可取小值，切削速度可适当取偏高值。

（2）刨垂直面和斜面

刨垂直面通常采用偏刀刨削，是利用手工操作摇动刀架手柄，使刀具作垂直进给运动来加工垂直平面的。刨斜面的方法与刨垂直面的方法基本相同，应当按所需斜度将刀架扳转一定的角度，使刀架手柄转动时，刀具沿斜向进给。

（3）刨 T 形槽

刨 T 形槽之前，应在工件的端面和顶面划出加工位置线，按线进行刨削加工。为了安全起见，刨削 T 形槽时通常都要用螺栓将抬刀板刀座与刀架固连起来，使抬刀板在刀具回程时绝对不会抬起来，以避免拉断切刀刀头和损坏工件。

2.6.2　认知拉削加工

1. 拉削加工

拉削加工是拉床用拉刀进行的加工。主要用于加工通孔、平面及成形表面等。图 2-6-4 所示为适合拉削的一些典型截面形状。拉削时拉刀使被加工表面在一次走刀中成形，所以拉床只有主运动没有进给运动，进给由拉刀的每齿进给量完成。切削时，拉刀应做平稳低速直线运动。拉刀承受的切削力很大，拉刀的主运动通常是由液压力驱动的，拉刀或固定拉刀的滑座通常由液压缸的活塞杆带动。

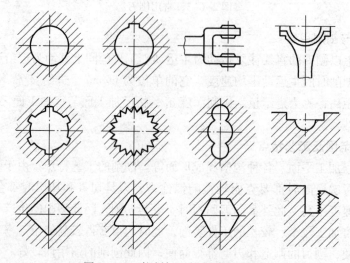

图 2-6-4　拉削加工的典型表面形状

拉削时加工切屑薄，切削运动平稳，因而有较高的加工精度（IT6 级或更高）和较小的表面粗糙度（$Ra < 0.62\ \mu m$）。拉床工作时，粗、精加工可在拉刀通过工件加工表面的一次行程中完成，因此生产率较高，是铣削的 3～8 倍。但拉刀结构复杂，制造困难，拉削每一种表面都需要用专门的拉刀，因此仅适用于大批大量生产。

2. 拉床的分类与运动特点

拉床的运动比较简单，它只有主运动而没有进给运动，被加工表面在一次拉削中成形。考虑到拉刀承受的切削力很大，同时为了获得平稳的切削运动，所以拉床的主运动通常采用液压驱动。

由上述可知，由于拉削余量小，切削运动平稳，因而其加工精度和表面质量均较高，生产率也较高，拉床外形如图 2-6-5 所示。

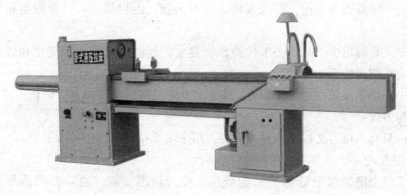

图 2-6-5 拉床

3. 拉刀

（1）拉刀的类型及其应用

拉刀的种类与拉削加工方法有关，按受力不同可分为拉刀和推刀，按加工工件的表面不同可分为内拉刀和外拉刀。拉刀按构造不同，可分为整体式与组合式两类。

内拉刀用于加工工件内表面，如圆孔拉刀、键槽拉刀及花键孔拉刀等。

外拉刀用于加工工件外表面，如平面拉刀、成形表面拉刀及外齿轮拉刀等。

整体式拉刀主要用于中、小型尺寸的高速钢拉刀。

组合式拉刀主要用于大尺寸拉刀和硬质合金拉刀，这样不仅可以节省贵重的刀具材料，而且当拉刀刀齿磨损或破损后能够更换，延长整个拉刀的使用寿命。

（2）拉刀的结构

① 拉刀的组成部分。由于拉刀的类型不同，其结构上各有特点，但它们的组成部分仍有共同之处。图 2-6-6 所示为圆孔拉刀的组成部分。

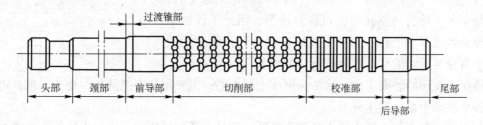

图 2-6-6 圆孔拉刀的组成部分

圆孔拉刀由头部、颈部、过渡锥部、前导部、切削部、校准部、后导部及尾部组成，其各部分功能如下：

头部——拉刀的夹持部分，用于传递拉力；

颈部——头部与过渡锥部之间的连接部分，便于头部穿过拉床挡壁，是打标记的地方；

过渡锥部——使拉刀前导部易于进入工件孔中，起对准中心的作用；

前导部——起引导作用，防止拉刀进入工件孔后发生歪斜，可检查拉前孔径是否符合要求；

切削部——担负切削工作，切除工件上所有余量，由粗切齿、过渡齿与精切齿三部分组成；

校准部——切削很少，只切去工件弹性恢复量，起提高工件加工精度和表面质量的作用，也可作为精切齿的后备齿；

后导部——用于保证拉刀工作即将结束而离开工件时的正确位置，防止工件下垂而损坏已加工表面与刀齿；

尾部——只有当拉刀又长又重时才需要，用于支承拉刀、防止拉刀下垂。

（3）拉削方式

拉刀从工件上把拉削余量切下来的顺序，称为拉削方式，通常都用图形来表达，即"拉削图形"，拉削图形选择合理与否，直接影响到刀齿负荷的分配、拉刀的长度、拉削力的大小、拉刀的磨损和耐用度、工件表面质量、生产率和制造成本等。

拉削图形可分为分层式、分块式及综合式三大类。

2.6.3 认知插削加工

插床实质上是立式刨床，在结构原理上与牛头刨床相似，其主运动是滑枕带动插刀所作的直线往复运动。插床如图 2-6-7 所示。插刀随滑枕在垂直方向上的直线往复运动是主运动，工件沿纵向、横向及圆周 3 个方向分别所作的间歇运动是进给运动。插床的生产效率低，加工表面粗糙度 Ra 值为 $1.6 \sim 6.3 \ \mu m$，加工面的垂直度为 $0.025/300 \ mm$。插床的主参数是最大插削长度。

图 2-6-7　插床
1—底座；2—滑座；3—上滑座；
4—圆工作台；5—滑枕；6—立柱

插床主要用于加工工件的内表面，如方孔、长方孔、各种多边形孔、孔内键槽等的加工。由于在插床上加工时，刀具要穿入工件的预制孔内方可进行插削，因此工件的加工部分必须先有一个孔。如果工件原来没有孔，就必须预钻一个直径足够大的孔，才能进行插削加工。

插床上使用的装夹工具，除牛头刨床上所用的一般常用装夹工具外，还有三爪自定心卡盘，四爪单动卡盘、插床分度头等。

与牛头刨床相似，插床的生产效率较低，而且需要较熟练的技术工人操作，才能加工出技术要求较高的零件，除加工狭长平面外，插床多被铣床取代。在大批量生产中，插床多被拉床取代。

🖐 **任务练习**

1. 填空题

（1）刨床类机床主要用于加工_____。

（2）刨削加工其主运动反向时需克服较大的惯性力，限制了切削速度和空行程速度的提高，同时还存在空行程所造成的时间损失，因此在大多数情况下其生产率较低，所以在大批量生产中常被_____所代替。

（3）刨床类机床主要有_____刨床、_____刨床等类型。

（4）刨削大型工件或同时加工多个工件的大平面，尤其是长而窄的平面，一般可选择_____刨床来进行加工。

（5）拉削加工是拉床用拉刀进行的加工，主要适用于_____孔等异形孔的加工。

（6）拉削加工生产率较高，是铣削的 3～8 倍，但拉刀结构复杂，制造困难，拉削每一种表面都需要用专门的拉刀，因此仅适用于_____生产。

（7）插床主要用于加工工件的_____表面，如内孔的键槽及多边形孔等，有时也用于加工成形内外表面。

（8）内拉刀用于加工工件内表面，如圆孔拉刀、键槽拉刀及_____孔拉刀等。

（9）拉床的运动比较简单，它只有主运动而没有_____运动。

（10）刨削特别适合加工_____工件表面，此时仍可获得较高的生产率。

2. 判断题

（1）强力刨刀的后角应选择大些，以增加切削刃强度。　　　　　　　　（　　）

（2）强力刨削时，在工艺系统（机床→工件→刀具）刚性较好的前提下，可选用较小的主偏角。　　　　　　　　　　　　　　　　　　　　　　　　　（　　）

（3）刨削薄板、薄壁箱体类零件时，一般不采用强力刨削。　　　　　（　　）

（4）刨削不锈钢的刨刀应选择较大的前角。　　　　　　　　　　　　（　　）

（5）纯铜具有韧性大、塑性好、切削变形大、易黏刀、难断屑的切削特点，一般采用高速钢刨刀刨削。　　　　　　　　　　　　　　　　　　　　　　　（　　）

（6）粗、精刨铝合金，均不能使用切削液。　　　　　　　　　　　　（　　）

（7）刨削工程塑料的刀具材料，一般选用高速钢。　　　　　　　　　（　　）

（8）刨削车床床鞍时，以底面为基准加工顶面，可减少尺寸转换，消除基准不符合误差。　　　　　　　　　　　　　　　　　　　　　　　　　　　　　（　　）

（9）刨削车床床鞍燕尾导轨时工件产生位移，易造成 V 形导轨与燕尾导轨垂直度超差。
　　　　　　　　　　　　　　　　　　　　　　　　　　　　　　　　（　　）

（10）牛头刨床的滑枕是作等速直线运动的。　　　　　　　　　　　（　　）

（11）牛头刨床滑枕的刨削行程速度比空行程速度高。　　　　　　　（　　）

（12）插削齿轮时，如果插床没有分度机构，需用万能分度头装夹工件。（　　）

（13）牛头刨床的主运动是工作台的往复直线运动。　　　　　　　　（　　）

（14）插床的进给运动有三种，即工作台纵向进给、工作台横向进给和工作台圆周进给运动。　　　　　　　　　　　　　　　　　　　　　　　　　　　　（　　）

（15）插床的结构原理与普通牛头刨床属同一类型，只是在结构形式上有区别。（　　）

任务 2.7　认知齿轮加工方法

学习导航

知识要点	常见齿形加工机床，常见齿形加工刀具，滚齿、插齿、磨齿的工艺范围
任务目标	1. 了解常见齿轮机床的类型； 2. 掌握滚齿加工工艺范围； 3. 了解插齿、磨齿、铣齿等齿形加工方法特点
能力培养	1. 能区分不同齿形加工方法的技术特点； 2. 会将不同齿形加工方法应用到具体齿轮加工过程中
教学组织	课堂讲解、课堂项目训练+课下查阅资料、自主学习、项目联系
教学评价	学习过程评价（60%）；教学成果评价（30%）；团队合作评价（10%）
参考学时	2

任务学习

2.7.1　认知铣齿加工

用盘状模数铣刀和指状模数铣刀在铣床上借助分度装置利用成形法加工齿轮，如图 2-7-1 所示，母线（渐开线）用成形法形成，不需成形运动，导线用相切法形成，需要两个成形运动。

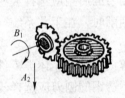

（a）盘状模数铣刀　　（b）指状模数铣刀

图 2-7-1　成形法加工齿轮

轮齿的齿廓形状决定于基圆的大小（与齿轮的齿数有关），由于同一模数的铣刀是按被加工工件齿数范围分号的（见表 2-7-1），每一号铣刀的齿形是按该号中最少齿数的齿轮齿形确定的，因此，用这把铣刀铣削同号中其他齿数的轮齿时齿形有误差。用成形法铣齿轮所需运动简单，不需专门的机床，但要用分度头分度，生产效率低。这种方法一般用于单件小批量生产低精度的齿轮。

表 2-7-1　模数铣刀加工齿数范围

刀号	1	2	3	4	5	6	7	8
加工齿数范围	12～13	14～16	17～20	21～25	26～34	35～54	55～134	135 以上及齿条
齿形		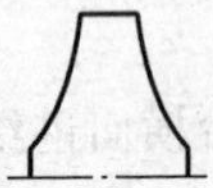						

铣齿的工艺特点：

（1）成本较低。齿轮铣刀结构简单，在普通的铣床上即可完成铣齿工作，铣齿的设备和刀具的费用较低。

（2）生产率低。铣齿过程不是连续的，每铣一个齿，都要重复消耗切入、切出、退刀和分度的时间。

（3）加工精度低。只能获得近似的齿形，产生齿形误差；另外铣床所用分度头是通用附件，分度精度不高。

铣齿适用于单件小批生产或维修工作中加工精度不高的低速齿轮。铣齿的加工精度为 9 级或 9 级以下，齿面粗糙度 Ra 值为 $3.2 \sim 6.3 \ \mu m$。

2.7.2 认知滚齿与插齿

1. 滚齿

（1）滚齿概述

滚齿机主要用于加工直齿、斜齿圆柱齿轮和蜗轮。滚齿是齿形加工方法中生产率较高，应用最广的一种加工方法。其工作原理，相当于一对螺旋齿轮作无侧隙强制性的啮合，如图 2-7-2 所示。滚齿加工的通用性较好，既可加工圆柱齿轮，又能加工蜗轮；既可加工渐开线齿形，又可加工圆弧、摆线等齿形；既可加工大模数齿轮，又可加工大直径齿轮。

滚齿可直接加工 IT8 ～ IT9 级精度齿轮，也可用于 IT7 级以上齿轮的粗加工及半精加工。滚齿可以获得较高的运动精度，但因滚齿时齿面是由滚刀的刀齿包络而成的，参加切削的刀齿数有限，因而齿面的表面粗糙度较粗。

图 2-7-3 所示为 Y3150E 型滚齿机的外形图。

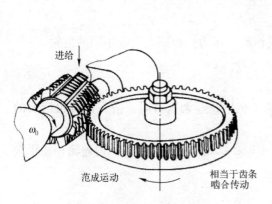

图 2-7-2　滚齿加工示意图

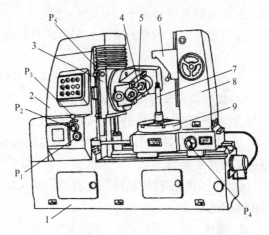

图 2-7-3　Y3150E 型滚齿机
1—床身；2—立柱；3—刀架滑板；4—刀杆；5—滚刀架；
6—支架；7—心轴；8—后立柱；9—工作台

Y3150E 型滚齿机主要用于加工直齿和斜齿圆柱齿轮。此外，使用蜗轮滚刀时，还可用手动径向进给滚切蜗轮或通过切向进给机构滚切蜗轮，也可用相应的滚刀加工花键轴、链轮及同步带轮。机床的主要技术参数为：加工齿轮的最大直径 500 mm，最大宽度 250 mm，最大模数 8 mm，最小齿数 5K（K 为滚刀齿数）。

其主运动即滚刀的旋转运动，展成运动即滚刀与工件之间的啮合运动。两者应准确地保持一对啮合齿轮的传动比关系。垂向进给运动即滚刀沿工件轴线方向作连续的进给运动，以切出整个齿宽上的齿形。

机床由床身1、立柱2、刀架滑板3、滚刀架5、后立柱8和工作台9等主要部件组成。立柱2固定在床身上，刀架滑板3带动滚刀架可沿立柱导轨作垂向进给运动或快速移动。滚刀安装在刀杆4上，由滚刀架5的主轴带动作旋转主运动。该刀架可绕自己的水平轴线转动，以调整滚刀的安装角度。工件安装在工作台9的心轴7上或直接安装在工作台上，随同工作台一起作旋转运动。工作台和后立柱装在同一滑板上，可沿床身的水平导轨移动，以调整工件的径向位置或作手动径向进给运动。后立柱上的支架6可通过轴套或顶尖支承在工件心轴的上端，以提高滚切工作的平稳性。

（2）滚刀

滚刀安装在滚齿机的心轴上后，需要用千分表检验滚刀两端凸台的径向圆跳动不大于0.005 mm。

滚刀在滚切齿轮时，通常情况下只有中间几个刀齿切削工件，因此这几个刀齿容易磨损。为使各刀齿磨损均匀，延长滚刀耐用度，可在滚刀切削一定数量的齿轮后，用手动或机动方法沿滚刀轴线移动一个或几个齿距，以提高滚刀寿命。

滚齿时，当发现齿面粗糙度Ra值大于3.2 μm以上，或有光斑，声音不正常，或在精切齿时滚刀刀齿后刀面磨损超过0.2～0.5 mm，粗切齿超过0.8～1.0 mm时，就应重磨滚刀。对滚刀的重磨必须予以重视，使切削刃仍处于基本蜗杆螺旋面上，如果滚刀重磨不正确，会使滚刀失去原有的精度。滚刀的刃磨应在专用滚刀刃磨机床上进行。

（3）滚齿工艺特点

① 滚刀的通用性好：一把滚刀可以加工与其模数、压力角相同而齿数不同的齿轮。

② 齿形精度及分度精度高。

③ 生产率高：滚齿的整个切削过程是连续的。

④ 设备和刀具费用高：滚齿机为专用齿轮加工机床，其调整费时。滚刀比齿轮铣刀的制造、刃磨更困难。

滚齿应用范围较广，可加工直齿、斜齿圆柱齿轮和蜗轮等，但不能加工内齿轮和相距太近的多联齿轮。

2. 插齿

（1）插齿机的工艺范围

插齿机也是一种常见的齿轮加工机床，用于加工直齿圆柱齿轮，增加特殊的附件后也可以加工斜齿圆柱齿轮。它主要用于加工单联和多联的外直齿圆柱齿轮，以及内齿轮。

插齿是按展成法原理加工齿轮的，插齿刀实质上就是一个磨有前后角并具有切削刃的齿轮。图2-7-4所示为插齿的工作原理。

（2）插齿与滚齿比较

插齿和滚齿相比，在加工质量、生产率和应用范围等方面具有如下特点。

① 加工质量方面。

插齿的齿形精度比滚齿高。滚齿时，形成齿形包络线的切线数量只与滚刀容屑槽的数目和基本蜗杆的头数有关，它不能通过改变加工条件而增减；但插齿时，形成齿形包络线的切线数量由圆周进给的大小决定，并可以选择。此外，制造齿轮滚刀时是用近似造型的蜗杆来替代渐开线基本蜗杆，这就有造型误差。而插齿刀的齿形比较简单，可通过高精度磨齿获得精确的渐开线齿形。所以插齿可以得到较高的齿形精度。

插齿后齿面的粗糙度比滚齿细。滚齿时滚刀在齿向方向上作间断切削，形成图 2-7-5 （a）所示的鱼鳞状波纹；而插齿时插齿刀沿齿向方向的切削是连续的，如图 2-7-5 （b）所示，所以插齿时齿面粗糙度值较小。

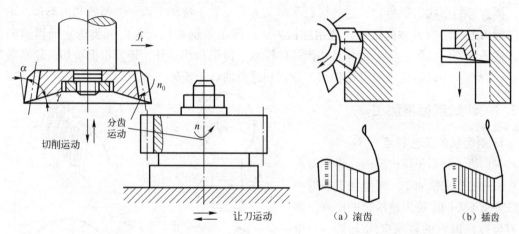

图 2-7-4 插齿加工原理　　　　图 2-7-5 滚齿与插齿齿面比较

插齿的运动精度比滚齿差。这是因为插齿机的传动链比滚齿机多了一个刀具蜗轮，即多了一部分传动误差。另外，插齿刀的一个刀齿相应切削工件的一个齿槽，因此，插齿刀本身的周节累积误差必然会反映到工件上。而滚齿时，因为工件的每一个齿槽都是由滚刀相同的 2～3 圈刀齿加工出来的，故滚刀的齿距累积误差不影响被加工齿轮的齿距精度，所以滚齿的运动精度比插齿高。

插齿的齿向误差比滚齿大。插齿时的齿向误差主要取决于插齿机主轴回转轴线与工作台回转轴线的平行度误差。由于插齿刀工作时往复运动的频率高，使得主轴与套筒之间的磨损大，因此插齿的齿向误差比滚齿大。

所以就加工精度来说，对运动精度要求不高的齿轮，可直接用插齿来进行齿形精加工，而对于运动精度要求较高的齿轮和剃前齿轮（剃齿不能提高运动精度），则用滚齿较为有利。

② 生产率方面。

切制模数较大的齿轮时，插齿速度要受到插齿刀主轴往复运动惯性和机床刚性的制约；切削过程又有空程的时间损失，故生产率不如滚齿高。只有在加工小模数、多齿数并且齿宽较窄的齿轮时，插齿的生产率才比滚齿高。

③ 应用范围方面。

a. 加工带有台肩的齿轮以及空刀槽很窄的双联或多联齿轮只能用插齿。这是因为：插齿刀"切出"时只需要很小的空间，而滚齿时滚刀会与大直径部位发生干涉。

b. 加工无空刀槽的人字齿轮只能用插齿。

c. 加工内齿轮只能用插齿。

d. 加工蜗轮只能用滚齿。

e. 加工斜齿圆柱齿轮时两者都可用，但滚齿比较方便。插制斜齿轮时，插齿机的刀具主轴上须设有螺旋导轨，来提供插齿刀的螺旋运动，并且要使用专门的斜齿插齿刀，所以很不方便。

（3）插齿刀

插齿刀的形状很像齿轮，它的模数和名义齿形角等于被加工齿轮的模数和齿形角，不同的是插齿刀有切削刃和前后角。选用插齿刀时，除了根据被切齿轮的种类选定插齿刀的类型，使插齿刀的模数、齿形角和被切齿轮的模数、齿形角相等外，还需根据被切齿轮参数进行必要的校验，以防切齿时发生根切、顶切和过渡曲线干涉等。

2.7.3 认知剃齿精加工

1. 剃齿机的工艺特点

剃齿机主要用于淬火前的直齿和斜齿圆柱齿轮的齿廓精加工。剃齿加工根据一对螺旋角不等的螺旋齿轮啮合的原理，剃齿刀与被切齿轮的轴线空间交叉一个角度，如图 2-7-6 所示，剃齿刀 1 为主动轮，被切齿轮 2 为从动轮，它们的啮合为无侧隙双面啮合的自由展成运动。

剃齿具有如下特点：

（1）剃齿加工精度一般为 IT6 ~ IT7级，表面粗糙度 Ra 值为 $0.49 ~ 0.8\,\mu m$，用于未淬火齿轮的精加工。

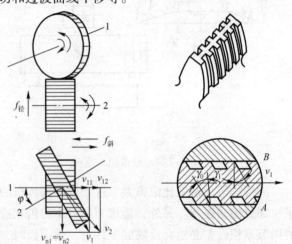

图 2-7-6　剃齿原理
1—剃齿刀；2—被切齿轮

（2）剃齿加工的生产率高，加工一个中等尺寸的齿轮一般只需 2 ~ 4 min，与磨齿相比，可提高生产率 10 倍以上。

（3）由于剃齿加工是自由啮合，机床无展成运动传动链，故机床结构简单，机床调整容易。

2. 剃齿刀

剃齿刀的齿面开槽形成刀刃，它的两侧面都能进行切削加工，但两侧面的切削角度不同，一侧为锐角，切削能力强；另一侧为钝角，切削能力弱。为了使齿轮两侧获得同样的剃削条件，在剃削过程中，剃齿刀作交替正反转运动。几种典型的剃齿刀如图 2-7-7 所示。

剃齿刀的精度分 A、B、C 三级，分别加工 6、7、8 级精度的齿轮。剃齿刀分度圆直径随模数大小不同分为 3 种：85 mm、180 mm、240 mm，其中 240 mm 应用最普遍。分度圆螺旋角有 5°、10°、15°三种，其中 5°和 10°两种应用最广。15°多用于加工直齿圆柱齿轮；5°多

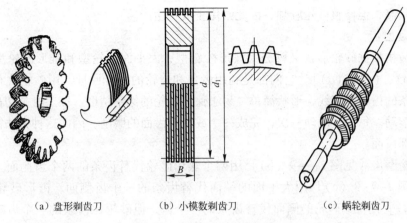

（a）盘形剃齿刀　　　　　（b）小模数剃齿刀　　　　　（c）蜗轮剃齿刀

图 2-7-7　几种典型的剃齿刀

用于加工斜齿轮和多联齿轮中的小齿轮。在剃削斜齿轮时，轴交叉角不宜超过 $10°\sim 20°$，不然剃削效果不好。

2.7.4　认知磨齿加工

　　磨齿是对淬硬的齿轮进行齿廓的精加工，也可直接在齿坯上磨出小模数的轮齿。磨齿能消除齿轮淬火后的变形，纠正齿轮预加工的各项误差，因而加工精度较高。磨齿后，精度一般可达 IT6 级。有的磨齿机可磨削 IT3、IT4 级精度的齿轮。

1. 成形法磨齿

　　用成形模数砂轮对齿轮齿廓进行精加工。成形砂轮磨齿机的砂轮截面形状修正得与齿谷形状相同（见图 2-7-8）。磨齿时，砂轮高速旋转并沿工件轴线方向往复运动。一个齿磨完后，再分度磨第二个齿，砂轮对工件的切入运动，由砂轮与安装工件的工作台作相对径向运动得到。

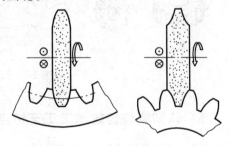

图 2-7-8　成型砂轮磨齿的工作原理

2. 展成法磨齿

　　用展成法原理工作的磨齿机，有连续磨齿和分度磨齿两大类。

（1）连续磨齿

展成法连续磨削的磨齿机，工作原理与滚齿机相似。

　　蜗杆砂轮磨齿机的砂轮为蜗杆形，如图 2-7-9（a）所示，砂轮相当于滚刀，相对工件作展成运动，磨出渐开线。工件作轴向直线往复运动，以磨削直齿圆柱齿轮的轮齿；如果作倾斜运动，就可磨削斜齿圆柱齿轮。砂轮的转速很高，展成链不能用机械方法联系砂轮和工件。目前常用的方法有两种，一种用两个同步电动机分别拖动砂轮主轴和工件主轴，用挂轮换置；另一种用数控的方法，即在砂轮主轴上装脉冲发生器，发出与主轴旋转成正比的脉冲（每转若干个脉冲），脉冲经数控系统调制后经伺服系统和伺服电动机驱动工件主轴，在工件主轴上装反馈信号发生器。数控系统起展成换置机构的作用。在各类磨齿机中，这类机床的生产效率最高，但修整砂轮麻烦，因此常用于成批生产。

（2）分度磨齿

这类磨齿机根据砂轮形状又可分为蝶形砂轮型、大平面砂轮型和锥形砂轮型三种［见图 2-7-9（b）、（c）、（d）］。它们都是利用齿条和齿轮的啮合原理，用砂轮代替齿条来磨削齿轮。齿条的齿廓是直线，形状简单，易于保证砂轮的修整精度。加工时被切齿轮在想象中的齿条上滚动。每往复滚动一次，完成一个或两个齿面的磨削，因此这种方法需多次分度才能磨完全部齿面。

蝶形砂轮磨齿［见图 2-7-9（b）］用两个蝶形砂轮代替齿条的两个齿侧面。大平面砂轮磨齿［见图 2-7-9（c）］用大平面的端面代替齿条的一个齿侧面。锥形砂轮磨齿［见图 2-7-9（d）］用锥形砂轮的侧面代替齿条的一个齿，但砂轮比齿条的一个齿略窄。砂轮磨齿向一个方向滚动时磨削一个齿面；向另一个方向滚动时，齿轮略作水平窜动，以磨削另一个齿面。

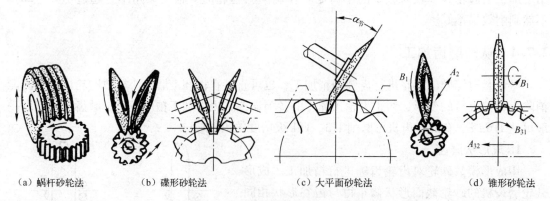

（a）蜗杆砂轮法　　　　（b）碟形砂轮法　　　　　（c）大平面砂轮法　　　　（d）锥形砂轮法

图 2-7-9　展成法磨齿的工作原理

2.7.5　认知圆柱齿轮加工工艺特点

齿轮加工工艺过程大致可以划分为如下几个阶段。齿轮毛坯的形成：锻件、棒料或铸件；粗加工：切除较多的余量；半精加工：车、滚、插齿；热处理：调质、渗碳淬火、齿面高频感应加热淬火等精加工：精修基准、精加工齿形。

1. 常用齿轮材料及热处理

为了保证齿轮工作的可靠性，提高其使用寿命，齿轮的材料及其热处理应根据工作条件和材料的特点来选取。

对齿轮材料的基本要求是：应使齿面具有足够的硬度和耐磨性，齿心具有足够的韧性，以防止齿面的各种失效，同时应具有良好的冷、热加工的工艺性，以达到齿轮的各种技术要求。

常用的齿轮材料为各种牌号的优质碳素结构钢、合金结构钢、铸钢、铸铁和非金属材料等。一般多采用锻件或轧制钢材。当齿轮结构尺寸较大，轮坯不易锻造时，可采用铸钢。开式低速传动时，可采用灰铸铁或球墨铸铁。低速重载的齿轮易产生齿面塑性变形，轮齿也易折断，宜选用综合性能较好的钢材。高速齿轮易产生齿面点蚀，宜选用齿面硬度高的材料。受冲击载荷的齿轮，宜选用韧性好的材料。对高速、轻载而又要求低噪声的齿轮传动，也可采用非金属材料，如夹布胶木、尼龙等。

钢制齿轮的热处理方法主要有以下几种：

（1）表面淬火

表面淬火常用于中碳钢和中碳合金钢，如45钢、40Cr钢等。表面淬火后，齿面硬度一般为40～55 HRC。特点是抗疲劳点蚀、抗胶合能力高，耐磨性好。由于齿心部末淬硬，齿轮仍有足够的韧性，能承受不大的冲击载荷。

（2）渗碳淬火

常用于低碳钢和低碳合金钢，如20、20Cr钢等。渗碳淬火后齿面硬度可达56～62 HRC，而齿心部仍保持较高的韧性，轮齿的抗弯强度和齿面接触强度高，耐磨性较好，常用于受冲击载荷的重要齿轮传动。齿轮经渗碳淬火后，轮齿变形较大，应进行磨齿。

（3）渗氮

渗氮是一种表面化学热处理。渗氮后不需要进行其他热处理，齿面硬度可达700～900 HV。由于渗氮处理后的齿轮硬度高，工艺温度低，变形小，故适用于内齿轮和难以磨削的齿轮，常用于含铬、铜、铅等合金元素的渗氮钢，如38CrMoAlA。

（4）调质

调质一般用于中碳钢和中碳合金钢，如45、40Cr、35SiMn钢等。调质处理后齿面硬度一般为220～280 HBS。因硬度不高，轮齿精加工可在热处理后进行。

（5）正火

正火能消除内应力，细化晶粒，改善力学性能和切削性能。机械强度要求不高的齿轮可采用中碳钢正火处理，大直径的齿轮可采用铸钢正火处理。

一般要求的齿轮传动可采用软齿面齿轮。为了减小胶合的可能性，并使配对的大小齿轮寿命相当，通常使小齿轮齿面硬度比大齿轮齿面硬度高出30～50 HBS。对于高速、重载或重要的齿轮传动，可采用硬齿面齿轮组合，齿面硬度可大致相同。

2. 齿形及齿端加工

常用的齿形加工方案在上节已有讲解，在此不再叙述。

齿轮的齿端加工有倒圆、倒尖、倒棱和去毛刺等方式，如图2-7-10所示。经倒圆、倒尖后的齿轮在换挡时容易进入啮合状态，减少撞击现象。倒棱可除去齿端尖角和毛刺。

图2-7-11所示为用指状铣刀对齿端进行倒圆的加工示意图。倒圆时，铣刀高速旋转，并沿圆弧作摆动，加工完一个齿后，工件退离铣刀，经分度再快速向铣刀靠近加工下一个齿的齿端。

齿端加工必须在淬火之前进行，通常都在滚（插）齿之后，剃齿之前安排齿端加工。

3. 齿轮加工方案选择

齿轮加工方案的选择，主要取决于齿轮的精度等级、生产批量和热处理方法等。下面提出齿轮加工方案选择时的几条原则，以供参考。

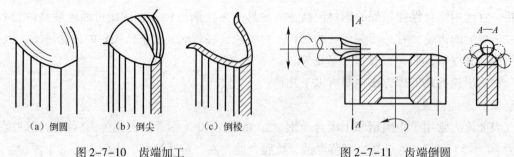

（a）倒圆　　　（b）倒尖　　　（c）倒棱

图 2-7-10　齿端加工　　　　　　　　　图 2-7-11　齿端倒圆

（1）对于 IT8 级及 IT8 级以下精度的不淬硬齿轮，可用铣齿、滚齿或插齿直接达到加工精度要求。

（2）对于 IT8 级及 IT8 级以下精度的淬硬齿轮，需在淬火前将精度提高一级，其加工方案可采用：滚（插）齿→齿端加工→齿面淬硬→修正内孔。

（3）对于 IT6 ～ IT7 级精度的不淬硬齿轮，其齿轮加工方案为：滚齿→剃齿。

（4）对于 IT6 ～ IT7 级精度的淬硬齿轮，其齿形加工一般有两种方案：

① 剃→珩磨方案：滚（插）齿→齿端加工→剃齿→齿面淬硬→修正内孔→珩齿。

② 磨齿方案：滚（插）齿→齿端加工→齿面淬硬→修正内孔→磨齿。

剃→珩方案生产率高，广泛用于 IT7 级精度齿轮的成批生产中。磨齿方案生产率低，一般用于 IT6 级精度以上的齿轮。

（5）对于 IT5 级及 IT5 级精度以上的齿轮，一般采用磨齿方案。

（6）对于大批量生产，用滚（插）齿→冷挤齿的加工方案，可稳定地获得 IT7 级精度齿轮。

任务练习

1. 填空题

（1）齿轮的切削加工，按形成齿形的原理可分为两大类：成形法和_____法。

（2）用成形法加工齿轮时，刀具的齿形与被加工齿轮的齿槽形状相同。其中最常用的是用盘状模数铣刀和_____铣刀在铣床上借助分度装置铣齿轮。

（3）轮齿的齿廓形状决定于基圆的大小（与齿轮的齿数有关），由于同一模数的铣刀是按被加工工件_____范围分号的。

（4）滚齿可直接加工_____级精度齿轮，也可用于 IT7 级以上齿轮的粗加工及半精加工。滚齿可以获得较高的运动精度。

（5）插齿刀实质上就是一个磨有前后角并具有切削刃的_____。

（6）加工内齿轮只能用_____。

（7）剃齿机主要用于淬火前的直齿和斜齿圆柱齿轮的齿廓_____加工。

（8）磨齿机床常用来对_____齿轮进行齿廓的精加工，也可直接在齿坯上磨出小模数的轮齿。

（9）磨齿能消除齿轮淬火后的变形，纠正齿轮预加工的_____，因而加工精度较高。

磨齿后，精度一般可达 IT6 级。

（10）磨齿机有用成形砂轮磨齿和用_____法磨齿两大类。

2. 判断题

（1）在铣床上可以用展成法加工齿轮。　　　　　　　　　　　　　（　　）

（2）在铣床上加工齿轮，一般用于单件小批量生产低精度的齿轮。　（　　）

（3）插齿主要用于加工单联和多联的外直齿圆柱齿轮，以及内齿轮。（　　）

（4）插齿的齿形精度比滚齿高。　　　　　　　　　　　　　　　　（　　）

（5）插齿的效率比滚齿高。　　　　　　　　　　　　　　　　　　（　　）

（6）剃齿加工的生产率高，加工　个中等尺寸的齿轮一般只需 2～4 min，与磨齿相比，可提高生产率 10 倍以上。　　　　　　　　　　　　　　　　　　　　（　　）

（7）同一模数的齿轮，无论其齿数多少，都可以使用同一滚刀进行加工。（　　）

（8）磨齿加工精度与磨削砂轮形状精度有关。　　　　　　　　　　（　　）

（9）蜗杆砂轮磨齿机的砂轮为蜗杆形，砂轮相当于滚刀，相对工件作展成运动，磨出渐开线。　　　　　　　　　　　　　　　　　　　　　　　　　　　　（　　）

3. 选择题

（1）每一号铣刀的齿形是按该号中（　　）齿数的齿轮齿形确定的。

　　A. 最大齿数　　　　B. 最小齿数　　　　C. 中间齿数　　　　D. 其他齿数

（2）铣床加工齿轮能够加工（　　）精度的齿轮。

　　A. IT8　　　　　　B. IT6　　　　　　C. IT5　　　　　　D. IT4

（3）铣床加工齿轮与滚齿机相比的优点是（　　）。

　　A. 效率高　　　　　　　　　　　B. 精度高

　　C. 经济　　　　　　　　　　　　D. 使用刀具种类数量少

（4）滚齿机使用滚刀加工模数相同齿数不同的齿轮，以下描述正确的是（　　）。

　　A. 需要多只滚刀　　　　　　　　B. 至少需要两只滚刀

　　C. 不同齿数需要不同滚刀　　　　D. 一只滚刀就可以

（5）剃齿机的加工效率与磨齿机相比，其效率（　　）。

　　A. 高　　　　　　　B. 低　　　　　　　C. 相似　　　　　　D. 相同

（6）淬火后的齿轮，齿轮表面的硬度较高，由于淬火导致的齿形误差修复，可以选择的加工方法是（　　）。

　　A. 滚齿　　　　　　B. 剃齿　　　　　　C. 铣齿　　　　　　D. 磨齿

（7）双联齿轮中的直径较小的齿轮，可以选择的齿形加工方法为（　　）。

　　A. 滚齿　　　　　　B. 剃齿　　　　　　C. 插齿　　　　　　D. 磨齿

（8）剃齿属于齿形（　　）加工。

　　A. 一般加工　　　　B. 精加工　　　　　C. 不能修复齿形误差加工

（9）汽车变速箱齿轮材料一般为（　　）。

　　A. 铸铁　　　　　　　　　　　　B. 工具钢

　　C. 中碳合金钢　　　　　　　　　D. 高碳合金钢

（10）高精度齿轮，滚齿加工完毕还应进行（　　）。

　　A. 铣齿、磨齿　　　B. 剃齿、磨齿　　　C. 磨齿、剃齿　　　D. 磨齿

项目训练

【训练目标】

1. 能够看懂零件图，会分析零件的结构特点、尺寸公差、形位公差、表面质量要求等技术；

2. 能根据零件的结构特点及技术要求确定零件各表面的基本加工方法；

3. 能根据所确定的各表面加工方法选择确定通用机床类型和刀具类型；

4. 能定性的确定分析各种加工方法切削要素的特点；

5. 会综合分析确定零件某一结构表面的加工过程。

【项目描述】

图 2-0-1 为车床尾座套筒零件图，该零件生产类型为批量生产，零件材料为 45 钢。轴径 $\phi 40_{-0.011}^{0}$ mm 为安装支承轴径，装在尾座体内孔中，与尾座孔之间的配合为间隙配合。莫氏 3 号锥度孔用于安装顶尖，$\phi 25_{0}^{+0.021}$ mm 孔为丝杠螺母安装孔，键槽 6D10 为导向键配合表面，M5 螺孔为丝杠螺母锁紧孔，宽度 3 mm 的槽为油槽。尾座套筒在尾座丝杠传动下，在导向键导向下沿尾座体轴向移动，实现工件的夹紧与松开。

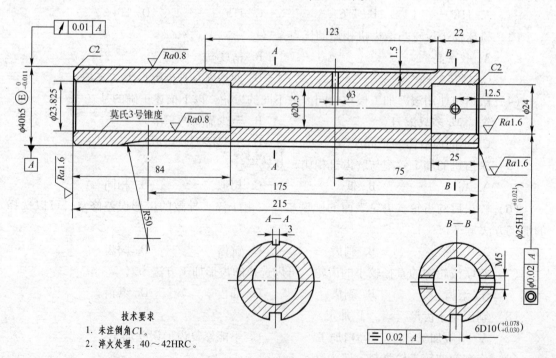

技术要求

1. 未注倒角 C1。

2. 淬火处理：40～42HRC。

图 2-0-1　C6125 车床层座套筒

【资讯】

1. 该零件尺寸精度要求最高的零件表面是_____，表面质量要求最高的表面是_____。

2. 莫氏 3 号锥孔的特点是_____。

3. 零件同轴度要求的目的是_____。

4. 零件淬火处理的目的是_____。

5. 该零件的总体结构特点表现为_____。

【决策】

1. 学生分组讨论，查阅相关技术资料，完成项目要求（见实施表）。

2. 各小组负责人，负责对本小组任务进行分配，组员按照负责人要求完成相关任务内容，并将自己所在小组及个人任务填入下表中。

序　号	小组任务	个人职责（任务）	负　责　人

【实施】

根据零件结构特点、技术要求，结合所学知识完成下表要求内容。

零件表面	应采用的加工方法及该项加工能达到的精度
分析总结	分析总结该零件切削加工所采用的各种加工方法的主要目的，各表面加工的难易程度，各表面的加工顺序等

项目导读

　　零件的工艺路线是以加工工序为单元，简单描述机械零件的加工制造过程，是企业作为生产管理和生产调度的指导性文件。在毛坯确定后，根据零件的技术要求、表面形状、已知的各机床的加工工艺范围、刀具的用途，初步拟订零件表面的加工方法，工序的先后顺序，工序是集中还是分散，如何划分加工阶段等。工艺路线不但影响加工质量和生产效率，而且影响工人的劳动强度，影响设备投资、车间面积、生产成本等，是制订工艺规程的关键一步。

　　本项目选择车床尾座丝杠为载体，在明确车床尾座的结构和用途的前提下，以编制尾座丝杠零件的工艺路线为主线，穿插渗透讲解零件加工工艺过程的基本概念，编制零件工艺规程的原则和要求。通过分析零件的结构，讲述了零件的结构工艺性，零件定位基准的概念和选取原则，阐述零件加工过程中划分加工阶段的目的，合理安排工序内容，应遵照的工序集中与分散原则等。通过本项目设计完成 C6125 车床尾座丝杠工艺路线的编制。

任务 3.1　确定零件毛坯

学习导航

知识要点	生产过程，工艺过程，工艺过程的组成单元，生产类型，结构工艺性，毛坯选择原则
任务目标	1. 了解机械加工工艺规程的作用、内容、编制原则； 2. 了解机械加工工艺文件的类型及格式要求； 3. 掌握工序、安装、工位、工步、走刀等工艺路线组成单元的含义； 4. 了解零件结构工艺性的含义，握机械零件典型结构工艺分析方法； 5. 了解毛坯的种类，掌握毛坯选择原则
能力培养	1. 会分析工序、安装、工位、工步、走刀等工艺过程组成单元的具体应用特点； 2. 会区别应用各种工艺文件； 3. 会分析零件结构工艺性，并能改进其结构； 4. 会根据零件技术条件合理选择确定毛坯
教学组织	课堂讲解、课堂项目训练、课下查阅资料、自主学习、拓展训练
教学评价	学习过程评价（60%）；教学成果评价（30%）；团队合作评价（10%）
参考学时	2

任务学习

3.1.1　明确项目要求

1. 认知项目载体

车床尾座是普通卧式车床常用的机床附件，主要用于车削加工轴类零件时进行中心定位和辅助支承。图 3-1-1 为 C6125 车床尾座装配图，结构组成按功能区分可分为 3 组组件。

支承组件：由莫氏 3 号顶尖、顶尖套筒、导向键、尾座体、尾座丝杠、轴承盖、止推轴承、刻度盘、手轮等组成。该组件用于支承工件，增加零件的支承刚性。莫氏 3 号尾座顶尖与尾座套筒内锥之间的连接为莫氏 3 号锥度自锁性配合，顶尖套筒装于尾座体安装孔内，二者之间为精密定位小间隙配合，尾座螺母装于尾座套筒右端止口内，二者之间为精密定位小间隙配合，尾座丝杠由轴承支承在轴承盖上，轴承盖安装于尾座体右端。手轮与刻度盘通过键连接与尾座丝杠光轴端配合连接，并由螺母锁紧。转动手轮可带动尾座丝杠转动，由于尾座丝杠不能作轴向移动，因此将推动尾座螺母带动顶尖套筒作轴向移动，顶尖套筒在导向键作用下作纯直线移动，而将工件夹紧或松开。

锁紧组件：由锁紧手柄、锁紧光套、锁紧丝套等零件组成。顺时针转动锁紧手柄，手柄螺纹端旋入锁紧丝套，丝套与光套相对移动，其端部斜面与顶尖套筒外圆楔紧，将顶尖套筒锁住。

固定连接组件：由固定偏心轴、固定吊块、固定螺栓、固定块、垫片组成。垫板为尾座装配时中心高调整环，垫板底面 V 形导轨及平面导轨分别与车床的 V 形导轨及平导轨相配，将尾座安装在机床导轨上，用固定螺栓将固定块调整到合适的高度，扳动固定手柄，固定偏心轴转动，固定吊块通过带动固定螺栓带动固定块移动，使固定块压紧（或松动）。

2. 项目任务单

表 3-1-1 为 C6125 车床尾座丝杠生产任务单，可根据任务要求制订机械加工工艺规程。

任务单详细给出了尾座丝杠的结构和技术要求，给定了零件的材料和生产类型，明确了工作任务。根据上述条件如何制订合理的机械加工工艺路线？应考虑那些主要问题？我们在完成该项工作任务的同时将学习制订机械零件工艺路线的基础知识和一般方法，按照由一般到具体的思路讲解基础知识，学习基本方法，通过项目实施完成本项目工作任务。

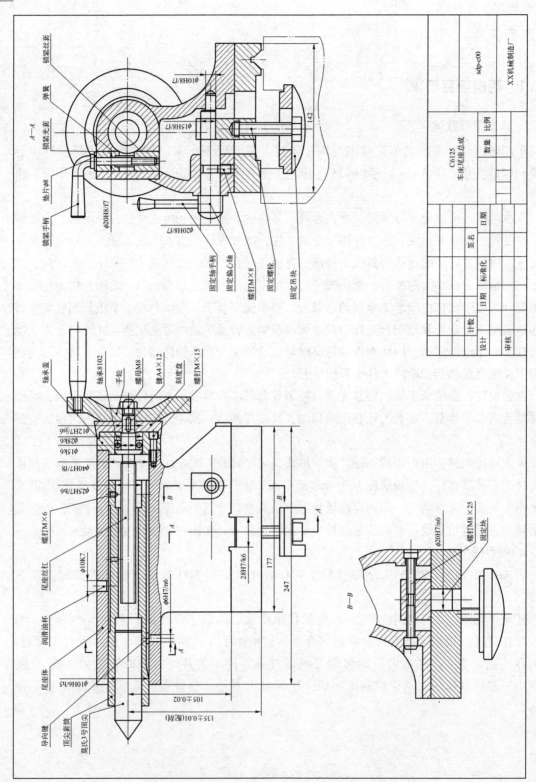

图3-1-1 C6125车床尾座装配图

表 3-1-1 C6125 车床尾座丝杠工作任务单

产品名称	尾座丝杠	零件作用	承受传动力，低速传动，静态工作
零件材料	45 热轧圆钢	生产类型	成批生产
热处理	调质处理	工艺任务	根据零件图、装配图制订机械加工工艺路线
零件图纸	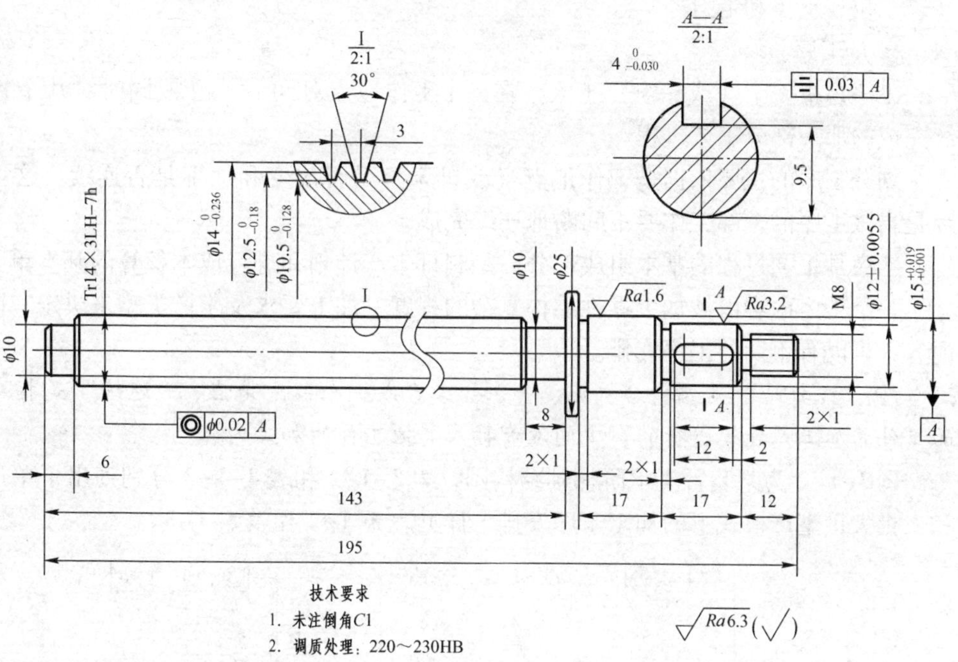		

技术要求
1. 未注倒角C1
2. 调质处理：220～230HB

$\sqrt{Ra6.3}(\sqrt{})$

3.1.2 认知零件工艺规程基本概念

1. 生产过程与工艺过程

（1）生产过程

生产过程是指将原材料转变成为成品的全过程。它包括原材料运输和保管、生产准备工作、毛坯制造、零件加工和热处理、产品装配、调试、检验以及油漆和包装等。生产过程可以由一个工厂完成，也可以由多个工厂联合完成；可以指整台机器的制造过程，也可以指某一种零件或部件的制造过程。

（2）工艺过程

工艺过程是指改变生产对象的形状、尺寸、相对位置和性质等，使其成为成品或半成品的过程。它包括毛坯制造工艺过程、热处理工艺过程、机械加工工艺过程、装配工艺过程等。

（3）机械加工工艺过程

生产过程中，利用机械加工方法直接改变原材料或毛坯的形状、尺寸和表面质量使之变为成品的过程，称为机械加工工艺过程。例如，切削加工、磨削加工、特种加工、精密和超精密加工等都属于机械加工工艺过程。

2. 机械加工工艺过程的组成

由于零件结构的复杂性和加工方法的多样性，任何一个零件都是由若干个"步骤"顺序排列逐步进行的。为了便于组织生产，保证零件质量，提高生产效率，合理使用设备、场地和劳力，任何一个零件的加工过程都是由一系列工序组成的，每一个工序又可依次分为安装、工位、工步和走刀。

（1）工序

工序是指一个（或一组）工人，在一个工作地点对同一个（或同时对几个）工件所连续完成的那一部分工艺过程。

划分工序的主要依据是工作地点（或机床）是否改变和加工是否连续。这里所说的连续是指该工序的全部工作要不间断地连续完成。

工序是工艺过程的基本组成部分，是制订生产计划和进行成本核算的基本单元。

一个工序内容由被加工零件结构复杂的程度、加工要求及生产类型来决定，同样的加工内容，可以有不同的工序安排。

注："工作地"是指一台机床、一个钳工台或一个装配地点；"连续"是指对一个具体的工件的加工是连续进行的，中间没有插入其他工件的加工内容。

图 3-1-2 为某装置支承阶梯轴结构图，表 3-1-2 和表 3-1-3 分别列出了单件小批生产和大批大量生产模式下的加工工序安排。详见表 3-1-2 和表 3-1-3。

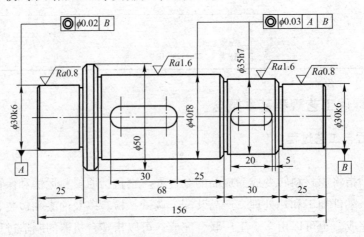

图 3-1-2　阶梯轴零件图

表 3-1-2　阶梯轴加工工艺过程（单件小批生产）

工序号	工序内容	工序基准	设备
10	备料	右端面	锯床
20	车端面、打中心孔、车外圆、车各退刀槽、倒角	左右端面、外圆面、中心孔	车床
30	铣键槽	φ30 外圆、中心孔	铣床
40	磨各外圆	中心孔	外圆磨床
50	检验、入库		

表3-1-3 阶梯轴加工工艺过程（大批大量生产）

工序号	工 序 内 容	工 序 基 准	设 备
10	备料	右端面	锯床
20	车端面、打中心孔	外圆面、右端面	专用车、钻机床
30	粗车右端 $\phi30$、$\phi35$、$\phi40$ 外圆	外圆面、中心孔	车床
40	粗车左端 $\phi30$、$\phi50$ 外圆	外圆面、中心孔	车床
50	半精车右端 $\phi30$、$\phi35$、$\phi40$ 外圆、退刀槽	外圆面、中心孔	车床
60	半精车左端 $\phi30$、$\phi50$ 外圆、退刀槽	外圆面、中心孔	车床
70	划线、去毛刺		钳工工具
80	铣键槽	$\phi30$ 外圆、中心孔	铣床
90	磨各外圆	两中心孔	
100	检验、入库		

（2）安装

工件经过一次装夹后所完成的那一部分工艺内容称为安装。在一道工序中，工件需装夹一次（或多次）才能完成本工序加工内容。如表3-1-2所示的工序40和表3-1-3所示的工序90中，工件在一次装夹后还需要掉头装夹，才能完成全部工序内容，所以该工序有两次安装。

工件在加工中每装夹一次就会增加装夹时间，并可能增大由于装夹引起的误差，因此在一个工序中应尽量减少装夹次数。

（3）工位

工位是指为了完成一定的工艺内容，一次装夹工件后，工件与夹具或设备的可动部分一起相对刀具或设备的固定部分所占据的每一个位置。

图3-1-3所示为在多工位组合钻床上加工孔的例子，它利用回转工作台；使工件在一次安装中依次完成工件装卸、钻孔、扩孔、铰孔4个工位工作。

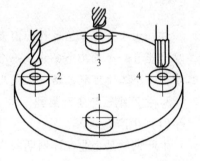

图3-1-3 多工位加工

（4）工步

在加工表面不变和加工工具不变的情况下，连续完成的那一部分工艺内容称为工步。

工步是构成工序的基本单元，一个工序可以只包括一个工步，也可以包括几个工步。对于那些连续进行的若干个相同的工步，生产中常视为一个工步，如在图3-1-4所示零件上钻 $6\times\phi20$ 孔，可视为一个工步；采用复合刀具或多刀同时加工的工步，可视为一个复合工步（这也是减少安装次数，提高生产效率的方法），如图3-1-5所示。

注：工步的3个要素中（加工表面、切削刀具和切削用量）只要有一个要素改变了，就不能认为是同一个工步。

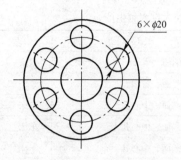
图 3-1-4　多表面相同的工步

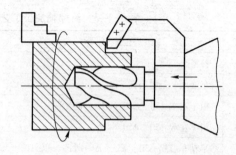
图 3-1-5　复合工步

（5）走刀

走刀是指刀具在加工表面上切削一次所完成的工艺内容。它是构成工艺过程的最小单元。在一个工步中，有时材料层要分几次去除，则每切去一层材料称为一次走刀。一个工步包括一次或几次走刀，如图 3-1-6 所示。

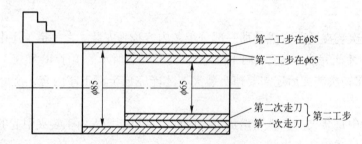

图 3-1-6　车削阶梯轴多次走刀

注：由于决定工艺过程的因素较多，其过程比较复杂。工艺过程由许多工序组成，一个工序可能有一个或几个安装，一个安装可能有一个或几个工位，一个工位可能有一个或几个工步，一个工步可能包括一次或几次走刀。

3. 生产纲领与生产类型

（1）生产纲领

生产纲领是企业在计划期内应当生产的产品产量和进度计划。机器产品中某零件的生产纲领除了预计的年生产计划数量以外，还要包括一定的备品率和平均废品率，所以机器零件的生产纲领可按下式计算：

$$N = Q \times n(1 + \alpha\% + \beta\%)$$

式中：N——零件的生产纲领（件/年）；

Q——产品的年产量（台/年）；

n——每台产品中含该零件的数量（件/台）；

$\alpha\%$——备品率；

$\beta\%$——废品率。

机器零件的生产纲领确定之后，就要根据生产车间的具体情况按一定期限分批投入生产。一次投入或生产同一产品（或零件）的数量称为生产批量。所以说，生产纲领的大小对生产组织和零件加工工艺过程有重要作用，决定着零件加工工序所需的专业化和自动化程序、工艺方法和机床设备。

（2）生产类型

生产类型是企业生产专业化程度的分类，一般分为单件生产、成批生产和大量生产3种类型。

① 单件生产：单个生产不同结构和尺寸的产品，很少重复或不重复，如重型机器的制造，新产品的试制等。

② 成批生产：产品周期性成批投入生产。其中又可按批量的大小和产品特征分为小批生产、中批生产和大批生产3种。

③ 大量生产：同一产品的生产数量很大，每一个工作地用重复的工序加工产品。

生产类型决定于生产纲领，但也和产品的大小和复杂程度有关。表3-1-4列出了生产类型与生产纲领之间的关系。

表3-1-4 生产类型与生产纲领之间的关系

生产类型	生产纲领/（件/年）		
	重 型 机 械	中 型 机 械	小 型 机 械
单件生产	<5	<10	<100
小批生产	5～100	10～200	100～500
中批生产	100～300	200～500	500～5 000
大批生产	300～1 000	500～5 000	5 000～50 000
大量生产	>1 000	>5 000	>50 000

（3）工艺特点

不同的生产类型对生产组织、生产管理、车间机床布置、毛坯制造方法、机床种类、工量具、加工或装配方法、工人技术要求等方面均有所不同，表3-1-5给出了各种生产类型的工艺特点。

表3-1-5 不同生产类型的工艺特点

加工对象	经 常 变 换	周 期 性 变 换	固 定 不 变
毛坯特点	木模造型或自由锻，毛坯精度低，余量大	金属模型或模锻，毛坯精度及加工余量中等	广泛采用模锻或金属模机器造型，毛坯精度高，余量小
机床设备	采用通用设备及数控机床	通用机床及部分专用机床	专用机床、自动机床及自动线
机床布局	按机群式布置	按零件类别分工段排列	按流水线排列
夹具	通用夹具或组合夹具	广泛采用专用夹具	采用高效率的专用夹具
刀具量具	通用刀具与万能量具	专用或通用刀具、量具	专用刀具、量具，自动测量
装配方法	零件不互换	多数互换，部分试装或修配	全部互换或分组互换
生产周期	不确定	周期重复	长时间连续生产
生产率	低，用数控机床可改善	中等	高

加工对象	经常变换	周期性变换	固定不变
成本	高	中等	低
技术等级	要求技术水平高的工人	要求中等熟练程度的工人	操作工人要求一般
工艺文件	只编制简单工艺过程卡	比较详细	详细编制各种工艺文件

4. 工艺规程的作用

工艺规程是在总结工人及技术人员实践经验的基础上，依据科学的理论和必要的工艺试验制订的用以指导生产的技术文件。生产中有了工艺规程生产秩序才能稳定，产品质量才有保证。对于经审定批准的工艺规程，工厂有关人员必须严格执行。

工艺规程的作用主要体现在以下3个方面。

（1）工艺规程是指导生产的主要技术性文件

生产的计划、调度只有根据工艺规程安排才能保持各个生产环节之间的相互协调，才能按计划完成生产任务；工人的操作和产品质量的检查只有按照工艺规程进行，才能保证加工质量，提高生产效率和降低生产成本。

（2）工艺规程是组织和管理生产的依据

产品在投入生产以前要做大量的生产准备工作，如原材料和毛坯的供应，机床的准备和调整，专用工艺装备的设计与制造以及人员的配备等，都要以工艺规程为依据进行安排。

（3）工艺规程是新建和扩建制造厂（或车间）的基本资料

在新建和扩建工厂（或车间）时，确定生产所需机床的种类和数量，布置机床，确定车间和工厂的面积，确定生产工人的工种、等级、数量以及各个辅助部门的安排等，都是以工艺规程为依据进行的。

当然，工艺规程并不是一成不变的。随着科学技术的进步，工人及技术人员不断革新创造，工艺规程也将不断改进和完善，以便更好地指导生产；但这并不意味着工人和技术人员可以随意更改工艺规程，更改工艺规程必须履行严格的审批手续。

注：工艺规程相当于生产中的法律文件，在生产过程中要严格遵守，不得随意更改。

5. 制订工艺规程的原则与步骤

（1）制订工艺规程的原则

制订工艺规程的基本原则是：所制订的工艺规程能在一定的生产条件下，在保证质量的前提下，以最快的速度、最少的劳动量和最低的费用，可靠地加工出符合要求的零件。在制订工艺规程时，应尽量做到技术上先进，经济上合理，并具有良好的劳动条件。

（2）制订工艺规程的原始资料

在制订零件的机械加工工艺规程时，必须具备下列原始资料。

① 产品的整套装配图和零件的工作图。

② 产品的生产纲领。

③ 毛坯的生产情况。

④ 本厂现有的生产条件和发展前景。

⑤ 国内外先进工艺及生产技术。

（3）制订工艺规程的步骤

在掌握上述资料的基础上，机械加工工艺规程的设计步骤如下。

① 分析产品装配图样和零件图样，主要包括零件的加工工艺性、装配工艺性、主要加工表面及技术要求，了解零件在产品中的功用。

② 计算零件的生产纲领，确定生产类型。

③ 确定毛坯的类型、结构形状、制造方法等。

④ 选择定位基准。

⑤ 拟订工艺路线，包括选择定位基准，确定各表面的加工方法，划分加工阶段，确定工序的集中和分散的程度，合理安排加工顺序等。

⑥ 确定各工序的加工余量，计算工序尺寸及公差。

⑦ 确定各工序的设备、刀具、夹具、量具和辅助工具。

⑧ 确定切削用量及计算时间定额。

⑨ 确定各主要工序的技术要求及检验方法。

⑩ 填写工艺文件。

注： 制订工艺规程要结合企业现有的生产实际，充分利用现有装备条件。因其涉及因素多，正在制订的工艺规程是应进行综合分析、反复验证、不断修改完善。

6. 工艺文件的格式

常用的机械加工工艺文件通常有三种形式，分别用表格形式规定了零件加工的工艺内容。

（1）机械加工工艺过程卡片

机械加工工艺过程卡片（见表3-1-6）是以工序为单位，简要说明零部件的加工过程的一种工艺文件。它列出了零件加工所经过的工艺路线全过程，一般不直接指导生产，主要用于生产管理和生产调度。在单件、小批生产中，会编写简单的工艺过程综合卡片作为指导生产的依据。

（2）机械加工工艺卡片

机械加工工艺卡片（见表3-1-7）以工序为单元，详细说明零件在某一工艺阶段中的工序号、工序名称、工序内容、工艺参数、操作要求以及采用的设备和工艺装备等。它是用来指导工人生产，帮助车间管理人员和技术人员掌握整个零件加工过程的一种主要技术文件，广泛用于成批生产的零件和小批生产中的重要零件。

（3）机械加工工序卡片

机械加工工序卡片（见表3-1-8）是在工艺过程卡或工艺卡的基础上，按每道工序编制的一种工艺文件。它一般具有工序简图，并详细说明该工序的每一个工步的加工内容、工艺参数、操作要求以及所用设备和工艺装备等。机械加工工序卡主要用于指导工人操作，广泛用于大批、大量或成批生产中比较重要的零件。

表3-1-6　机械加工工艺过程卡

机械加工工艺过程卡片		产品型号		零件图号				
		产品名称		零件名称		共　页	第　页	
材料牌号		毛坯种类	毛坯外形尺寸		每毛坯可制作数量		每台件数	备注
工序号	工序名称	工序内容	车间	工段	设备	工艺设备	工时（min）	
							准终	单件
					编制（日期）	审核（日期）	标准化（日期）	会签（日期）
标记	处数	更改文件号	签字	日期	标记	处数	更改文件号	签字	日期

表3-1-7 机械加工工艺卡

××机械厂	机械加工工艺卡片	产品型号		零（部）件图号		共 页
		产品名称		零（部）件名称		第 页
材料牌号	毛坯种类	毛坯外形尺寸	每毛坯件数	每台件数		备注

工序	工步	装夹	工序内容	同时加工件数	背吃刀量（mm）	切削用量			设备名称及编号	工艺装备名称及编号			技术等级	工时定额（min）	
						切削速度（m/min）	每分钟转（r/min）	进给量（mm）		夹具	刀具	量具		单件	准终

标记	处数	更改文件号	签字（日期）	标记	处数	更改文件号	签字（日期）	编制（日期）	审核（日期）	会签（日期）

表 3-1-8　机械加工工序卡

工厂	机械加工工序卡片	产品型号		零件名称		共　页	第　页
		产品名称		零件图号			

车间	工序号	工序名称	材料牌号
机加工车间			

毛坯种类	毛坯外形尺寸	每毛坯可制作数	每台件数
铸件			

设备名称	设备型号	设备编号	同时加工件数
坐标镗床			

夹具编号	夹具名称		切削液

工位夹具编号	工位器具名称		工序工时
			准终　单件

工步号	工步名称	工艺装备	主轴转速 (r/min)	切削速度 (m/min)	进给量 (mm/r)	背吃刀量 (mm)	进给次数	工时 (min) 机动　单件

		编制（日期）	审核（日期）	标准化（日期）	会签

标记	处数	更改文件号	签字	日期	标记	处数	更改文件号	签字	日期

（4）工艺文件的管理

工艺文件是工厂指导生产、加工制作和质量管理的技术依据，为了确保工艺文件在生产中的作用，严明工艺纪律，保证生产的正常运行，必须加强管理。企业必须建立相关制度，切实做好各种技术文件的登记、保管、复制、收发、注销、归档和保密工作，保证技术文件的完整、准确、清晰、统一等。

① 工艺文件的管理。企业的工艺文件一般由工艺资料室管理，技术部门负责领导。工艺文件由技术部门发放到相关责任部门，并在文件发放记录表上登记，由领用人签名。工艺文件任何部门、个人不得擅自复制，因工作需要必须复制时，经主管领导批准，办理一定的手续后方可复制。

② 工艺文件的更改。如确需对工艺文件进行更改，须按企业技术文件管理制度规定办理相关申请、审批手续后，方可由相关人员进行更改，并发出更改通知单，对涉及更改的技术文件必须全部更改到位，不可遗漏。

3.1.3　认知零件的结构工艺性

1. 零件的结构工艺性概述

零件的结构工艺性是指所设计的零件在满足使用性能要求的前提下，进行加工制造的可行性和经济性。

零件的结构工艺性的好坏对其工艺过程影响非常大，使用性能相同、结构不同的两个零件，它们在制造成本上可能会有很大差别。为此在制订零件工艺路线之前要审查零件的结构工艺性。审查过程复杂而细致，要凭借丰富的实践经验和理论知识来进行。

2. 零件的结构工艺性要求

零件的结构工艺性审查主要包括零件图尺寸标注是否合理，是否方便加工和装配，加工制造的生产效率是否与生产类型相适应等。

（1）尺寸标注要合理

① 零件图上重要尺寸应直接标注，在加工时尽量使工艺基准与设计基准重合，符合尺寸链最短的原则。如图3-1-7中所示活塞环槽的尺寸为重要尺寸，其宽度应该直接注出。

② 零件图上标注的尺寸应便于测量，不要从轴线、中心线、假想平面等难以测量的基准标注尺寸。

③ 零件图上的尺寸不应标注成封闭式，以免产生矛盾。

④ 零件的自由尺寸，应按加工顺序尽量从工艺基准注出。如图3-1-8所示的齿轮轴，采用图3-1-8（a）所示标注方法大部分尺寸要换算，不能直接测量。采用图3-1-8（b）标注所示方法与加工顺序一致，便于加工测量。

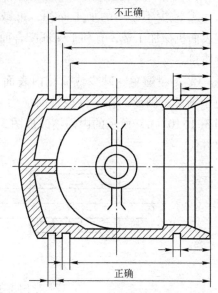

图3-1-7　正确标注重要尺寸

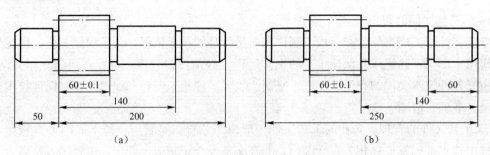

图 3-1-8　由工艺基准标注尺寸

⑤ 零件所有加工表面与非加工面之间只标注一个联系尺寸。

（2）零件结构便于保证加工质量

① 合理确定零件的加工精度与表面质量。加工精度定得过高会增加工序，增加制造成本；过低会影响其使用性能，必须根据零件在整个机器中的作用和工作条件合理地进行选择。

② 保证位置精度的可能性。为保证零件的位置精度，最好使零件能在一次装夹下加工出所有相关表面。这样由机床的精度来达到要求的位置精度。如图 3-1-9（a）所示结构，保证 $\phi 80$ mm 与内孔 $\phi 60$ mm 的同轴度较难。如改成图 3-1-9（b）所示结构，就能在一次装夹下加工外圆与内孔。

（3）零件结构有利于保证装配及测量

① 减少不必要的加工面积，可减少安装表面机械加工量，有利于保证配合面的接触质量。

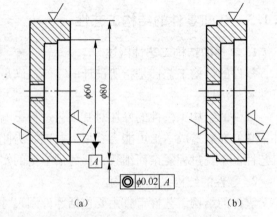

图 3-1-9　方便保证同轴度结构

② 尽量避免、减少或简化内表面的加工，因为外表面要比内表面加工方便经济，又便于测量。因此，在零件设计时应力求避免在零件内腔进行加工。如图 3-1-10 所示，将图 3-1-10（a）所示的内沟槽改成图 3-1-10（b）所示轴的外沟槽加工，使加工与测量都很方便。

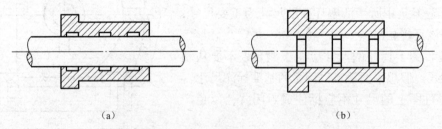

图 3-1-10　方便加工与测量

（4）有利于提高劳动生产率，与生产类型相适应

① 零件的有关尺寸应力求一致，并能用标准刀具加工。如退刀槽尺寸一致，可减少刀具种类。

② 零件加工表面应尽量分布在同一方向，或互相垂直的表面上，如图3-1-11所示孔的轴线应平行。

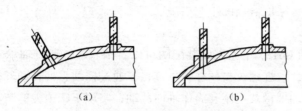

图3-1-11 两孔轴线平行方便加工

③ 零件结构应便于加工。对于零件上那些不能进行穿孔加工的结构，应设退刀槽、越程槽或孔。

④ 避免在斜面或弧面上钻孔和钻头单刃切削，从而避免造成切削力不等使钻孔轴线倾斜或折断钻头。

⑤ 零件设计的结构要便于多刀或多件加工，适应生产类型，如图3-1-12（b）所示结构可将毛坯排列成行便于多刀或多件连续加工，适合于批量生产。

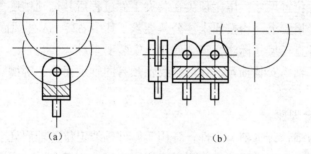

图3-1-12 便于多件加工的零件结构

⑥ 相同结构表面方向一致，方便装夹，效率、效高。如图3-1-13所示，图3-1-13（b）所示结构一次装夹，可完成两键槽的加工。

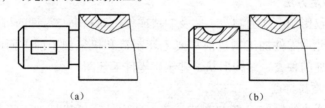

图3-1-13 两键槽直线排列方便加工

3. 分析C6125尾座丝杠零件的结构工艺性

编制零件加工工艺前要明确零件的用途、结构、性能要求和工作条件；明确零件在部件装置中的地位和作用；研究各项技术条件制订的依据，分清零件各项技术指标中重要指标和一般性指标。

图纸分析的内容包括零件图分析和装配图分析。装配图分析主要了解零件的装配要求、使用条件、在结构部件中的地位等。零件图分析主要有零件结构分析，尺寸精度、形位精度、表面质量、热处理要求等技术内容的分析。

图纸分析的目的一是审核各项工艺指标是否合理，二是通过分析零件的技术工艺性便于制订合理的工艺路线，采取恰当的工艺措施。

（1）装配图分析

由图 3-1-1 所示 C6125 车床尾座装配图可以看出。丝杠通过轴承支承在轴承座上，轴承座安装在尾座体上，丝杠螺纹与丝杠螺母连接，通过摇动手柄转动丝杠，由于丝杠本身轴向被限位，丝杠将驱动螺母及尾座套筒作轴向移动，实现车床顶尖的装夹功能。

（2）零件图分析

由表 3-1-1 C6125 车床尾座丝杠工作任务单中 C6125 车床尾座丝杠零件图可知，零件尺寸精度要求较高的表面为用于安装轴承的轴颈表面及梯形螺纹圆柱面，即 $\phi15^{+0.019}_{+0.001}$ mm 外圆柱面和 Tr14×3LH—7h 梯形螺纹表面。而且要求两圆柱面的同轴度误差不大于 0.02mm。

零件结构为典型的细长轴类零件，为提高轴类零件的综合力学性能，要求调质处理。

（3）尾座丝杠零件工艺性

① 尺寸标注分析。

横向结构尺寸及位置尺寸：尾座顶尖在装夹工件过程后其运动精度要求不高，为此对零件的轴向尺寸没有严格要求，均按照未注公差要求。其中 $\phi25$ mm 外圆面的轴向长度为设计尺寸链的封闭环。各直径尺寸标注，符合使用及安装要求。

位置公差要求：轴承安装轴颈、梯形螺纹轴颈有同轴度要求，键槽对称度要求等符合使用要求。

② 零件结构的合理性。

零件总体结构为细长台阶轴类零件，各用于零件轴线定位的轴肩处、各螺纹表面处均留有退刀槽或砂轮越程槽，为便于刀具使用，采用同一尺寸，符合设计原则。

3.1.4 确定零件毛坯

1. 零件毛坯确定方法

毛坯的选择不仅影响毛坯的制造工艺及制造成本，而且也与零件的机械加工工艺和加工质量密切相关。为此在零件加工制造前需要毛坯制造和机械加工两方面的工艺人员密切配合，合理地确定毛坯的种类、结构形状，并绘出零件毛坯图。

（1）毛坯的种类与特点

毛坯种类的选择直接影响毛坯的制造工艺、费用及零件机械加工工艺、生产率与经济性。故正确选择毛坯具有重大的技术经济意义。机械加工零件常用毛坯主要有铸件、锻件、冲压件、焊接件、型材等几种形式。其主要特点和应用见表 3-3-9。

（2）毛坯的选择原则

毛坯选择时，应全面考虑以下因素。

① 零件的材料和力学性能要求。对铸铁和有色金属材料，选铸造毛坯；对钢材力学性能要求较高时，选锻件毛坯，对力学性能要求较低时，选型材；钢材形状复杂，力学性能要求高时选铸钢毛坯。

表 3-1-9　常见机械毛坯的种类及应用

毛坯锻造方法		主要特点	应用范围
铸造	木模手工砂型	可铸出形状复杂的铸件。但铸出的毛坯精度低，表面有气孔、砂眼、硬皮等缺陷，废品率高，加工余量较大	单件及小批量生产。适于铸造铁碳合金、有色金属及其合金
	金属模机械砂型	可铸出形状复杂的铸件。铸件精度较高，生产率较高，铸件加工余量小，但铸件成本较高	大批量生产。适合铸造铁碳合金、有色金属及其合金
	金属型浇铸	可铸出形状不太复杂的铸件。铸件尺寸精度可达 $0.1 \sim 0.5$ mm，表面粗糙度 Ra 值可达 $6.3 \sim 12.5\ \mu m$，铸件力学性能较好	中小型零件的大批量生产，适于铸造铁碳合金、有色金属及其合金
	离心铸造	铸件精度为 IT8～IT9 级，表面粗糙度 Ra 值可达 $12.5\ \mu m$。铸件力学性能较好，材料消耗较低，生产效率高，但需要专用的设备	空心旋转体零件的大批量生产适于铸造铁碳合金、有色金属及其合金
	熔模浇铸	可铸造形状复杂的小型零件。铸件精度高，尺寸公差可达 $0.05 \sim 0.15$ mm，表面粗糙度 Ra 值可达 $3.2 \sim 12.5\ \mu m$，可直接铸出成品	单件及成批生产。适于铸造难加工材料
	压铸	铸造形状的复杂程度取决于模具，铸件精度高，尺寸公差可达 $0.05 \sim 0.15$ mm，表面粗糙度 Ra 值可达 $3.2 \sim 6.3\ \mu m$ 可直接铸出成品，生产效率最高，但设备昂贵	大批量生产适于压铸有色金属零件
锻造	自由锻造	锻造的形状简单，精度低，毛坯加工余量 $1.5 \sim 10$ mm，生产率低	单件、小批生产适于锻造碳素钢、合金钢
	模锻	锻造形状复杂的毛坯，尺寸精度较高，尺寸公差 $0.1 \sim 0.2$ mm 表面粗糙度 Ra 为 $12.5\ \mu m$，毛坯的纤维组织好，强度高，生产效率高，但需要专用的锻模及锻锤设备	大批量生产。适于锻造碳素钢、合金钢
	精密模锻	锻件形状的复杂程度取决于锻模，尺寸精度高，尺寸公差 $0.05 \sim 0.1$ mm，锻件变形小，能节省材料和工时，生产率高，但需专门的精锻机	成批及大量生产。适于锻造碳素钢、合金钢
冲压		可冲压形状复杂的零件，毛坯尺寸公差达 $0.05 \sim 0.5$ mm，表面粗糙度 Ra 值为 $0.8 \sim 1.6\ \mu m$，再进行机械加工或只进行精加工，生产率高	批量较大的中小尺寸的板料零件
冷挤压		可挤压形状简单、尺寸较小的零件，精度可达 IT6～IT7 级，表面粗糙度 Ra 值可达 $0.8 \sim 1.6\ \mu m$，可不经切削加工	大批量生产。适于挤压有色金属、碳钢、低合金钢、高速钢、轴承钢和不锈钢
焊接		制造简单，节约材料，质量轻，生产周期短，但抗振性差，热变形大，需时效处理后进行切削加工	单件及成批生产。适于焊接碳素钢及合金钢
型材	热轧	型材截面形状有圆形、方形、扁形、六角形及其他形状，尺寸公差一般为 $1 \sim 2.5$ mm 表面粗糙度 Ra 值为 $6.3 \sim 12.5\ \mu m$	适于各种批量生产
	冷轧	截面形状同热轧型材，精度比热轧高，尺寸公差为 $0.05 \sim 1.5$ mm，表面粗糙度 Ra 值为 $1.6 \sim 3.2\ \mu m$。价格较高	大批量生产
粉末冶金		由于成形较困难，一般形状比较简单，尺寸精度较高，尺寸公差可达 $0.02 \sim 0.05$ mm，表面粗糙度 Ra 值为 $0.1 \sim 0.4\ \mu m$，所用设备较简单，但金属粉末生产成本高	大批量生产。以铁基、铜基金属粉末为原料

②　零件结构形状和外形尺寸大小。形状复杂和薄壁的毛坯，一般不能采用金属型铸造；尺寸较大的毛坯，往往不能采用模锻、压铸和精铸。对某些外形较特殊的小零件，往往采用较精密的毛坯制造方法，如压铸、熔模铸造等，以最大限度地减少机械加工量。

③　生产类型。它在很大程度上决定采用毛坯制造方法的经济性。如生产批量较大，便可采用高精度和高生产率的毛坯制造方法，这样，虽然一次投资较高，但均分到每个毛坯上的成本就较少。单件、小批生产时则应选用木模手工造型或自由锻造。

④ 现有的生产条件。结合本厂的现有设备和技术水平考虑可能性和经济性。

⑤ 充分考虑利用新技术、新工艺、新材料。为节约材料和能源，采用少切屑、无切屑的毛坯制造方法，如精铸、精锻、冷轧、冷挤压等。可大大减少机械加工量甚至不需要加工，可大大提高经济效益。

（3）毛坯尺寸的确定

毛坯的形状和尺寸主要由零件组成表面的形状、结构、尺寸及加工余量等因素确定，并尽量与零件相接近，以减少机械加工的劳动量，力求达到少或无切削加工。但是，由于现有毛坯制造技术及成本的限制，以及产品零件的加工精度和表面质量要求越来越高，所以，毛坯的某些表面仍需留有一定的加工余量，以便通过机械加工达到零件的技术要求。

毛坯尺寸与零件图样上的尺寸之差称为毛坯余量。铸件公称尺寸所允许的最大尺寸和最小尺寸之差称为铸件尺寸公差。毛坯余量与毛坯的尺寸、部位及形状有关。如铸造毛坯的加工余量是由铸件最大尺寸、公称尺寸（两相对加工表面的最大距离或基准面到加工面的距离）、毛坯浇注时的位置（顶面、底面、侧面）、铸孔的尺寸等因素确定的。对于单件、小批生产，铸件上直径小于 30 mm 和铸钢件上直径小于 60 mm 的孔可以不铸出。而对于锻件，若用自由锻，则孔径小于 30 mm 或长径比大于 3 的孔可以不锻出。对于锻件应考虑锻造圆角和模锻斜度。带孔的模锻件不能直接锻出通孔，应保留冲孔连皮等。

毛坯的形状和尺寸的确定，除了将毛坯余量附在零件相应的加工表面上之外，有时还要考虑毛坯的制造、机械加工及热处理等工艺因素的影响。

毛坯尺寸的一般确定方法是在确定了毛坯种类和各种加工方法后，根据零件尺寸、各工序余量倒推计算确定各加工表面的结构尺寸。

2. 确定 C6125 尾座丝杠毛坯

由表 3-1-1 工作任务单可知，该零件材料为 45 钢，零件结构为细长台阶轴类简单结构，台阶尺寸相差较小；产品生产类型为批量生产；热处理要求为调质处理，以达到综合力学性能要求。

通过上述分析，该零件毛坯选用型材，热轧 45 钢棒料。毛坯外形尺寸按照经验法确定，如图 3-1-14 所示。

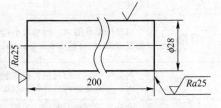

图 3-1-14　C6125 车床尾座
丝杠毛坯图

🔍 **任务练习**

1. 解释下列名词

（1）工序。

（2）工位。

（3）工步。

（4）走刀。

（5）生产类型。

（6）生产纲领。

（7）生产过程。

（8）工艺过程。

（9）零件的结构工艺性。

2. 简答题

（1）机械加工工艺文件的种类和作用？

（2）同一零件不同生产类型下的工艺路线有何不同？

（3）表 3-1-6 中工序 20 需要几次安装，每次安装加工哪些内容？

（4）表 3-1-7 中工序 30 包括几个工步，每个工步加工内容是什么？

（5）零件结构钢工艺性的主要体现在哪几个方面？

（6）机械零件常用毛坯种类有哪些？

（7）确定机械零件毛坯类别主要考虑的哪些因素？

（8）简述铸造毛坯的特点和主要应用场合。

（9）简要说明锻造毛坯的特点和主要应用场合。

（10）分析说明轴类零件常用毛坯类型和特点。

3. 分析题

分析图 3-1-15 所示各零件的结构工艺性，指出存在问题，提出改进意见。

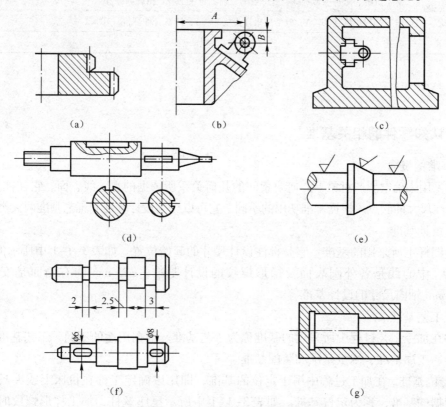

图 3-1-15　零件结构工艺性分析

任务 3.2 制订零件工艺路线

任务导航

知识要点	设计基准；工艺基准；基准选择原则；加工阶段的划分；工序集中与工序分散
任务目标	1. 了解基准的概念； 2. 掌握机械零件粗、精基准的选择原则； 3. 掌握确定零件表面加工方法的依据； 4. 掌握划分加工阶段的原因； 5. 掌握确定加工顺序的一般原则； 6. 了解工序集中与分散的特点
能力培养	1. 会区分设计基准与工艺基准； 2. 会根据零件的设计要求正确选择工序基准； 3. 会分析确定零件结构表面的加工方法； 4. 能根据零件的加工任务要求和生产条件确定工件表面的加工阶段、加工顺序； 5. 会编制一般轴类零件的加工工艺路线
教学组织	课堂讲解、课堂项目训练、课下查阅资料、自主学习、拓展训练
教学评价	学习过程评价（60%）；教学成果评价（30%）；团队合作评价（10%）
参考学时	4

任务学习

3.2.1 认知零件的相关基准

1. 基准的概念

基准是用来确定生产对象上几何要素间的几何关系所依据的点、线、面。它往往是计算、测量或标注尺寸的起点。根据基准功用的不同，它可以分为设计基准和工艺基准两大类。

（1）设计基准

设计图样上所采用的基准。它是标注设计尺寸的起始位置。如表 3-1-1 中所示的 C6125 尾座丝杠，中心线是各外圆表面及梯形螺纹的设计基准，$\phi25$ mm 的右侧面是安装轴颈 $\phi15^{+0.019}_{+0.001}$ mm 轴向尺寸的设计基准等。

（2）工艺基准

零件在加工工艺过程中所采用的基准称为工艺基准。根据用途的不同，工艺基准可分为定位基准、工序基准、测量基准和装配基准。

① 定位基准。在加工过程中用于定位的基准，即用以确定工件在机床上或夹具中正确位置所依据的基准，称为定位基准。如表 3-1-1 中所示尾座丝杠，加工梯形螺纹时，可用 $\phi15$ mm 外圆面及中心孔定位，定位基准为轴心线。工序尺寸方向不同，作为定位基准的表面也会不同。

② 工序基准。在工序图上用来确定本工序所加工表面加工后的尺寸、形状、位置的基

准，称为工序基准。如表 3-1-1 中所示的尾座丝杠，加工键槽时，键槽右端尺寸 2 的工序基准为 $\phi12$ mm 的右端面。加工尺寸 2 为工序尺寸。

③ 测量基准。它是测量时所采用的基准，即用以检验已加工表面的尺寸及各表面之间位置精度的基准。

④ 装配基准。它是装配时来确定零件或部件在产品中的相对位置所采用的基准。

注：作为基准的点、线、面，在零件上有时并不具体存在（例如轴心线、对称平面等），而是由具体存在的表面来体现的，该表面称为基准面。例如上述表 3-1-1 中所示轴的中心线并不具体存在，而是通过轴的外表面来体现的，所以外圆表面就是基准面。而在定位时通过具体存在表面起定位作用的这些表面就称为定位基面。

2. 定位基准的选择原则

定位基准可分为粗基准和精基准：用毛坯上未经加工的表面作为定位基准的称为粗基准；用经过切削加工的表面作为定位基准的称为精基准。

（1）粗基准的选择原则

机械加工工艺过程中，第一道工序总要使用粗基准，选择粗基准应考虑两个方面的问题：一是保证加工面与不加工面之间的相互位置精度要求，二是合理分配各加工面的加工余量。一般应遵循下列原则。

① 选择重要表面作为粗基准。

为了保证重要加工面的余量均匀，应选重要加工表面为粗基准。

如图 3-2-1 所示车床床身导轨表面是重要表面，车床床身粗加工时，为保证导轨面有均匀的金相组织和较高的耐磨性，应使其加工余量适当而且均匀，为此先以导轨面作为粗基准加工床脚，再以床脚面为精基准加工导轨面。

② 选择不加工表面作为粗基准。

若在设计上要求保证加工面与不加工面间的相互位置精度，选不加工面为粗基准。

如图 3-2-2 所示的工件，在毛坯铸造时毛孔 2 与外圆 1 之间有偏心。如果外圆 1 是不加工表面，设计上要求外圆 1 与加工后的孔 2 保证一定的同轴度，则在加工时应选不加工表面 1 作为粗基准，加工孔 2 与外圆 1 同轴，壁厚均匀。

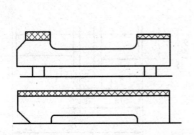

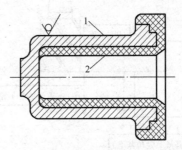

图 3-2-1 床身加工重要表面为粗基准　　图 3-2-2 不加工外圆面为粗基准

1—外圆；2—毛孔

如果工件上有好几个不加工表面，则应选其中与加工面位置要求较高的不加工面为粗基准，以便于保证精度要求，使外形对称等。

③ 选择余量最小表面为粗基准。

如果零件上每个表面都要加工，则应选加工余量最小的表面为粗基准，以避免该表面在加工时因余量不足而留下部分毛坯面，造成工件报废。如图 3-2-3 所示的阶梯轴，A、B、C 三个外圆表面均需加工，B 外圆表面的加工余量最小，故取其作为粗基准。

④ 选择平整光洁表面为粗基准。

作为粗基准的表面，应尽量平整光洁，有一定面积，不能有飞边、浇口、冒口或其他缺陷，以使工件定位可靠，夹紧方便。

⑤ 粗基准只使用一次。

粗基准只在第一工序中使用一次，应尽量避免重复使用。因为毛坯面粗糙且精度低，重复使用易产生较大的误差。

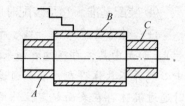

图 3-2-3　余量最小表面为粗基准

（2）精基准的选择原则

选择精基准时，主要应考虑保证加工精度和工件装夹方便可靠。一般应考虑以下原则。

① 基准重合原则。

应尽量选用零件上的设计基准作为定位基准，以避免定位基准与设计基准不重合而引起的定位误差，如图 3-2-4 所示。

② 基准统一原则。

尽可能采用同一个基准定位加工零件上尽可能多的表面，这就是基准统一原则。这样可以减少基准转换，便于保证各加工表面的相互位置精度。例如，加工轴类零件时，如图 3-2-5 所示，采用两中心孔定位加工各外圆表面，就符合基准统一原则。箱体零件采用一面两孔定位，齿轮的齿坯和齿形加工多采用齿轮的内孔及一端面为定位基准，均属于基准统一原则。采用这一原则可减少工装设计制造的费用，提高生产率，并可避免因基准转换所造成的误差。

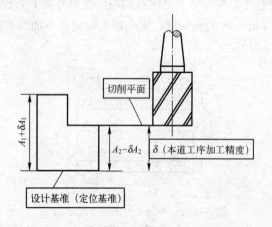

图 3-2-4　采用基准重合原则加工台阶面

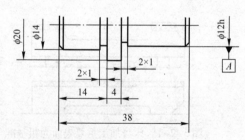

图 3-2-5　采用基准统一原则加工各外圆

③ 自为基准原则。

某些表面精加工要求加工余量小而均匀时，常选择加工表面本身作为定位基准，称为自为基准原则。如图 3-2-6 所示，磨削床身导轨面时，就以导轨面本身为基准，加工前用千分表找正导轨面，然后就可以从导轨面上去除一层小且均匀的加工余量。还有浮动镗刀镗孔、珩磨孔、无心磨外圆等，也都是自为基准的实例。

④ 互为基准原则。

当对工件上两个相互位置精度要求很高的表面进行加工时，需要用两个表面互相作为基准，反复进行加工，以保证位置精度要求。如图 3-2-7 所示，要保证精密齿轮的齿圈跳动精度，在齿面淬硬后，先以齿面定位磨内孔，再以内孔定位磨齿面，从而保证位置精度。

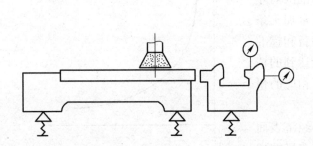

图 3-2-6　采用自为基准原则加工导轨面

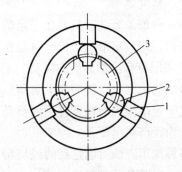

图 3-2-7　采用互为基准原则加工齿面和内孔
1—卡盘；2—滚柱；3—齿轮

⑤ 定位准确、夹紧可靠。

定位基准应有足够大的支承面积，表面粗糙度值较小，精度较高。

实际上，在进行粗、精基准的选择时，上述原则常常不可能同时满足，有时还会出现互相矛盾的情况。因此，在选择时应根据具体情况进行分析，权衡利弊，保证其主要的要求。

3. 确定 C6125 尾座丝杠零件工艺基准

（1）粗基准的确定

分析表 3-1-1 中所示 C6125 尾座丝杠工艺任务单及尾座丝杠零件图，零件结构简单，批量生产，遵循余量最小原则，粗基准选择棒料外圆柱面定位。

（2）精基准的确定

遵循基准统一及基准重合原则，各外圆表面、各端面、键槽等结构面采用中心孔和各已加工外圆为定位基准。

3.2.2　制订零件工艺路线

1. 确定表面加工方法

常用的机械加工方法种类较多，对某一机械零件达到其技术要求的加工方法有很多，在选择表面加工方法时，应在了解各种加工方法工艺特性的基础上，考虑零件生产率和经济性，考虑零件的结构形状、尺寸大小、材料和热处理要求及工厂的生产条件等选择合适的方法。下面简要说明表面加工方法选择时主要考虑的几个因素。

（1）经济加工精度与经济加工表面质量

任何一种加工方法可以获得的加工精度和表面粗糙度均有一个较大的范围。例如，精细的操作，选择低的切削用量，可以获得较高的精度，但又会降低生产率，提高成本；反之，如增大切削用量提高生产率，成本降低了，但精度也降低了。

由统计资料表明，各种加工方法的加工误差和加工成本之间的关系呈负指数函数曲线形状，如图3-2-8所示。图中横坐标是加工误差（其反方向就是加工精度），纵坐标是加工成本，由图可知，曲线 AB 段比较平滑，加工精度与加工成本之间函数变化比较缓慢，该区间就属经济精度范围。

对一种加工方法，只有在一定的精度范围内才是经济的，这一定范围的精度就是指在正常加工条件下（采用符合质量标准的设备、工艺装备和标准技术等级的工人、合理的加工时间）所能达到的精度，这一定范围内的精度称为经济精度，相应的粗糙度称为经济粗糙度。

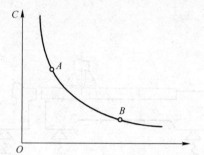

图3-2-8 加工成本与加工精度关系图

各种加工方法所能达到的经济精度和经济表面粗糙度，以及各种典型表面的加工方法，在机械加工的各种手册中均能查到，下列各表摘录了一些常用数据供选用时参考。

表3-2-1所示为外圆表面加工方法，表3-2-2所示为孔加工方法，表3-2-3所示为平面加工方法，表3-2-4所示为轴线平行的孔的位置精度（经济精度）。

表3-2-1 外圆表面常规加工方法

序号	加 工 方 法	经济精度（公差等级）	经济粗糙度 Ra（μm）	适用范围
1	粗车	IT11～IT13	12.5～50	适用于淬火钢以外的各种金属
2	粗车—半精车	IT8～IT10	3.2～6.3	
3	粗车—半精车—精车	IT7～IT8	0.8～1.6	
4	粗车—半精车—精车—滚压（抛光）	IT7～IT8	0.025～0.2	
5	粗车—半精车—磨削	IT7～IT8	0.4～0.8	主要用于淬火钢，也可用于未淬火钢，但不宜加工有色金属
6	粗车—半精车—粗磨—精磨	IT6～IT7	0.1～0.4	
7	粗车—半精车—粗磨—精磨—超精加工（或轮式超精磨）	IT5 以上	0.012～0.1	
8	粗车—半精车—精车—精细车（金刚车）	IT6～IT7	0.025～0.4	主要用于要求较高的有色金属加工
9	粗车—半精车—粗磨—精磨—超精磨（或镜面磨）	IT5 以上	0.006～0.025	用于极高精度的外圆加工
10	粗车—半精车—粗磨—精磨—研磨	IT5 以上	0.006～0.1	

（2）零件结构形状和尺寸大小

选择加工方法要考虑零件的形状和尺寸。比如孔加工，直径尺寸较小的孔一般用铰削，而直径较大的孔通常用镗削加工；箱体上的孔一般难于拉削而采用镗削或铰削方法加工；对于非圆的通孔，应优先考虑用拉削或批量较小时用插削加工；对于难磨削的小孔，则可采用研磨加工等。再如平面加工，回转体结构的平面一般采用车削、磨削加工，非回转体类零件的平面加工多采用铣削、磨削加工等。

（3）零件的材料及热处理要求

经淬火后的表面，一般应采用磨削加工；材料未淬硬的精密零件的配合表面，可采用刮研加工；对硬度低而韧性较大的金属，如铜、铝、镁铝合金等有色金属，为避免磨削时砂轮嵌塞，一般不采用磨削加工，而采用高速精车、精镗、精铣等加工方法。

（4）生产率和经济性

对于较大的平面，铣削加工生产率较高，而窄长的工件宜用刨削加工；对于大量生产的低精度孔系，宜采用多轴钻；对批量较大的曲面加工，可采用机械靠模加工、数控加工和特种加工等加工方法。

表 3-2-2　内孔表面常规加工方法

序号	加工方法	经济精度（公差等级）	经济粗糙度 Ra（μm）	适　用　范　围
1	钻	IT11～IT13	12.5	加工未淬火钢及铸铁的实心毛坯，也可加工有色金属。孔径小于 15～20 mm
2	钻—铰	IT8～IT10	1.6～6.3	
3	钻—粗铰—精铰	IT7～IT8	0.8～1.6	
4	钻—扩	IT10～IT11	6.3～12.5	加工未淬火钢及铸铁的实心毛坯，也可用于加工有色金属。孔径大于 15～20 mm
5	钻—扩—铰	IT8～IT9	1.6～3.2	
6	钻—扩—粗铰—精铰	IT7	0.8～1.6	
7	钻—扩—机铰—手铰	IT6～IT7	0.2～0.4	
8	钻—扩—拉	IT7～IT9	0.1～1.6	大批、大量生产（精度由拉刀的精度而定）
9	粗镗（或扩孔）	IT11～IT13	6.3～12.5	除淬火钢外各种材料，毛坯有铸出孔和锻出孔
10	粗镗（粗扩）—半精镗（精扩）	IT9～IT10	1.6～3.2	
11	粗镗（粗扩）—半精镗（精扩）—精镗（铰）	IT7～IT8	0.8～1.6	
12	粗镗（粗扩）—半精镗（精扩）—精镗—浮动镗刀精镗	IT6～IT7	0.4～0.8	
13	粗镗（扩）—半精镗—磨孔	IT7～IT8	0.2～0.8	主要用于淬火钢，也可用于未淬火钢，但不宜用于有色金属
14	粗镗（扩）—半精镗—粗磨—精磨	IT6～IT7	0.1～0.2	
15	粗镗—半精镗—精镗—精细镗（金刚镗）	IT6～IT7	0.05～0.4	主要用于精度要求高的有色金属加工
16	钻—扩—粗铰—精铰—珩磨；粗镗—半精镗—精镗—珩磨	IT6～IT7	0.025～0.2	
17	以研磨代替上述方法中的珩磨	IT5～IT6	0.006～0.1	精度要求很高的孔

表 3-2-3 平面常规加工方法

序号	加工方法	经济精度（公差等级）	经济粗糙度 Ra（μm）	适 用 范 围
1	粗车	IT11～IT13	12.5～50	端面
2	粗车—半精车	IT8～IT10	3.2～6.3	
3	粗车—半精车—精车	IT7～IT8	0.8～1.6	
4	粗车—半精车—磨削	IT6～IT8	0.2～0.8	
5	粗刨（或粗铣）	IT11～IT13	6.3～25	一般不淬平面（端铣表面粗糙度 Ra 值较小）
6	粗刨（或粗铣）—精刨（或精铣）	IT8～IT10	1.6～6.3	
7	粗刨（或粗铣）—精刨（或精铣）—刮研	IT6～IT7	0.1～0.8	精度要求较高的不淬硬平面，批量较大时宜采用宽刃精刨方案
8	以宽刃精刨代替 7 中的刮研	IT7	0.2～0.8	未淬硬的窄长面
9	粗刨（或粗铣）—精刨（或精铣）—磨削	IT7	0.2～0.8	精度要求高的淬硬平面或不淬硬平面
10	粗刨（或粗铣）—精刨（或精铣）—粗磨—精磨	IT6～IT7	0.025～0.4	
11	粗铣—拉	IT7～IT9	0.2～0.8	大量生产，较小的平面（精度视拉刀精度而定）
12	粗铣—精铣—磨削—研磨	IT5 以上	0.006～0.1	高精度平面

表 3-2-4 平行孔系保证位置精度加工方法

加 工 方 法	工具的定位	两孔轴线间的距离误差或从孔轴线到平面的距离误差/mm
立式或摇臂钻钻孔	用钻模	0.1～0.2
	按划线	1.0～3.0
立式或摇臂钻镗孔	用镗模	0.05～0.03
车床镗孔	按划线	1.0～2.0
	用带有滑磨的角尺	0.1～0.3
坐标镗床镗孔	用光学仪器	0.004～0.015
金刚镗床镗孔	—	0.08～0.02
多轴组合机床镗孔	用镗模	0.03～0.05
卧式铣镗床镗孔	用镗模	0.05～0.08
	按定位样板	0.08～0.2
	按定时器的指示读数	0.04～0.06
	用量块	0.05～0.1
	用内径规或用塞尺	0.05～0.25
	用程序控制的坐标装置	0.04～0.05
	用游标尺	0.2～0.4
	按划线	0.4～0.6

2. 划分加工阶段

（1）各种加工阶段

零件的技术要求较高时，零件在进行加工时都应划分加工阶段，按工序性质不同，可划分如下几个阶段。

① 粗加工阶段。

此阶段的主要任务是提高生产率，切除零件被加工面上的大部分余量，使毛坯形状和尺寸接近于成品，所能达到的加工精度和表面质量都比较低。此阶段可采用大功率机床，并采用较大的切削用量，提高加工效率，降低零件的生产成本。

② 半精加工阶段。

此阶段要减小主要表面粗加工中留下的误差，使加工面达到一定的精度并留有一定的加工余量，并完成次要表面（钻、攻螺纹、铣键槽等）的加工，为精加工做好准备。

③ 精加工阶段。

切除少量加工余量，保证各主要表面达到图纸要求，所得精度和表面质量都比较高。所以此阶段主要目的是全面保证加工质量。

④ 光整加工阶段。

此阶段主要针对要进一步提高尺寸精度、降低粗糙度（IT6 级以上，表面粗糙度值为 $0.2\,\mu m$ 以下）的表面。一般不用于提高形状、位置精度。

（2）划分加工阶段的原因

① 有利于保证加工质量。

在粗加工阶段中加工余量大，切削力和切削热都比较大，所需的夹紧力也大，因而工件要产生较大的弹性变形和热变形。此外，在加工表面切除一层金属后，残存在工件中的内应力要重新分布，也会使工件变形。如果工艺过程不划分阶段，把各个表面的粗、精加工工序混在一起交错进行，那么安排在前面的精加工工序的加工效果，必然会被后续的粗加工工序所破坏。加工过程划分阶段以后，粗加工工序造成的加工误差，可通过半精加工和精加工予以修正，使加工质量得到保证。

② 有利于及早发现毛坯缺陷并进行及时处理。

粗加工各表面后，由于切除了各加工表面大部分余量，可及早发现零件毛坯的缺陷（如气孔、砂眼、裂纹和余量不够等），以便及时处理。

③ 便于合理使用加工设备。

粗加工应采用刚性好、效率高而精度低的机床，精加工应采用精度高的机床，这样可充分发挥机床的性能，延长使用寿命。

④ 便于安排热处理工序和检验工序。

粗加工阶段之后一般安排去应力的热处理，精加工前安排最终热处理，其变形可以通过精加工予以消除。

将工艺过程划分成几个阶段是对整个加工过程而言的，不能拘泥于某一表面的加工或某一工序的性质来判断。划分加工阶段也并不是绝对的。对于刚性好、加工精度要求不高或余量不大的工件，可在一次安装下完成全部粗加工和精加工，为减小夹紧变形对加工精度的影响，可在粗加工后松开夹紧机构，然后用较小的夹紧力重新夹紧工件，继续进行精加工，这对提高加工精度有利。

3. 合理安排加工顺序

复杂工件的机械加工工艺路线中要经过切削加工、热处理和辅助工序，如何将这些工序进行合理排序，对零件加工质量和成本都有很大影响。

（1）切削加工工序安排原则

① 先粗后精。一个零件的切削加工过程总是先进行粗加工再进行半精加工，最后是精加工和光整加工。这有利于加工误差和表面缺陷层的逐步消除，从而逐步提高零件的加工精度与表面质量。

② 先主后次。零件的主要加工表面（一般是指设计基准面、主要工作面、装配基面等）应先加工，而次要表面（键槽、螺孔等）可在主要表面达到一定精度之后、最终精度加工之前进行加工。

③ 先面后孔。对于箱体、支架、连杆、拨叉等一般机器零件，平面所占轮廓尺寸较大，用平面定位比较稳定可靠，因此其工艺过程总是选择平面作为定位精基准，先加工平面，再加工孔。此外，在加工过的平面上钻孔比在毛坯面上钻孔不易产生孔轴线的偏斜且较易保证孔距尺寸。

④ 先基准后其他。作为精基准的表面要首先加工出来。例如，轴类零件加工中采用中心孔作为统一基准，因此每个加工阶段开始，总是先钻中心孔，并修研中心孔。

（2）热处理工序的安排

热处理的目的在于改善材料的切削性能、消除内应力和提高零件的物理力学性能，根据其在工艺路线中安排的顺序可以划分为预备热处理、中间热处理和最终热处理。

① 预备热处理。预备热处理的目的是改善切削性能和金属材料的组织。一般安排在粗加工之前，如退火和正火处理。对含碳量较高（大于 0.5%）的碳钢通常用退火的方法降低其硬度，对含碳量较低的低碳钢用正火的方法提高其硬度，以改善材料的切削加工性。对铸造、热锻、焊接毛坯，常用退火或时效处理的方式消除材料内应力，减小工件过程变形。

② 中间热处理。中间热处理的目的是消除粗加工产生的内应力，改善材料性能。一般安排在粗加工之后，半精加工之前。如对于精密零件可进行多次时效处理、调质处理以消除内应力，改善加工性能并能获得较好的综合力学性能。

③ 最终热处理。最终热处理的目的是提高力学性能，如调质、淬火、渗碳淬火、液体碳氮共渗和渗氮等，都属最终热处理，应安排在精加工前后。变形较大的热处理，如渗碳淬火应安排在精加工后磨削前进行，以便在精加工磨削时纠正热处理的变形，调质也应安排在精加工前进行。变形较小的热处理如渗氮等，应安排在精加工后进行。

注： 对于高精度的零件，如精密丝杠等，应安排多次时效处理，以消除残余应力，减小变形。

（3）辅助工序的安排

辅助工序也是工艺规程的重要组成部分，是保证产品质量的必要措施。主要包括检验、去毛刺、清洗、防锈、去磁、喷漆等，辅助工序一般穿插在主要加工工序中。

检验工序是主要的辅助工序，它对保证质量，防止产生废品起到重要作用。除了工序中自检外，还需要在下列情况下单独安排检验工序。

① 重要工序前后；

② 送往外车间加工前后；

③ 全部加工工序完成后。

还有一些特殊的检验，有的安排在精加工阶段（如探伤检验），有的安排在工艺过程最后（如密封性检验、性能测试等），所以要视需要而进行安排。

4. 确定工序集中和工序分散的程度

各表面加工方法确定以后，还要按照生产类型和工厂（或车间）具体条件确定工艺过程的工序数量。工序数量的确定有两种截然不同的原则，一是工序集中原则，就是使每个工序所加工的内容尽量多些，使许多工作组成一个复杂的工序，使工序最大限度地集中；另一种是工序分散原则，就是使每个工序所加工的内容尽量少些，工序最大限度地分散。

（1）工序集中的特点

① 有利于采用高效专用机床和工艺装备，生产效率高。

② 安装次数少，这不但缩短了辅助时间，而且在一次安装下所加工的各个表面之间还容易保持较高的位置精度。

③ 工序数目少，设备数量少，可相应减少操作工人人数和减小生产面积。

④ 由于采用比较复杂的专用设备和专用工艺装备，生产准备工作量大，调整费时，对产品更新的适应性差。

（2）工序分散的特点

① 机床、刀具、夹具等结构简单，调整方便。

② 生产准备工作量小，改变生产对象容易，生产适应性好。

③ 可以选用最合理的切削用量。

④ 工序数目多，设备数量多，相应地增加了操作工人人数并增大了生产面积。

工序集中和工序分散各有特点，必须根据生产类型、零件的结构特点和技术要求设备等具体生产条件确定。

一般情况下，在大批、大量生产中，宜用多刀、多轴等高效机床和专用机床，按工序集中原则组织工艺过程，也可按工序分散原则组织工艺过程。后者特别适合加工尺寸较小，形状比较简单的零件，例如轴承制造厂加工轴承外圈、内圈等。在成批生产中，既可按工序分散原则组织工艺过程，也可采用多刀半自动车床和六角车床等高效通用机床按工序集中原则组织工艺过程。在单件、小批生产中，多用工序集中原则组织工艺过程。

5. 制订 C6125 尾座丝杠的工艺路线

（1）确定各表面加工方法

轴类零件主要结构表面有外圆面、端面、外螺纹、键槽等，由图 3-2-1 可知，C6125尾座丝杠结构面为外圆柱面、梯形螺纹面、普通螺纹面、轴端面、键槽、中心孔等。该零件结构尺寸较小，通用设备的工艺特性可满足其要求。各表面加工方法见表 3-2-5。

表 3-2-5　C6125 车床尾座丝杠各表面加工方法

主要结构表面	尺寸精度	表面质量 $Ra\mu m$	加工方法	机床设备
M8 螺纹	未注精度	6.3	车削	普通车床
ϕ12 mm 外圆面	IT6	3.2	车削、磨削	普通车床、外圆磨床
ϕ15 mm 外圆面	IT6	1.6	车削、磨削	普通车床、外圆磨床
ϕ25 mm 外圆面	未注精度	6.3	车削	普通车床
Tr14×3L 螺纹	IT7	3.2	车削	普通车床
键槽	IT8	6.3	铣削	普通铣床
中心孔	未注精度	1.6	钻、研	专用机床

（2）确定各表面加工阶段及加工顺序

C6125 尾座丝杠选择毛坯为 45 钢棒料，由于各结构面外径尺寸不一、精度要求不一致，所采用加工方法、总加工余量差别较大，为保证加工质量、提高加工效率，结合各表面特性，应区分加工阶段，合理安排加工顺序完成零件各表面加工，详见表 3-2-6。

表 3-2-6　C6125 车床尾座丝杠各表面加工阶段及加工顺序

主要结构表面	划分加工阶段	确定加工顺序
M8 螺纹	粗车—半精车—车螺纹	
ϕ12 mm 外圆面	粗车—半精车—磨削	
ϕ15 mm 外圆面	粗车—半精车—磨削	齐端面、打中心孔→粗车左端各外圆面、端面→粗车右端各外圆面、端面→调质处理→半精车各外圆面→铣键槽→车螺纹→磨削
ϕ25 mm 外圆面	粗车—半精车	
Tr14×3L 螺纹面	粗车—半精车—车螺纹	（遵循基准先行、先粗后精的原则）
键槽	铣削	
中心孔	钻—研	

（3）拟定工艺路线

综合各主要表面的加工方法及加工阶段的划分确定 C6125 尾座丝杠工艺路线，见表 3-2-7。

表 3-2-7　C6125 车床尾座丝杠工艺路线

工序号	工序名称	工序内容	机床	定位装夹
10	备料	按毛坯图、切割下料	锯床	端面、外圆面，气动夹紧
20	粗车外圆及端面	粗车 M8 螺纹外圆面、ϕ12 mm 外圆面、ϕ15 mm 外圆面、ϕ25 mm 外圆面及各端面；打中心孔	C616	外圆面、端面定位，三爪自定心卡盘装夹
30	粗车外圆及端面	粗车 Tr14×3L 螺纹外圆面，各端面，打中心孔	C616	外圆面、端面定位，三爪自定心卡盘装夹
40	热处理	调质处理		
50	钳工	研磨中心孔		
60	半精车外圆及端面	半精车 M8 螺纹外圆面、ϕ12 mm 外圆面、ϕ15 mm 外圆面、ϕ25 mm 外圆面及各端面，车 M8 螺纹	C616	外圆面、中心孔定位，三爪自定心卡盘、顶尖装夹

续表

工序号	工序名称	工序内容	机　床	定位装夹
70	半精车外圆及端面	半精车 Tr14×3L 螺纹外圆面，各端面	C616	外圆面、中心孔定位，三爪自定心卡盘、顶尖装夹
80	铣	铣键槽	X62	外圆面、中心孔，气动卡盘、顶尖
90	车螺纹	车 Tr14×3L 螺纹面	CA6140	外圆面、中心孔，三爪自定心卡盘、顶尖装夹
100	磨	磨 $\phi12$ mm 外圆面、$\phi15$ mm 外圆面各端面	M1432	中心孔，双顶尖装夹
110	检	检验，入库		

6. 轴类零件的工艺设计要点

（1）轴类零件的作用及结构

轴类零件是机器设备中主要的结构零件，其主要功能是支承传动件、传动扭矩，常见结构多为台阶轴，如图 3-2-9 所示。

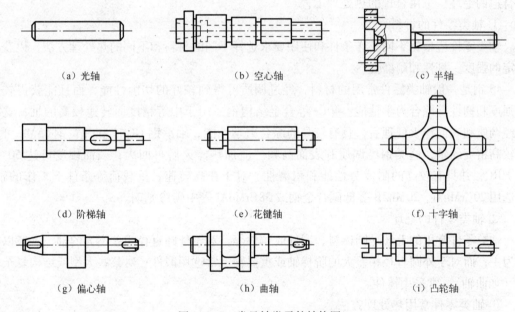

（a）光轴　　　　　　　（b）空心轴　　　　　　　（c）半轴

（d）阶梯轴　　　　　　（e）花键轴　　　　　　　（f）十字轴

（g）偏心轴　　　　　　（h）曲轴　　　　　　　　（i）凸轮轴

图 3-2-9　常见轴类零件结构图

轴类零件的主要结构表面为内外圆柱面、内外圆锥面、轴肩、螺纹、花键、沟槽、键槽等。结构特征表现为长度上大于直径 d 的回转体，长径比 $L/d \leqslant 12$，通常称为刚性轴，而 $L/d \geqslant 12$ 则称为挠性轴。

（2）轴类零件的主要技术要求

轴通常由支承轴颈支承在机器的机架或箱体上，实现运动传递和动力传递的功能。支承轴颈表面的精度及其与轴上传动件配合表面的位置精度对轴的工作状态和精度有直接的影响。因此，轴类零件的技术要求通常包含以下几个方面。

① 尺寸精度：主要指直径和长度的精度。直径精度由使用要求和配合性质确定；对主

要支承轴颈，可为 IT6 ～ IT9 级；特别重要的轴颈可为 IT5 级。长度精度要求一般不严格，常按未注公差尺寸加工，要求高时，可允许偏差为 50 ～ 200 μm。

② 形状精度：主要是指支承轴颈的圆度、圆柱度，一般应将其控制在尺寸公差范围内，对精度要求高的轴，应在图样上标注其形状公差。

③ 位置精度：主要指装配传动件的配合轴颈相对装配轴承的支承轴颈的同轴度、圆跳动及端面对轴心线的垂直度等。普通精度的轴，配合轴颈对支承轴颈的径向圆跳动一般为 10 ～ 30 μm，高精度的为 5 ～ 10 μm。

④ 表面粗糙度：根据轴运转速度和尺寸精度等级决定。配合轴颈的表面粗糙度 Ra 值为 0.8 ～ 3.2 μm，支承轴颈的表面粗糙度 Ra 值为 0.2 ～ 0.8 μm。

⑤ 其他要求：为改善轴类零件的切削加工性能或提高综合力学性能及其使用寿命，必须根据轴的材料和使用要求，规定相应的热处理要求。

（3）轴类零件的毛坯及热处理

为保证轴类零件能够可靠地传递动力，除正确地设计结构外，还应正确地选择材料、选择合适的毛坯、采用合理的热处理工艺。

① 轴类零件的材料。

轴类零件应根据不同工作条件和使用要求选择不同的材料和不同的热处理方法，以获得一定的强度、韧性和耐磨性。

45 钢是一般轴类零件常用的材料，经过调质可得到较好的切削性能，而且能获得较高的强度和韧性等综合力学性能。40Cr 等合金结构钢适用于中等精度而转速较高的轴，这类钢经调质和表面淬火处理后，具有较高的综合力学性能。轴承钢 GCrl5 和弹簧钢 65Mn 可制造较高精度的轴，这类钢经调质和表面高频感应加热淬火后再回火，表面硬度可达 50 ～ 58 HRC，并具有较高的耐疲劳性能和耐磨性。对于在高转速、重载荷等条件下工作的轴，可选用 20CrMnTi、20Mn2B 等低碳合金钢或 38CrMoAl 等中碳渗氮钢。

② 轴类零件的毛坯。

轴类零件常用的毛坯是圆棒料、锻件或铸件等，对于外圆直径相差不大的轴，一般以棒料为主；而对于外圆直径相差大的阶梯轴或重要轴，常选用锻件；对某些大型或结构复杂的轴（如曲轴），常采用铸件。

③ 轴类零件常用热处理方法。

轴类零件在机加工前后和过程中一般均需安排一定的热处理工序。在机加工前，对毛坯进行热处理的目的主要是改善材料的切削加工性，消除毛坯制造过程中产生的内应力。如对锻造毛坯通过退火或正火处理可以使钢的晶粒细化，降低硬度，便于切削加工，同时也消除了锻造应力。对于圆棒料毛坯，通过调质处理或正火处理可以有效地改善切削加工性。在机加工过程中的热处理，主要是为了在各个加工阶段完成后，消除内应力，以利于后续加工工序保证加工精度。在终加工工序前的热处理，目的是为了达到要求的表面力学物理性能，同时也消除应力。

（4）轴类零件工艺设计要点

① 轴类零件主要表面的加工方法。轴类零件主要表面是外圆表面，其主要加工方法是

车削和磨削。

车削加工特点：根据毛坯的类型、制造精度以及轴的最终精度要求的不同，外圆表面车削加工一般可分为粗车、半精车、精车和精细车等不同的加工阶段。

在车削外圆时，为提高加工生产率可采取如下措施：

a. 选用先进的刀具材料和合理的刀具结构，缩短磨刀、换刀等辅助时间。

b. 增大切削用量，提高金属切削率，缩短机动时间。

c. 选用半自动或自动化车床，如液压多刀半自动或仿形车床，使机动时间与辅助时间尽量缩短。

d. 对结构形状复杂，加工精度较高，切削条件多变，品种多变，批量不大的轴类零件，适宜采用数控车削。对带有键槽、径向孔，端面有分布孔系的轴类零件，还可在车削加工中心上进行加工，其加工效率高于普通数控车床，加工精度也更稳定可靠。

磨削加工特点：

磨削是轴类零件外圆精加工的主要方法。它既可以加工淬火零件，也可以加工非淬火零件。磨削加工可以达到的经济精度为 IT6 级，表面粗糙度 Ra 值可以达到 $0.01 \sim 1.25 \ \mu m$。根据不同的精度和表面质量要求，磨削可分为粗磨、精磨、超精磨和镜面磨削等。

轴类零件的外圆表面和台阶端面一般在外圆磨床上进行磨削加工，对无台阶、无键槽的工件可在无心磨床上进行磨削加工。

精密加工：

某些精度和表面质量要求很高的关键性零件，常常需要在精加工之后再进行精密加工。有些精密加工方法只能改善加工表面质量，有些精密加工方法既能改善表面质量又能提高加工精度。

② 轴类零件的定位基准。

由轴类零件本身的结构特征决定了最常用的定位基准是两顶尖孔，因为轴类零件各外圆表面、螺纹表面的同轴度及端面对轴线的垂直度等这些精度要求，它们的设计基准一般都是轴的中心线，用顶尖孔作为定位基准，重复安装精度高，能够最大限度地在一次安装中加工出多个外圆和端面，这符合基准统一原则。

轴类零件粗加工时为了提高零件刚度，一般用外圆表面与顶尖孔共同作为定位基准；轴较短时，可直接用外圆表面定位。

当轴类零件已形成通孔，无法直接用顶尖孔定位时，工艺上常采用下列两种方法定位。

a. 当定位精度要求较高，轴孔锥度较小时，可采用锥堵定位，如图 3-2-10 所示。轴孔锥度较大或为圆柱孔时，可采用锥堵心轴定位，如图 3-2-11 所示。

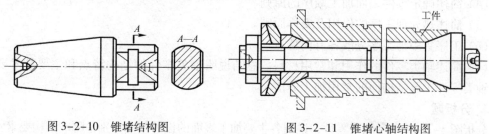

图 3-2-10 锥堵结构图   图 3-2-11 锥堵心轴结构图

b. 当定位精度要求不高时，可采用在零件通孔端口车出 60 内锥面的方法定位，修研内锥面后，定位精度会有很大提高，而且它刚度也好。

③ 轴类零件装夹方法。

为保证轴类零件的加工精度，其装夹尽可能遵守基准重合和基准统一原则。装夹方法有以下几种。

a. 单用卡盘装夹外圆表面（一夹）：用外圆表面定位时可用三爪自定心卡盘或四爪单动卡盘夹住外圆表面。

b. 卡盘和顶尖配合使用装夹零件（一夹一顶）：粗加工时，切削力较大，常采用三爪自定心卡盘夹一头，后顶尖顶另一头的装夹方法。

c. 卡盘和中心架配合使用装夹零件（一夹一托）：加工轴上的轴向孔或车端面、钻中心孔时，为提高刚性，可用三爪自定心卡盘夹住一头，中心架托住另一头的装夹方法。当外圆为粗基准时，必须先用反顶尖顶住工件左端，在毛坯两端分别车出支承中心架的一小段外圆，方可使用此装夹方法。

d. 两头顶尖装夹零件（双顶）：用前后顶尖与中心孔配合定位，通过拨盘和鸡心夹带动工件旋转。此法定位精度高，但支承刚度较低，传动的力矩较小，一般多用于外圆表面的半精加工和精加工。当零件的刚度较低时，可在双顶尖之间加装中心架或跟刀架作为辅助支承以提高支承刚度。

e. 当生产批量大，零件形状不规则时，可设计专用夹具装夹。

任务练习

1. 名词解释

（1）基准。

（2）设计基准。

（3）定位基准。

（4）工序基准。

（5）测量基准。

（6）经济加工精度。

2. 简答题

（1）举例说明粗基准选择的原则。

（2）举例说明精基准选择的原则。

（3）简述划分加工阶段的原因。

（4）简述确定零件表面加工顺序的原则。

（5）简述热处理工序的作用及安排原则。

（6）工序集中与工序分散各有何特点？

（7）简述轴类零件的作用和常用材料。总结说明轴类零件的结构特点和主要技术要求。说明轴类零件主要结构面的常用加工方法。

3. 分析题

分析图 3-2-12 所示端盖零件，说明各主要加工表面的设计基准分别是哪些结构要素？

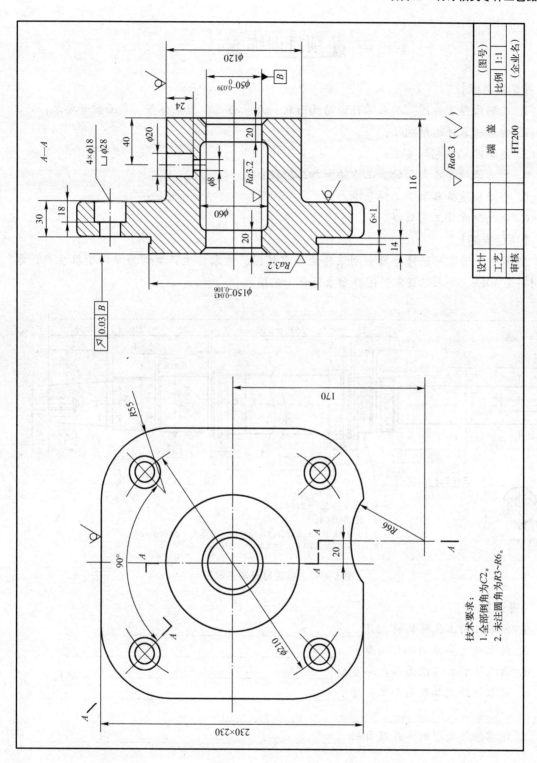

图3-2-12 基准选择练习题图

项目训练

【训练目标】

1. 能够看懂零件图，明白零件的结构形状、尺寸公差、形位公差、表面质量要求；
2. 会分析零件的结构性；
3. 能确定零件毛坯类型；
4. 能选择确定各表面的加工方法和加工阶段；
5. 会正确选择各加工工序基准；
6. 会编制零件工艺路线。

【项目描述】

图 3-0-1 为某砂轮修整器金刚滚轮主轴零件图，该零件生产类型为单件小批生产，零件材料为 40Cr，要求根据零件图样要求制订工艺路线。

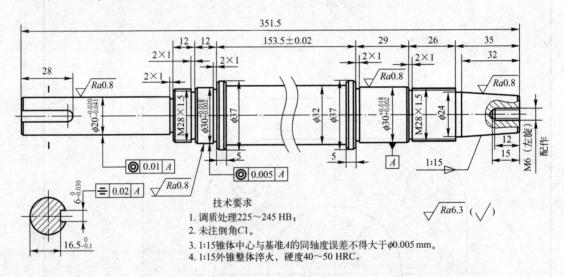

技术要求

1. 调质处理 225～245 HB；
2. 未注倒角 C1。
3. 1:15 锥体中心与基准 A 的同轴度误差不得大于 φ0.005 mm。
4. 1:15 外锥整体淬火，硬度 40～50 HRC。

图 3-0-1　砂轮修整器主轴

【资讯】

1. 该零件的工体结构特点是＿＿＿＿＿＿＿＿＿＿＿＿＿＿＿＿＿＿＿＿＿＿＿＿。
2. 该零件主要结构钢表面有：＿＿＿＿＿＿＿＿＿＿＿＿＿＿＿＿＿＿＿＿＿＿。
3. 该零件加工可以选择毛坯类型＿＿＿＿＿＿＿＿＿＿＿＿＿＿＿＿＿＿＿＿。
4. 该零件的主要表面加工方法＿＿＿＿＿＿＿＿＿＿＿＿＿＿＿＿＿＿＿＿＿

＿＿＿＿＿＿＿＿＿＿＿＿＿＿＿＿＿＿＿＿＿＿＿＿＿＿＿＿。

5. 该零件热处理的方式及目的＿＿＿＿＿＿＿＿＿＿＿＿＿＿＿＿＿＿＿＿＿

＿＿＿＿＿＿＿＿＿＿＿＿＿＿＿＿＿＿＿＿＿＿＿＿＿＿＿＿。

【决策】

1. 将学员分为若干小组，参考工艺手册，制订铣削加工工序卡片。

2. 各小组选出一位负责人，负责人对小组任务进行分配，组员按照负责人要求完成相关任务内容，并将自己所在小组及个人任务填入下表中。

序号	小组任务	个人职责（任务）	负责人

【实施】

完成零件加工工序卡片。

工序号	工序名称	工序内容	机床	定位装夹

项目导读

工艺文件是生产管理、生产操作的指导性文件。是在初步拟定工艺路线后，将零件加工的工序内容进一步确定后编制的规范性文件。编制工艺文件以制订的工艺路线为主线，根据零件工序要求结合零件生产纲领和现有生产条件，在保证工序质量的前提下综合考虑生产成本和加工效率确定工序详细内容。

本项目选择车床尾座螺母为载体，在项目三已经明确车床尾座的结构和用途的前提下，首先编制尾座螺母零件的工艺路线，以确定工艺路线各工序内容为主线，穿插渗透讲解零件工序尺寸确定方法，工序加工切削用量的确定方法，工时定额的确定方法等。本项目将设计完成 CA6140 车床尾座螺母机械加工工艺文件。

任务4.1 拟定工艺路线确定工序余量

任务导航

知识要点	制订工艺路线的原则；加工余量；工序余量；工序余量确定方法
任务目标	1. 了解套类零件的结构特点； 2. 掌握套类零件工艺路线确定的一般方法； 3. 掌握加工余量的概念和加工余量的确定方法
能力培养	1. 会分析套类零件的结构表面特征； 2. 会根据套类零件结构选用加工方法； 3. 会编制简单结构套类零件工艺路线； 4. 会分析零件加工余量的影响因素； 5. 会根据查表选择零件工序加工余量，确定零件加工工序精度
教学组织	课堂讲解、课堂项目训练、课下查阅资料、自主学习、拓展训练
教学评价	学习过程评价（60%）；教学成果评价（30%）；团队合作评价（10%）
参考学时	2

任务学习

4.1.1 明确项目要求

1. 工作任务单

由于 C6125 车床尾座螺母零件结构简单，为了丰富教学内容，本项目选择 CA6140 车床尾座螺母为载体进行项目化教学，其工作任务单见表4-1-1。

表 4-1-1 车床尾座螺母工艺文件工作任务单

产品名称	车床尾座螺母	零件作用	安装支承丝杠，与丝杠配合作用推动尾座套筒移动
零件材料	ZQSn6-6-3	生产类型	批量生产
热处理		工艺任务	根据零件图、装配图编制工艺文件
零件图纸	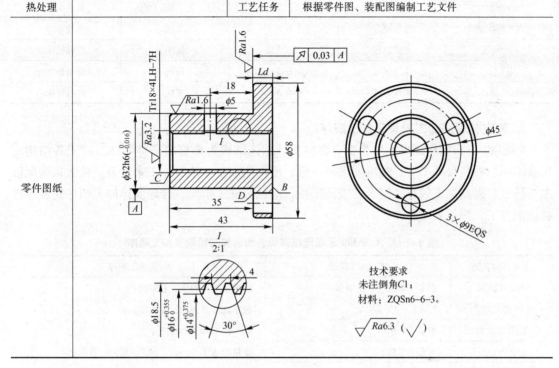		

2. 零件分析

该车床尾座螺母为带法兰盘套类零件，螺纹精度要求较高，主要作用为支承丝杠，高精度螺纹与丝杠螺纹配合起传动作用，外圆 $\phi32h6$ 与尾座套筒配合，起定位支承作用，$\phi58$ 法兰起轴向定位作用。主要技术要求为 35 右端面对基准 A 的跳动要求为 0.03，表面质量为 $Ra1.6\ \mu m$，$\phi32h6$ 外圆面表面粗糙度要求为 $Ra1.6\ \mu m$，零件材料为有色金属锡青铜，生产类型为批量生产。

4.1.2 拟定零件工艺路线

1. 确定毛坯种类

由于零件材料为 ZQSn6-6-3，有色金属，生产类型为批量生产，为节约材料，提高加工效率，选用金属型铸造毛坯，毛坯尺寸需确定各工序加工余量后计算确定。

2. 确定各表面加工方法

套类零件的主要结构面有内外圆柱面、端面等，总体结构为回转类零件，由表 4-1-1中的图可见，CA6140 车床尾座螺母主要结构面为：内圆柱面、外圆柱面、端面、安装孔、润滑油孔等，根据机械加工常用方法，结合该零件结构特点、尺寸大小、精度要求等条件，确定表面加工方法见表 4-1-2。

表 4-1-2　CA6140 车床尾座丝杠螺母各表面加工方法

主要结构表面	尺寸精度	表面质量 $Ra\mu m$	加工方法	机床设备
ϕ32 外圆面	IT6	1.6	车削	普通车床
Tr18 螺纹面	IT7	3.2	钻、扩、铰、车削	普通车床
ϕ58 外圆面	未注精度	6.3	车削	普通车床
3×ϕ9 孔	未注精度	6.3	钻削	普通钻床
ϕ5 孔	未注精度	6.3	钻削	普通钻床
各端面、台阶面	未注精度	6.3	车削	普通铣床

3. 确定各表面加工阶段及加工顺序

CA6140 车床尾座螺母毛坯为铜合金材料，总体结构为典型的套类零件，由于各结构面形状不一、外径尺寸不一、精度要求不一致，所采用加工方法、加工余量差别较大，为保证加工质量、提高加工效率，结合各表面特性，应区分加工阶段，合理安排加工顺序完成零件各表面加工，详见表 4-1-3。

表 4-1-3　CA6140 车床尾座螺母各表面加工阶段及加工顺序

主要结构表面	划分加工阶段	确定加工顺序
ϕ32 外圆面	粗车—半精车—精细车	粗车 ϕ58 外圆面，右端面；
Tr18 螺纹底孔	钻—扩—铰	粗车 ϕ32 外圆面，左右端面；
Tr18 螺纹面	半精车—精车	钻、扩 Tr18 螺纹底孔；
ϕ58 外圆面	粗车—半精车	半精车 ϕ32 外圆面、ϕ58 外圆面、各端面；
各端面	粗车—半精车（—精车）	钻 3×ϕ9 孔、ϕ5 孔，铰 r18 螺纹底孔；
3×ϕ9 孔	钻削	精车 ϕ32 外圆面、35 左端面；
ϕ5 孔	钻削	半精车、精车螺纹

4. 拟订工艺路线及各工序装夹方式

CA6140 车床尾座螺母加工工艺路线见表 4-1-4。

表 4-1-4　CA6140 车床尾座螺母工艺路线

工序号	工序名称	工 序 内 容	定位装夹方式
10	备料	金属型铸造，按毛坯图铸造	
20	粗车	粗车 ϕ58 外圆面、右端面	ϕ32 外圆及 C 面定位，气动自定心卡盘
30	粗车	粗车 ϕ32 外圆面，左、右端面	ϕ58 外圆及 B 面定位，气动自定心卡盘
40	钻、扩	钻、扩 Tr18 螺纹底孔	ϕ32 外圆及 D 面定位，气动自定心夹具
50	半精车	半精车 ϕ58 外圆面、右端面	ϕ32 外圆面及 C 面定位，气动自定心夹具
60	半精车	半精车 ϕ32 外圆面，左、右端面	ϕ58 外圆及 B 面定位，气动自定心卡盘
70	铰	铰 Tr18 螺纹底孔	ϕ32 外圆及 D 面定位，气动自定心卡盘
80	精车	精车 ϕ32 外圆面、ϕ32 右端面	内孔及 B 面定位，心轴顶尖装夹

工序号	工序名称	工 序 内 容	定位装夹方式
90	钳	划线，钻 $\phi 5$ 孔、$3 \times \phi 9$ 孔，去毛刺	三爪自定心卡盘
100	车	半精车、精车 Tr18 螺纹	$\phi 32$ 外圆面及 D 面定位，气动自定心卡盘
110	检	检验，入库	

4.1.3　认知工序加工余量及其影响因素

1. 加工余量的概念

加工余量是指在加工过程中，从被加工表面上切除的金属层厚度。

加工余量分工序余量和加工总余量（毛坯余量）两种，相邻两工序的工序尺寸之差称为工序余量；毛坯尺寸与零件图的设计尺寸之差称为加工总余量（毛坯余量），其值等于各工序的工序余量总和。两者的关系如下

$$Z_{总} = Z_1 + Z_2 + \cdots + Z_n = \sum_{i=1}^{n} Z_i$$

式中：$Z_{总}$——加工总余量；

　　Z_i——第 i 道工序的工序余量；

　　n——该表面总共加工的工序数目。

由于加工表面的形状不同，加工余量又可分为单边余量和双边余量两种。如平面加工，加工余量为单边余量，即实际切除的金属层厚度，如图 4-1-1 所示，可以表示为

$$Z_i = l_{i-1} - l_i$$

式中：Z_i——本道工序的工序余量；

　　l_i——本道工序的工序尺寸；

　　l_{i-1}——上道工序的工序尺寸。

对于轴和孔的回转面加工，加工余量为双边余量，实际切除的金属层厚度为加工余量的一半，如图 4-1-2 所示。

外圆表面［图 4-1-2（a）］：　　$2Z_i = d_{i-1} - d_i$

内圆表面［图 4-1-2（b）］：　　$2Z_i = D_i - D_{i-1}$

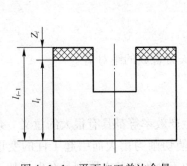

图 4-1-1　平面加工单边余量

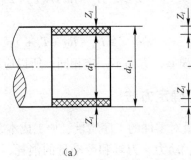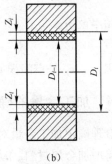

(a)　　　　　　　(b)

图 4-1-2　回转面加工双边余量

由于毛坯制造和各个工序尺寸都存在着误差，加工余量也是个变动值。当工序尺寸用基本尺寸计算时，所得到的加工余量称为基本余量或公称余量。

最小余量 $Z_{\min}$ 是保证该工序加工表面的精度和质量所需切除的金属层最小厚度。最大余量 $Z_{\max}$ 是该工序余量的最大值。以图 4-1-3 所示的外圆为例来计算，其他各类表面的情况与此类似。

当尺寸 a、b 均为工序基本尺寸时，基本余量为：

$$Z = a - b$$

则最小余量： $Z_{\min} = a_{\min} - b_{\max}$；

而最大余量： $Z_{\max} = a_{\max} - b_{\min}$。

余量公差是加工余量间的变动范围，其值为：

$$T_Z = Z_{\max} - Z_{\min} = (a_{\max} - a_{\min}) + (b_{\max} - b_{\min}) = T_a + T_b$$

式中：T_Z——本工序余量公差（mm）；

　　　T_a——前工序的工序尺寸公差（mm）；

　　　T_b——本工序的工序尺寸公差（mm）。

所以，余量公差为前工序与本工序尺寸公差之和。

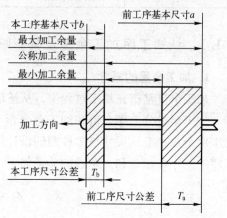

图 4-1-3　工序尺寸公差与加工余量图

工序尺寸公差带的布置，一般采用"单向入体"原则，即对于被包容面（轴类）尺寸，公差标成上偏差为零，下偏差为负；对于包容面（孔类）尺寸，公差标成上偏差为正，下偏差为零；对于孔中心距尺寸和毛坯尺寸的公差带，一般都取双向对称公差。

2. 加工余量的影响因素

影响加工余量的因素多而复杂，主要由以下几个方面。

① 上道工序的表面质量（包括表面粗糙度 Ra 和表面破坏层深度 H_a）；

② 上道工序的工序尺寸公差（T_a）；

③ 上道工序的位置误差（ρ_a）；

④ 本道工序工件的安装误差（ε_b）。

本道工序的加工余量必须满足下式。

用于双边余量时：

$$Z \geqslant 2(H_a + Ra) + T_a + 2|\rho_a + \varepsilon_b|$$

用于单边余量时：

$$Z \geqslant H_a + Ra + T_a + |\rho_a + \varepsilon_b|$$

因 ρ_a、ε_b 是空间误差，方向不一定相同，所以应取矢量合成的绝对值。

4.1.4　加工余量的确定方法

合理确定加工余量对零件的工序质量、加工成本、生产效率等都具有很大的意义。余量过大将增加金属材料、动力、刀具和劳动量的消耗，并使切削力增大而引起工件的变形较大。反之，余量过小则不能保证零件的加工质量。确定加工余量的基本原则是在保证加工质量的前提下尽量减小加工余量。余量的确定方法有以下几种。

1. 分析计算法

分析计算法是通过对影响加工余量的各种因素进行分析，然后根据一定的计算式来计算加工余量的一种方法。此法确定的加工余量较合理，但需要全面的试验资料，计算也较复杂，故应用在重要零件的新产品工艺开发设计。

2. 查表修正法

根据有关工艺手册，查得加工余量的数值，然后根据实际情况进行适当修正。这是一种广泛使用的方法。主要适用于批量生产和大批大量生产中。

3. 经验估算法

经验估算法是根据工艺人员的经验来确定加工余量的。为避免产生废品，所确定的加工余量一般偏大，它适于单件、小批生产。

4.1.5　确定尾座螺母各工序加工余量

1. 各工序加工余量的确定

查有关机械加工工艺手册中的《有色金属及其合金零件加工余量表》，确定各工序加工余量。

（1）$\phi32h6$ 外圆面加工

加工过程：粗车—半精车—精车；各工序余量如下：粗车余量 0.9 mm，半精车余量 0.3 mm，精细车余量 0.1 mm，毛坯余量为 1.3 mm。

（2）$\phi58$ 外圆面加工

加工过程：粗车—半精车；各工序余量如下：粗车余量 1.6 mm，半精车余量 0.4 mm，毛坯余量 2.0 mm。

（3）Tr18 螺纹底孔加工

加工过程：钻—扩—铰；各工序余量如下：扩孔余量 1.0 mm，精铰孔余量 0.2 mm，钻孔直径 $\phi12.8$ mm。

（4）$\phi58$ 右端面加工

加工过程：粗车—半精车；各工序余量如下：粗车余量 0.5 mm，半精车余量 0.2 mm，毛坯余量 0.7 mm。

（5）$\phi32$ 左端面加工

加工过程：粗车—半精车；各工序余量如下：粗车余量 0.45 mm，半精车余量 0.15 mm，毛坯余量 0.6 mm。

（6）$\phi32$ 右端面加工

加工过程：粗车—半精车；各工序余量如下：粗车余量 0.45 mm，半精车余量 0.15 mm，精车余量 0.1 mm，毛坯余量 0.7 mm。

2. 各工序精度的确定

查《机械加工经济精度表》确定各工序加工的精度。

（1）φ32h6 外圆面加工

金属型铸造 IT8 ～ IT10 级，粗车 IT9 ～ IT10 级，半精车 IT8 ～ IT9 级，精细车 IT6 ～ IT7 级。

（2）φ58 外圆面加工

金属型铸造 IT8 ～ IT10 级，粗车 IT9 ～ IT10 级，半精车 IT8 ～ IT9 级。

（3）Tr18 螺纹底孔加工

扩孔精度等级 IT11 ～ IT13 级，半精铰孔精度等级 IT8 ～ IT9 级，精铰孔精度 IT6 ～ IT7 级，钻孔精度等级 IT13 ～ IT14 级。

（4）φ58 右端面加工粗车精度等级 IT12 ～ IT13 级，半精车精度等级 IT8 ～ IT11 级。

（5）φ32 左右端面加工。

粗车精度等级 IT12 ～ IT13 级，半精车精度等级 IT8 ～ IT11 级。

考虑零件加工条件和零件特点确定各工序经济精度及表面质量，详见表 4-1-5。

表 4-1-5　尾座螺母加工工序余量及工序精度

加工表面	加工工序	加工余量（mm）	精度等级	表面粗糙度 Ra（μm）
φ32h6 外圆面	毛坯	—	IT10	
	粗车	0.9	IT9	12.5
	半精车	0.3	IT8	6.3
	精细车	0.1	IT6	1.6
φ58 外圆面	毛坯	—	IT10	
	粗车	1.6	IT9	12.5
	半精车	0.4	IT8	6.3
Tr18 底孔	毛坯	—		
	钻孔	—	IT13	12.5
	扩孔	1.0	IT11	6.3
	铰孔	0.2	IT8	3.2
φ58 右端面	毛坯	—	IT12	
	粗车	0.5	IT11	12.5
	半精车	0.2	IT9	6.3
φ32h6 右端面	毛坯	—	IT11	
	粗车	0.45	IT10	12.5
	半精车	0.15	IT9	6.3
	精车	0.1	IT7	1.6
φ32h6 左端面	毛坯	—	IT11	
	粗车	0.45	IT10	12.5
	半精车	0.15	IT9	6.3

任务练习

分析 CA6140 车床尾座螺母零件图的结构工艺性。

（1）总结说明有色金属零件常用毛坯类型。说明有色金属材料的零件精加工适合采用哪些加工方法？

（2）分析说明表4-1-4的工艺路线中各工序分别包括几个工步？

（3）说明表4-1-3中确定各加工顺序应遵循的原则。

（4）何谓加工余量？什么是工序余量？影响工序余量的确定因素有哪些？

任务4.2　确定工序尺寸及公差

任务导航

知识要点	工艺尺寸链，尺寸链的组成，尺寸链的特性，尺寸链的计算
任务目标	1. 了解尺寸链的基本概念； 2. 掌握尺寸链的应用
能力培养	1. 会分析工序尺寸的相互关系和获取方法； 2. 会根据尺寸链理论计算确定工序尺寸
教学组织	课堂讲解、课堂项目训练、课下查阅资料、自主学习、拓展训练
教学评价	学习过程评价（60%）；教学成果评价（30%）；团队合作评价（10%）
参考学时	4

任务学习

4.2.1　认知工艺尺寸链基本理论

在拟定零件加工工艺路线后，需确定各工序的具体内容，其中工序尺寸、加工余量的确定是主要内容之一。通常在确定工序尺寸、工序公差等具体内容时要运用尺寸链理论。

1. 尺寸链的定义

在零件的加工和装配过程中，经常遇到一些相互联系的尺寸组合，这种相互联系，并按一定顺序排列的封闭尺寸组合称为尺寸链。在零件加工过程中，由加工过程中有关的工艺尺寸所组成的尺寸链，称为加工尺寸链；在机械装配过程中，由有关零件上的有关尺寸组成的尺寸链，称为装配尺寸链。

图4-2-1为一方形零件尺寸链示意图。加工中通过控制两工序尺寸 A_1、A_2，就可以确定尺寸 A_Σ。A_1、A_2、A_Σ 三个尺寸构成一个封闭的尺寸组合，即形成一个尺寸链。为简单扼要地表示尺寸链中各尺寸之间的关系，常将相互联系的尺寸组合从零件（部件）的具体结构中抽象出来，绘成尺寸链简图。绘制时不需要按比例绘制，只要求保持原有的连接关系。同一个尺寸链中各个环以同一个字母表示，并以脚标加以区别。

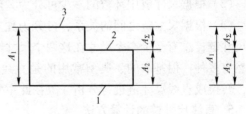

图 4-2-1　尺寸链示意图

2. 尺寸链的组成

（1）环

组成尺寸链中的每一个尺寸称为尺寸链的环。环又可分为封闭环和组成环。

（2）封闭环

在零件加工或机器装配后间接形成的尺寸，其精度是通过保证其他尺寸被间接保证的，称为封闭环。图4-2-1的尺寸链中，A_Σ是封闭环。

（3）组成环

在尺寸链中，由加工或装配直接控制，影响封闭环精度的各个尺寸称为组成环。图4-2-1中所示的A_1和A_2是组成环。按组成环对封闭环的影响，组成环又分增环和减环。

① 增环。当其余各组成环不变时，如果其尺寸增大会使封闭环尺寸也随之增大的组成环称为增环。以向右的箭头表示。例如尺寸$\overrightarrow{A_1}$就是增环。

② 减环。当其余各组成环不变，如其尺寸的增大会使封闭环尺寸随之减小的组成环称为减环，以向左的箭头表示。例如尺寸$\overleftarrow{A_2}$就是减环。

在尺寸链中，判别增环或减环，除用定义进行判别外，组成环数较多时，还可用画箭头的方法。即在绘制尺寸链简图时，用沿封闭方向的单向箭头表示各环尺寸。凡是箭头方向与封闭环的箭头方向相同的组成环就是减环，箭头方向与封闭环箭头方向相反者就是增环。

3. 尺寸链的特性

（1）封闭性。尺寸链是由一个封闭环和若干个（含1个）相互关联的组成环所构成的封闭图形，因而具有封闭性。不封闭就不能成为尺寸链，一个封闭环对应着一个尺寸链。

（2）关联性。由于尺寸链具有封闭性，所以尺寸链中的各环都相互关联。尺寸链中封闭环随所有组成环的变动而变动，组成环是自变量，封闭环是因变量。

4. 尺寸链的分类

尺寸链根据不同分类方法，可以有各种类型。

（1）根据尺寸链的应用场合可分为零件设计尺寸链（全部组成环为已知零部件的设计尺寸）、加工（工艺）尺寸链（全部组成环为同一工件的加工工艺尺寸，如图4-2-1所示）和装配（工艺）尺寸链（全部组成环为不同零件的完工尺寸）。设计尺寸是指零件图样上标注的尺寸，加工工艺尺寸是指工序尺寸、测量尺寸、毛坯尺寸和对刀尺寸等加工过程中直接控制的尺寸。

（2）根据尺寸链各环几何特征和空间关系可分为直线尺寸链、角度尺寸链、平面尺寸链和空间尺寸链。

（3）根据尺寸链中环数的多少可分为2环尺寸链、3环尺寸链和多环尺寸链。

（4）根据尺寸链之间的关系，可分为独立尺寸链和并联尺寸链。对于两个具有并联关系的尺寸链，总有至少一个尺寸在这两个尺寸链中充当组成环，称之为公共环。尺寸链的分类虽然有多种，但基本的、典型常用的是直线尺寸链。其他类型的尺寸链均可通过适当的变换，转换成直线尺寸链进行分析。故在此主要研究直线尺寸链。

5. 直线尺寸链的计算方法

直线尺寸链有两种解法：极值法和概率法。

极值法是按照各环都处于极限状态（极大或极小）的条件下进行求解计算的。即按误差综合后的两个最不利情况，即各增环皆为最大极限尺寸而各减环皆为最小极限尺寸的情况；以及各增环皆为最小极限尺寸而备减环皆为最大极限尺寸的情况，来计算封闭环极限尺寸的方法。概率法是应用概率论与数理统计原理来进行尺寸链分析计算的方法。

极值法比较保守，但计算简便。在求解加工尺寸链时，一般都采用极值法，使计算过程简单方便，结果可靠。极值法的基本计算公式有以下几种。

（1）各环基本尺寸之间的关系

封闭环的基本尺寸等于各个增环的基本尺寸之和减去各个减环的基本尺寸之和。

$$A_\Sigma = \sum_{i=1}^{m} \overrightarrow{A_i} - \sum_{j=m+1}^{n-1} \overleftarrow{A_j} \tag{4-2-1}$$

式中：A_Σ——封闭环基本尺寸；

　　　$\overrightarrow{A_i}$——第 i 个增环基本尺寸；

　　　$\overleftarrow{A_j}$——第 j 个减环基本尺寸；

　　　n——尺寸链中包括封闭环在内的总环数；

　　　m——增环的数目。

（2）各环极限尺寸之间的关系

由公式 4-2-1 推理可得到封闭环最大极限尺寸与各组成环极限尺寸之间的关系为

$$A_{\Sigma\max} = \sum_{i=1}^{m} \overrightarrow{A_{i\,\max}} - \sum_{j=m+1}^{n-1} \overleftarrow{A_{j\,\min}} \tag{4-2-2a}$$

而在相反的情况下，得到封闭环最小极限尺寸与各组成环极限尺寸之间的关系为

$$A_{\Sigma\min} = \sum_{i=1}^{m} \overrightarrow{A_{i\,\min}} - \sum_{i=m+1}^{n-1} \overleftarrow{A_{j\,\max}} \tag{4-2-2b}$$

（3）各环尺寸极限偏差之间的关系

由式（4-2-2a）减去式（4-2-1）可得

$$\mathrm{ES}_{A\Sigma} = \sum_{i=1}^{m} \mathrm{ES}\,\overrightarrow{A_i} - \sum_{j=m+1}^{n-1} \mathrm{EI}\,\overleftarrow{A_j} \tag{4-2-3a}$$

由式（4-2-2b）减去式（4-2-1）可得

$$\mathrm{EI}_{A\Sigma} = \sum_{i=1}^{m} \mathrm{EI}\,\overrightarrow{A_i} - \sum_{j=m+1}^{n-1} \mathrm{ES}\,\overleftarrow{A_j} \tag{4-2-3b}$$

式中：ES——上极限偏差；

　　　EI——下极限偏差。

（4）各环公差或误差之间的关系

由式（4-2-2a）减去式（4-2-2b），得到尺寸链中各环公差之间的关系

$$T_\Sigma = \sum_{i=1}^{n-1} T_i \tag{4-2-4a}$$

式中：T_Σ——封闭环公差；

　　　T_i——第 i 组成环公差。

由此可见，在封闭环公差一定的条件下，如果减少组成环的数目，就可以相应放大各组成环的公差，从而使之容易加工。

当各环的实际误差量不等于相应的公差时，则各环的误差量之间的关系是

$$\omega_\Sigma = \sum_{i=1}^{n-1} \omega_i \tag{4-2-4b}$$

式中：ω_Σ——封闭环的误差；

$\quad\quad\omega_i$——第 i 个组成环的误差。

4.2.2 工艺尺寸的分析计算

利用工艺尺寸链理论分析计算工序尺寸，是编制工艺规程的重要内容，也是控制工序质量的理论依据。利用工艺尺寸链理论确定工序尺寸可分为两种情况。一是基准重合时工序尺寸的确定，二是基准不重合时工序尺寸的确定。

1. 基准重合时工序尺寸及公差的确定

工艺基准与设计基准重合，同一表面需要经过多道工序加工时，各工序加工的尺寸及其公差取决于各工序的加工余量及所采用的加工方法所能达到的经济加工精度。因此，确定各工序的加工余量和各工序所能达到的经济加工精度后，就可以计算出各工序的尺寸及公差。具体计算步骤为：

（1）确定各加工工序的加工余量；

（2）从最终加工工序开始，向前推算各工序基本尺寸，直到毛坯尺寸；

（3）除最终加工工序以外，其他各加工工序按各自所采用加工方法的加工经济精度确定工序尺寸公差（最终加工工序的公差由设计要求确定）；

（4）填写工序尺寸，并按"入体原则"进行标注。

【例 4-2-1】 如图 4-2-2 为某箱体轴承座孔加工工序图，加工该零件上的 $\phi60^{+0.03}_{0}$ mm 圆孔，材料为 45 钢，表面粗糙度 Ra 值为 0.8 μm；需淬硬，毛坯为锻件。孔的机械加工工艺过程是粗镗→半精镗→热处理→磨孔。加工过程中，使用同一基准完成该孔的各次加工，即基准不变。在分析中忽略不同装夹中定位误差对加工精度的影响，确定各工序工艺尺寸。

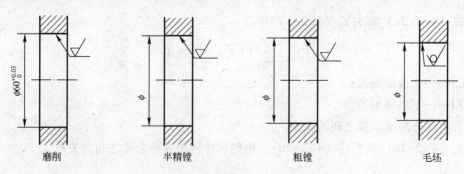

图 4-2-2 轴承座孔孔加工工序图 1

解： ① 根据机械加工工艺手册、相关标准文献资料，查得加工孔各工序的直径加工余量如下。

磨孔余量：$Z_0 = 0.5$ mm；

半精镗余量：$Z_1 = 1.0$ mm；

粗镗余量：$Z_2 = 3.5$ mm。

② 确定各工序基本尺寸。

a. 磨削工序：磨削后应达到图纸要求，故磨削工序尺寸 $D = \phi60$ mm；

b. 半精镗工序：本工序需留出磨削加工余量，半精镗后孔径的基本尺寸应为

$D_1 = 60 - 0.5 = \phi59.5$（mm）；

c. 粗镗工序。本工序需留出磨削、半精镗加工余量，粗镗后孔径的基本尺寸应为：

$D_2 = 59.5 - 1.0 = \phi58.5$（mm）；

d. 毛坯尺寸。毛坯尺寸需留出各机械加工工序余量，毛坯孔径的基本尺寸应为：

$D_3 = 58.5 - 3.5 = \phi55$（mm）。

各工序尺寸如图 4-2-3 所示。

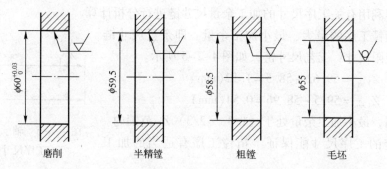

图 4-2-3　轴承座孔加工工序图 2

③ 确定各工艺尺寸的公差

确定各工艺尺寸公差要考虑获得工序尺寸的经济加工精度，又要保证各工序有足够的最小加工余量。根据文献、工艺人员手册，查找确定各工序尺寸的精度公差如下。

磨削：IT7 = 0.03 mm；

半精镗：IT10 = 0.12 mm；

粗镗：IT13 = 0.46 mm；

毛坯：IT18 = 4.00 mm。

④ 确定各工序所达到的表面粗糙度

由工艺人员手册分别查取。

磨削：$Ra0.8$ μm；

半精镗：$Ra3.2$ μm；

粗镗：$Ra12.5$ μm；

毛坯：毛面。

⑤ 确定各工序尺寸的偏差

各工序尺寸的偏差，按照常规加以确定，即加工尺寸按"单向入体原则"标注极限偏差，毛坯尺寸按"1/3 ～ 2/3 入体原则"标注偏差，如图 4-2-4 所示。

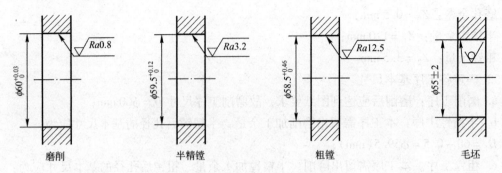

图 4-2-4　轴承座孔加工工序图 3

⑥ 校核各工序的加工余量是否合理

在初定各工序尺寸及其偏差之后，应验算各工序的加工余量，校核最小加工余量是否足够，最大加工余量是否合理。

为此，需利用有关工序尺寸的加工余量尺寸链进行分析计算。

计算半精镗工序的最大、最小加工余量。即余量尺寸链的封闭环的极限尺寸：工艺尺寸链，如图 4-2-5 所示。

$$Z_{1\max} = 59.62 - 58.5 = 1.12 (\text{mm})$$

$$Z_{1\min} = 59.5 - 58.96 = 0.54 (\text{mm})$$

结果表明，最小加工余量处于（$1/3 \sim 2/3$）Z_1 范围内。故所确定的工序尺寸能保证半精镗工序有适当的加工余量

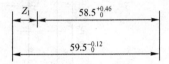

图 4-2-5　轴承座孔半精镗
工序尺寸链图

2. 基准不重合时工序尺寸及公差的确定

机械零件的加工制造在由毛坯到成品的过程中，为了保证质量、控制成本、方便加工、适应加工条件等总会出现工艺基准与设计基准不重合的情况，遇到这种情况时要通过工艺尺寸链理论计算出工艺尺寸，通过控制工艺尺寸保证设计要求。

（1）定位基准与设计基准不重合时工序尺寸的计算

在金属切削加工性中，对一批工件的批量加工通常采用调整法，即加工前工件与刀具的相对位置已经调整到位，工件定位夹紧后直接进行切削达到工序要求。如果此时定位基准与设计基准不重合，设计尺寸就不能由加工直接保证，而是通过保证刀具相对于定位基准之间的位置尺寸后而间接保证的，此时就需要事先进行工序尺寸计算并标注在工序图纸上。

【例 4-2-2】如图 4-2-6 所示的零件，零件结构为凸形板件，本工序采用调整法加工 $\phi10H7$ 孔，要求保证位置尺寸 $20^{+0.05}_{-0.10}$ mm，工序定位基准为 1 面，前工序已保证外形尺寸 $100^{+0.20}_{+0.10}$ mm，试确定工序尺寸。

解：当以 1 面定位加工孔 $\phi10H7$ 时，需按照工序尺寸 A_2 进行加工，设计尺寸 A_0 是本工序间接保证的尺寸为尺寸链的封闭环。工序尺寸 A_2 为减环，外形设计尺寸 $100^{+0.20}_{+0.10}$ 为增环，尺寸链如图 4-2-6（b）所示。

① 求基本尺寸：

$$20 \text{ mm} = 100 \text{ mm} - A_2 \qquad A_2 = 80 \text{ mm}$$

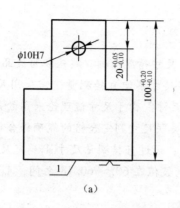

（a） （b）

图 4-2-6 工序加工定位方案与尺寸链图

② 计算上下极限偏差。

上偏差：$-0.10 = 0.10 - ESA_2$ $ESA_2 = +0.20$；

下偏差：$0.05 = 0.20 - EIA_2$ $EIA_2 = +0.15$；

③ 工序尺寸：$A_2 = 80^{+0.20}_{+0.15}$

（2）测量基准与设计基准不重合时的工序尺寸计算

在加工或检查零件的某个表面时，有时不便按设计基准直接进行测量，就要选择另外一个合适的表面作为测量基准，以间接保证设计尺寸，为此，需要进行有关工序尺寸的计算。

【例 4-2-3】 如图 4-2-7 所示的套类零件，两端面均已加工，尺寸$80^{0}_{-0.17}$ mm 已由上道工序保证，本工序加工内孔 $\phi30H7$，要求保证尺寸$20^{0}_{-0.35}$ mm，由于工序尺寸$20^{0}_{-0.35}$ mm 不便测量，需通过测量尺寸 A_2 以保证工序尺寸，试确定尺寸 A_2。

解：建立图 4-2-7（b）所示的尺寸链，该尺寸链中显然尺寸$20^{0}_{-0.35}$ mm 是封闭环。

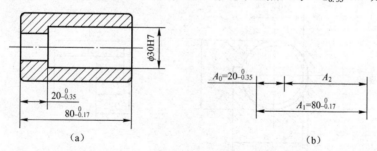

（a） （b）

图 4-2-7 工序加工定位方案与尺寸链图

求基本尺寸：

$$20 \text{ mm} = 80 \text{ mm} - A_2$$

$$A_2 = 60 \text{ mm}$$

求上极限偏差：

$$-0.35 \text{ mm} = -0.17 \text{ mm} - ESA_2 \qquad ESA_2 = +0.18 \text{ mm}$$

求下极限偏差：

$$0 = 0 - EIA_2 \qquad EIA_2 = 0$$

测量尺寸：$A_2 = 60^{+0.18}_{0}$ mm

说明： 关于检测废品问题。

① 设计基准与检测基准重合，按设计尺寸精度检测，超差即为废品；

② 设计基准与测量基准不重合，某些尺寸不便直接测量，需采用尺寸链理论计算出其他相关联尺寸，测量时直接测得其他关联尺寸。由于尺寸链理论采用的是极值法计算，设定的是极限状态，易产生假废品。即按直接关联尺寸判定合格的能确保合格，但判定不合格的未必全部不合格。例 4-2-3 的假废品问题：通过直接测量尺寸 A_2 确定尺寸 A_0 是否合格？

a 如果 A_1 取值在 79.93 ～ 80 之间，A_2 数值在 60 ～ 60.18 之间，A_0 必在 19.65 ～ 20 之间，这时工序尺寸合格；

b 如果 A_2 超差范围在 0.17 之内，即为 59.83 ～ 60，或 60.18 ～ 60.35 之间，在工序检测中直接用 A_2 判定，零件则为废品，但设计尺寸 A_0 是否合格，还要看 A_1 的具体取值。

如：$A_2 = 59.83$，$A_1 = 79.83$，此时 $A_0 = 20$，合格；

$A_2 = 60.35$，$A_1 = 80$，此时 $A_0 = 19.65$，合格。

③ 换算后测量尺寸超差，应慎重处理，进一步检测其他组成环尺寸。

（3）中间工序尺寸的计算

在生产加工过程中，为了确保重要表面的表面质量，通常会将表面质量要求较高的表面放到最后加工工序，而有些表面是以该表面为基准确定设计尺寸的，为了保证设计尺寸，通常需要计算确定中间工序尺寸。如内孔键槽的加工、表面渗碳、表面镀铬处理等加工工艺。

【例 4-2-4】 图 4-2-8 所示为加工齿轮内孔及键槽的工序图。设计要求是：键槽深度尺寸 $A_0 = 46^{+0.3}_{0}$ mm，内孔直径尺寸 $D_2 = \phi 40^{+0.05}_{0}$，内孔要淬火处理，表面粗糙度 Ra 值为 0.8 μm。相关加工顺序如下。

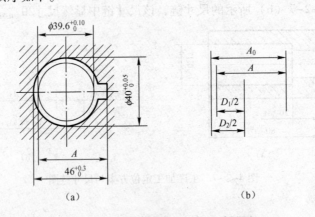

图 4-2-8　内孔及键槽加工与尺寸链图

工序一：镗内孔至尺寸 $D_1 = \phi 39.60^{+0.10}_{0}$ mm；

工序二：插键槽至尺寸 A；

工序三：热处理；

工序四：磨内孔至尺寸 $D_2 = \phi 40^{+0.05}_{0}$ mm。

试确定工序 2 插削键槽加工的工序尺寸 A。

解： 建立如图 4-2-8（b）所示尺寸链，由于尺寸 A_0 是由工序 2 和工序 4 通过保证尺寸 A 和 D_2 间接保证的，为该尺寸链的封闭环。其余各相关尺寸中尺寸 A、$\dfrac{D_2}{2}$ 为增环，$\dfrac{D_1}{2}$ 为减环。

求基本尺寸：$46\ \text{mm} = A + \dfrac{40}{2} - \dfrac{39.6}{2}$　　　　$A = 45.8\ \text{mm}$

求上极限偏差：$0.3\ \text{mm} = \text{ES}A + 0.025 - 0$　　　$\text{ES}A = 0.275\ \text{mm}$

求下极限偏差：$0 = \text{EI}A + 0 - 0.05$　　　　　　$\text{EI}A = 0.05\ \text{mm}$

插削键槽加工的工序尺寸：$A = 45.8^{+0.275}_{+0.050} = 45.850^{+0.225}_{0}$

【例 4-2-5】 如图 4-2-9 所示为某零件内孔，孔径为 $\phi 150^{+0.06}_{0}\ \text{mm}$ 内孔表面需要进行渗碳处理，渗碳层深度为 $0.5 \sim 0.8\ \text{mm}$。其加工过程为：

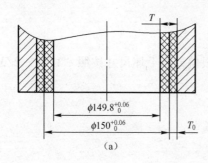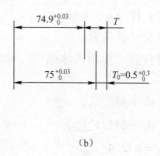

图 4-2-9　内孔渗碳处理及磨削加工与尺寸链图

（1）粗磨内孔至 $\phi 149.8^{+0.06}_{0}\ \text{mm}$；

（2）渗碳处理，深度 T；

（3）精磨内孔至 $\phi 150^{+0.06}_{0}\ \text{mm}$，并保留渗层深度 $T_0 = 0.5 \sim 0.8\ \text{mm}$。

试求渗碳时的深度 T。

解： 在孔的半径方向上画尺寸链，如图 4-2-9 所示，显然 $T_0 = 0.5 \sim 0.8 = 0.5^{+0.3}_{0}$ 是间接获得的，为封闭环。

求基本尺寸：

$$0.5\ \text{mm} = 74.9\ \text{mm} + T - 75\ \text{mm}　　　　T = 0.40\ \text{mm}$$

求上极限偏差：

$$0.3\ \text{mm} = 0.03\ \text{mm} + \text{ES}T - 0　　　　\text{ES}T = 0.27\ \text{mm}$$

求下极限偏差：

$$0 = 0 + \text{EI}T + 0 - 0.03\ \text{mm}　　　　\text{EI}T = 0.03\ \text{mm}$$

则 $T = 0.40^{+0.27}_{+0.03}\ \text{mm}$，即渗碳层深度为 $0.43 \sim 0.67\ \text{mm}$。

4.2.3　确定尾座螺母主要结构面的工艺尺寸

1. $\phi 32\text{h}6$ 外圆柱面

由于各主要表面的设计基准和工序基准重合，各工序尺寸可直接通过工序余量和工序经济精度计算获得。参照表 4-1-5 尾座螺母加工工序余量及工序精度，查阅国家标准手册，可计算获得。

（1）基本尺寸

精细车：最终加工工序，应达到设计要求，$d_1 = \phi 32 \text{ mm}$

半精车：$d_2 = d_1 + 0.1 = \phi 32.1$

粗车：$d_3 = d_2 + 0.3 = \phi 32.4$

毛坯尺寸：$d_4 = d_3 + 0.9 = \phi 33.3$

（2）工序尺寸公差

精细车：IT6 = 0.016 mm

半精车：IT8 = 0.039 mm

粗车：IT9 = 0.062 mm

毛坯尺寸：IT10 = 0.1 mm

（3）工序尺寸及偏差

工序尺寸按照"单项入体原则"标注极限偏差，毛坯尺寸按照"1/3 ～ 2/3 入体原则"标注偏差。

精细车：$d_1 = \phi 32^{\,0}_{-0.016}$

半精车：$d_2 = \phi 32.1^{\,0}_{-0.039}$

粗车：$d_3 = \phi 32.4^{\,0}_{-0.062}$

毛坯尺寸：$d_4 = \phi(33.3 \pm 0.05)$

（4）校核工序余量

校核精细车工序余量，建立如图 4-2-10 所示尺寸链，显然，Z_1 为封闭环。

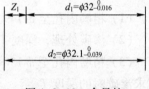

$$Z_{1\max} = d_{2\max} - d_{1\min} = 32.1 - 31.994 = 0.116(\text{mm})$$

$$Z_{1\min} = d_{2\min} - d_{1\text{man}} = 32.061 - 32 = 0.061(\text{mm})$$

图 4-2-10　余量校
核尺寸链图

$Z_{1\min}$ 处于（1/3 - 2/3）的范围内，方案可行。

2. Tr18 螺纹底孔加工

（1）基本尺寸

铰孔：$D_1 = \phi 14 \text{ mm}$

扩孔：$D_2 = 14 - 0.2 = \phi 13.8$

钻孔：$D_3 = 13.8 - 1.0 = \phi 12.8$

（2）工序尺寸公差

铰孔：IT8 = 0.027 mm

扩孔：IT11 = 0.11 mm

钻孔：IT13 = 0.27 mm

（3）工序尺寸及偏差

按照"单向入体原则"标注极限偏差

铰孔：$D_1 = \phi 14^{+0.027}_{0}$

扩孔：$D_2 = \phi 13.8^{+0.11}_{0}$

钻孔：$D_3 = \phi 12.8^{+0.27}_{0}$

3. $\phi 58$ 外圆柱面

（1）基本尺寸

半精车：$d_1 = \phi 58$

粗车：$d_2 = d_1 + 0.4\,\text{mm} = \phi 58.4$

毛坯尺寸：$d_3 = d_2 + 1.6\,\text{mm} = \phi 60$

（2）工序尺寸公差

半精车：IT8 = 0.046 mm

粗车：IT9 = 0.074 mm

毛坯尺寸：IT10 = 0.12 mm。

（3）工序尺寸及偏差

工序尺寸按照"单项入体原则"标注极限偏差，毛坯尺寸按照"1/3—2/3 入体原则"标注偏差。

半精车：$d_1 = \phi 58^{0}_{-0.046}$

粗车：$d_2 = \phi 58.4^{0}_{-0.074}$

毛坯尺寸：$d_3 = \phi(60 \pm 0.06)$

4. 加工 $\phi 58$ 右端面的工序尺寸

（1）基本尺寸

半精车：$L_1 = 43 + 0.15 = 43.15\,(\text{mm})$（该工序以 $\phi 32\text{h}$ 左端面 C 定位，C 面已粗车）

粗车：$L_2 = 43 + 0.2 + (0.15 + 0.45) = 43.8\,(\text{mm})$（$C$ 面未加工留 0.6 mm，半精车余量 0.2 mm）

毛坯：$L_3 = 43.8 + 0.5 = 44.3\,(\text{mm})$（$C$、$B$ 两端面均未加工）

（2）工序尺寸公差

半精车：IT9 = 0.062 mm

粗　车：IT11 = 0.16 mm

毛　坯：IT12 = 0.25 mm

（3）工序尺寸及偏差

工序尺寸按"单项入体原则"标注极限偏差，毛坯尺寸按照"1/3 ～ 2/3 入体原则"标注偏差。

半精车：$L_1 = 43.15^{0}_{-0.062}\,\text{mm}$

粗车：$L_2 = 43.8^{0}_{-0.16}\,\text{mm}$

毛坯：$L_3 = (44.3 \pm 0.125)\,\text{mm}$

5. 加工 $\phi 32\text{h}6$ 左端面的工序尺寸

（1）基本尺寸

半精车：$L_1 = 43\,\text{mm}$（该工序以 $\phi 58$ 右端面 B 定位，B 面已半精车）

粗车：$L_2 = 43 + 0.15 + 0.15 = 43.3（\text{mm}）$（该工序以 $\phi58$ 右端面 B 定位，B 面已粗车，C 面留半精车余量 $0.15\ \text{mm}$，B 面留半精车余量 $0.15\ \text{mm}$）。

（2）工序尺寸公差

半精车：$IT9 = 0.062\ \text{mm}$

粗车：$IT10 = 0.10\ \text{mm}$

（3）工序尺寸及偏差

工序尺寸按照"单项入体原则"标注极限偏差

半精车：$L_1 = 43_{-0.062}^{\ 0}\ \text{mm}$

粗车：$L_2 = 43.3_{-0.10}^{\ 0}\ \text{mm}$

6. 加工 $\phi32\text{h}6$ 右端面的工序尺寸

加工 $\phi32\text{h}6$ 右端面的工序基准为端面 B，工序尺寸应为 $\phi58$ 圆柱面的厚度，即图示尺寸 L_d。

（1）基本尺寸

精车：$L_{d1} = 43 - 35 = 8（\text{mm}）$（该工序以 $\phi58$ 右端面 B 定位，B 面已半精车，D 面已加工完成）；

半精车：$L_{d2} = 8 + 0.1 = 8.1（\text{mm}）$（该工序以 $\phi58$ 右端面 B 定位，B 面已半精车，D 面留 $0.1\ \text{mm}$ 精车余量）；

粗车：$L_{d3} = 8.1 + 0.15 = 8.25（\text{mm}）$（该工序以 $\phi58$ 右端面 B 定位，B 面已粗车，D 面留半精车余量 $0.15\ \text{mm}$，留精车余量 $0.1\ \text{mm}$）。

毛坯：$L_{d4} = 8 + (0.1 + 0.15 + 0.45) + (0.2 + 0.5) = 9.4（\text{mm}）$

（2）工序尺寸公差

精车：$IT7 = 0.015\ \text{mm}$

半精车：$IT9 = 0.036\ \text{mm}$

粗车：$IT10 = 0.058\ \text{mm}$

毛坯：$IT11 = 0.09\ \text{mm}$

（3）工序尺寸及偏差

工序尺寸按照"单项入体原则"标注极限偏差

精车：$L_{d1} = 8_{-0.015}^{\ 0}\ \text{mm}$

半精车：$L_{d2} = 8.1_{-0.036}^{\ 0}\ \text{mm}$

粗车：$L_{d3} = 8.25_{-0.058}^{\ 0}\ \text{mm}$

毛坯：$L_{d4} = (9.4 \pm 0.045)\ \text{mm}$

说明：① 对螺母零件的轴向尺寸（$43\ \text{mm}$、$35\ \text{mm}$），设计要求为未注尺寸公差，但在工序加工过程中，由于采用的通用机械加工方法的工序能力较高，可以比较容易得满足其设计精度要求。

② 各表面加工工序尺寸是指导工序生产的依据，应该标注在工序图中，由于我们采用的确定方法为查表计算法，实际生产中可根据计算结果，结合机床精度、工装定位精度、具体加工方法、毛坯精度等条件进行修正，特别是针对批量生产的零件其加工工序尺寸的修正

改进直接关系到生产成本、加工效率等技术革新内容。

③ 表4-2-1为该零件各工序尺寸表。

表4-2-1　尾座螺母加工各表面工序尺寸及工序表面质量

加工表面	加工工序	加工余量（mm）	精度等级	工序尺寸（mm）	表面粗糙度 Ra（μm）	工序基准
φ32h6 外圆面	毛坯	—	IT10	$\phi 33.3 \pm 0.05$		
	粗车	0.9	IT9	$\phi 32.4 _{-0.062}^{0}$	12.5	φ58 外圆及 B 面
	半精车	0.3	IT8	$\phi 32.1 _{-0.039}^{0}$	6.3	φ58 外圆及 B 面
	精细车	0.1	IT6	$\phi 32 _{-0.016}^{0}$	1.6	内孔及 B 面定位
φ58 外圆面	毛坯	—	IT10	$\phi 60 \pm 0.06$		
	粗车	1.6	IT9	$\phi 58.4 _{-0.074}^{0}$	12.5	φ32 外圆及 C 面
	半精车	0.4	IT8	$\phi 58 _{-0.046}^{0}$	6.3	φ32 外圆及 C 面
Tr18 底孔	毛坯	—				
	钻孔	—	IT13	$\phi 12.8 _{0}^{+0.27}$	12.5	φ32 外圆及 D 面
	扩孔	1.0	IT11	$\phi 13.8 _{0}^{+0.11}$	6.3	φ32 外圆及 D 面
	铰孔	0.2	IT8	$\phi 14 _{0}^{+0.027}$	3.2	φ32 外圆及 D 面
φ58 右端面（B 面）	毛坯	—	IT12	44.3 ± 0.125		
	粗车	0.5	IT11	$43.8 _{-0.16}^{0}$	12.5	φ32 外圆及 C 面
	半精车	0.2	IT9	$43.15 _{-0.062}^{0}$	6.3	φ32 外圆及 C 面
φ32h6 右端面（D 面）	毛坯	—	IT11	9.4 ± 0.045		
	粗车	0.45	IT10	$8.25 _{-0.058}^{0}$	12.5	φ58 外圆及 B 面
	半精车	0.15	IT9	$8.1 _{-0.036}^{0}$	6.3	φ58 外圆及 B 面
	精车	0.1	IT7	$8 _{-0.015}^{0}$	1.6	内孔及 B 面定位
φ32h6 左端面（C 面）	粗车	0.45	IT10	$43.3 _{-0.10}^{0}$	12.5	φ58 外圆及 B 面
	半精车	0.15	IT9	$43 _{-0.062}^{0}$	6.3	φ58 外圆及 B 面

任务练习

简答题

（1）举例说明什么是尺寸链？尺寸链的理论有什么作用？

（2）如何判断尺寸链的封闭环？如何区分尺寸链组成环中增环和减环？

（3）工艺尺寸链具有哪些特性？

（4）试判别图4-2-11中各尺寸链中哪些是增环，哪些是减环。

（5）如图4-2-12（a）所示为一轴套零件，尺寸 $40 _{-0.1}^{0}$ mm 和 $8 _{-0.05}^{0}$ mm 已由前工序保证，图4-2-12（b）、（c）、（d）所示为钻孔加工时3种不同的定位方案的简图。试计算3种定位方案的工序尺寸 A_1、A_2 和 A_3。

（6）如图4-2-13所示的零件，图样要求保证尺寸（6 ± 0.11）mm，由于该尺寸不便测量，只有通过测量 L 来间接保证。试求工序尺寸 L 及其偏差。

（7）图 4-2-14 所示零件的工序加工过程为：

① 精镗孔至尺寸 $\phi 84.8^{+0.07}_{0}$；

② 插键槽至尺寸 A；

③ 热处理后表面淬火；

④ 磨孔到 $\phi 85^{+0.035}_{0}$，保证键槽深度尺寸 $87.9^{+0.23}_{0}$，求工序尺寸 A 及其偏差。

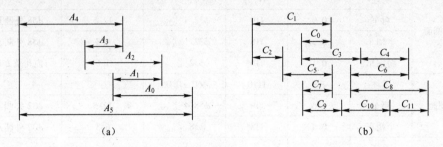

图 4-2-11

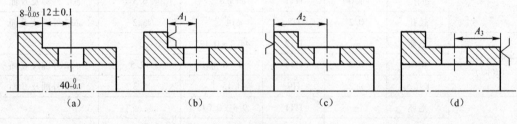

图 4-2-12

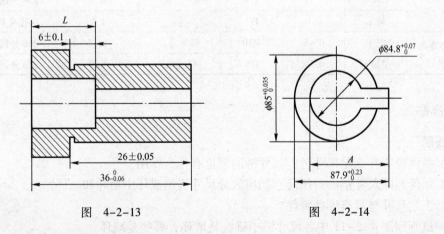

图 4-2-13　　　　　　　　　图 4-2-14

（8）某轴零件设计图样规定外圆直径为 $\phi 32^{0}_{-0.05}$，最终精加工工序为磨削，磨削后要求渗碳层深度为 $0.5 \sim 0.8\,mm$，现为使此零件可以和另一种零件同炉进行渗碳，限定其工艺渗碳层深度为 $0.8 \sim 1.0\,mm$，试计算渗碳前车削工序的直径尺寸及其上下偏差。

任务4.3　确定工序切削要素　分析工艺方案

任务导航

知识要点	切削用量确定的原则；时间定额；工艺成本；工序生产效率；工艺方案经济性
任务目标	1. 掌握零件粗精加工工序切削用量的选择原则； 2. 掌握工序切削用量的选择方法； 3. 理解时间定额概念，掌握时间定额的确定方法； 4. 了解提高生产效率的方法和措施； 5. 了解工艺方案经济性评价方法
能力培养	1. 会分析粗精加工切削用量对工序质量和效率的影响； 2. 会根据工序条件利用手册选择确定工序切削用量； 3. 会确定工序工时定额； 4. 会分析影响生产效率的具体因素； 5. 会比较不同工艺方案的经济性
教学组织	课堂讲解、课堂项目训练、课下查阅资料、自主学习、拓展训练
教学评价	学习过程评价（60%）；教学成果评价（30%）；团队合作评价（10%）
参考学时	4

任务学习

4.3.1　合理选择切削用量

合理切削用量是指在充分利用刀具的切削性能和机床性能并保证质量的前提下，获得高的生产率和低的加工成本的切削用量。选择合理的切削用量是切削加工中重要的环节，要达到三要素的最佳组合，在保持刀具合理使用寿命的前提下，使三者的乘积值最大，以获得最高的生产率。

选择切削用量的基本原则是：首先选取尽可能大的背吃刀量；其次根据机床动力和刚性限制条件或已加工表面粗糙度的要求，选取尽可能大的进给量；最后利用切削用量手册选取或用公式计算确定切削速度。

1. 背吃刀量 a_p 的选择

粗加工时，一次走刀应尽可能切除全部粗加工余量，在中等功率机床上，a_p 可达 8 ～ 10 mm。半精加工时，a_p 可取 0.5 ～ 2 mm。精加工时，a_p 可取 0.1 ～ 0.4 mm。切削有硬皮的铸、锻件或不锈钢等加工硬化严重的材料时，应尽量使 a_p 超过硬皮或冷硬层厚度，以避免刀尖过早磨损。

2. 进给量的选择

粗加工时，进给量的大小主要受机床进给机构强度、刀具的强度与刚性、工件的装夹刚度等因素的限制。根据工件材料、车刀刀杆尺寸、工件直径及已确定的背吃刀量，按照经验或用查表法确定进给量。

精加工时，f 的大小主要受加工精度和表面粗糙度的限制。在半精加工和精加工时，则按加工表面粗糙度要求，根据工件材料、刀尖圆弧半径、切削速度，按照经验或用查表法来选择 f。

3. 切削速度 v_c 的确定

根据已经选定的背吃刀量 a_p、进给量及刀具使用寿命，通过计算或查表来确定切削速度。

计算公式如下：

$$v_c = \frac{C_v}{T^m a_p x_u f y_v} K_v$$

式中各系数和指数可查阅切削用量手册。

在生产中选择切削速度的一般原则是：

（1）粗车时，a_p 和 f 均较大，故选择较低的切削速度 v_c；精车时，a_p 和 f 均较小故择较高的切削速度 v_c。

（2）工件材料强度、硬度高时，应选较低的切削速度 v_c；反之选较高的切削速度 v_c。

（3）刀具材料性能越好，切削速 v_c 选得越高。

例如：切削合金钢比切削中碳钢切削速度应降低 20% ～ 30%；

切削调质状态的钢比切前正火、退火状态钢切削速度要降低 20% ～ 30%；

切削有色金属比切削中碳钢的切削速度可提高 100% ～ 300%。

（4）精加工时应尽量避免产生积屑瘤和鳞刺。

（5）断续切削时为减小冲击和热应力，宜适当降低切削速度。

（6）在易发生振动的情况下，v_c 应避开自激振动的临界速度。

（7）加工大件、细长件和薄壁件或加工带外皮的工件时，应适当降低切削速度。

4.3.2　确定车床尾座螺母工序切削用量

1. CA6140 尾座螺母粗车 $\phi58$ 外圆工序（工序20）切削用量的确定

（1）工序加工条件：加工设备为 CA6140，使用刀杆直径为 25 mm × 25 mm 的硬质合金外圆车刀；加工余量 1.6 mm，背吃刀量 $a_p = 0.8$ mm。

（2）查表（相关机械加工工艺师设计手册，常用切削用量表）选取进给量 f。f 取值范围 0.6 ～ 0.9 mm/r；查表（查相关机械加工工艺手册）选取切削速度 v，v 的取值范围 70 ～ 120（m/min）。

（3）根据 CA6140 机床常用主轴转数及纵向进给量，确定 v 和 f。

查表（常见通用机床的主轴转速及进给量）取 $n = 450$ r/min，$v = \pi D n / 1\,000 = 3.14 \times 58 \times 450 / 1\,000 = 82$（m/min），符合切削速度的取值范围。$f = 0.61$ mm/r，符合进给量的取值范围。

2. CA6140 尾座螺母粗车 $\phi 58$ 右端面（工序 20）**切削用量的确定**

（1）工序加工条件：加工设备为 CA6140，使用刀杆直径为 25×25 的硬质合金端面车刀；加工余量 0.5 mm，背吃刀量 $a_p = 0.5$ mm。

（2）查表（相关机械加工工艺师设计手册，常用切削用量表）选取进给量 f。f 取值范围 $0.6 \sim 0.9$ mm/r；查表（查相关机械加工工艺师设计手册）选取切削速度 v，v 的取值范围 $70 \sim 120(\text{m/min})$

（3）根据 CA6140 机床常用主轴转数及纵向进给量，确定 v 和 f。

查表（常见通用机床的主轴转速及进给量）

取 $n = 450$ r/min，$v = \pi D n / 1\,000 = 3.14 \times 58 \times 450 / 1\,000 = 82(\text{m/min})$，符合切削速度的取值范围。$f = 0.61$ mm/r、符合进给量的取值范围。

注：1. 在实际生产中，利用工艺手册查表法确定的切削用量三要素要根据生产条件具体状况进行修正。

2. 其他表面的切削用量请同学们根据加工工序条件、通过查表等手段练习确定。

4.3.3　确定工时定额

1. 工时定额的组成

时间定额就是在一定生产条件下，规定生产一件产品或完成一道工序所需消耗的时间。合理的时间定额能促进工人生产技术和熟练程度的不断提高，调动工人的积极性。时间定额是安排生产计划，核算生产成本的重要依据，也是新建或扩建工厂（或车间）时计算设备和工人数量的依据。

完成一个工件的一个工序的时间称为单件时间，它由下列部分组成。

（1）基本时间

直接改变生产对象的尺寸、形状、相对位置、表面状态或材料性质等工艺过程所消耗的时间称为基本时间。它包括刀具的切入和切出时间

$$T_{基} = \frac{L + L_1 + L_2}{nf} i$$

式中：L——零件加工表面的长度（mm）；

L_1，L_2——刀具切入和切出的长度（mm）；

n——工件每分钟转数（r/min）；

f——进给量（mm/r）；

i——进给次数，$i = Z/\alpha_p$，Z 为加工余量。

（2）辅助时间 $T_{辅}$

为实现工艺过程所必须进行的各种辅助动作所消耗的时间称为辅助时间，如装卸工件，开停机床，改变切削用量，测量工件等所消耗的时间。

基本时间和辅助时间的总和称为作业时间 $T_{作}$，它是直接用于制造产品或零部件消耗的时间。

（3）布置工作地时间 $T_布$

它是为使加工正常进行，工人照管工作地（如更换刀具、润滑机床、清理切屑、收拾工具等）所消耗的时间。$T_布$ 很难精确估计，一般按作业时间 $T_作$ 的百分数 $\alpha\%$（$2\% \sim 7\%$）来估算。

（4）休息和生理需要时间 $T_休$

它指工人在工作时间内为恢复体力和满足生理上的需要所消耗的时间，也按操作时间的百分数 $\beta\%$（一般取 2%）来计算。以上时间的总和称为单件时间，即：

$$T_单件 = T_基 + T_辅 + T_布 + T_休 = \left(T_基 + T_辅\right)\left(1 + \frac{\alpha + \beta}{100}\right) = \left(1 + \frac{\alpha + \beta}{100}\right)T_作$$

（5）准备终结时间 $T_{准终}$

它指工人为了生产一批产品或零部件，进行准备和结束工作所消耗的时间，如熟悉工艺文件，领取毛坯，安装刀具和夹具，调整机床以及在加工一批零件终结后所需要拆下和归还工艺装备，发送成品等所消耗的时间。

准备终结时间对一批零件只需要一次，零件批量 N 越大，分摊到每个零件上的准备终结时间越少。为此，成批生产时的单件时间定额为：

$$T = T_单件 + \frac{T_{准终}}{N} = \left(1 + \frac{\alpha + \beta}{100}\right)T_作 + \frac{T_{准终}}{N}$$

在大量生产中，每个工作地完成固定的一个工序，不需要准备终结时间，所以其单件时间定额为：

$$T = T_单件 = \left(1 + \frac{\alpha + \beta}{100}\right)T_作$$

注：制定时间定额要根据本企业的生产技术条件，使大多数工人都能达到平均先进水平，部分先进工人可以超过，少数工人通过努力可以达到或接近。且随着企业生产技术条件的不断改善，时间定额要定期修订，以保持定额的平均先进水平。

其实，在企业制订工时定额时除采用以上计算方法外还常用以下方法。

① 经验估工法：是工时定额员和经验丰富的工人根据经验对产品工时定额进行估算的一种方法，主要应用于新产品试制。

② 统计分析法：对多人生产同一种产品测出数据进行统计，计算出最优数、平均达到数、平均先进数，以平均先进数为工时定额的一种方法，主要应用于大批、重复生产的产品工时定额的修订。

③ 类比法：主要应用于有可比性的系列产品。

2. 确定 CA6140 尾座丝杠螺母的工时定额（以尾座螺母工序 20 为例）

（1）尾座螺母粗车 $\phi58$ 外圆工时定额的确定

① 基本时间。

$$T_基本 = L/nf = \left(l_基本 + l_1 + l_2\right)/nf = (8.7 + 5 + 2)/(450 \times 0.61) = 0.057 \text{ min} = 3.5 \text{ s};$$

其中 $l_基本$ 为切削长度，l_1 为切入行程，l_2 为切出行程。

② 辅助时间。

查表（机械加工工艺手册）

装夹时间：0.03、卸工件时间：0.02、操作机床时间：0.05、测量时间：0.10；

$$T_{辅助} = 0.2 \text{ min} = 12 \text{ s};$$

③ 准备终结时间 成批生产，每批次 300 件，$t_{准终} = 120 \text{ min}$。

④ 单件工时定额：

$$T_1 = (t_{基本} + t_{辅助})\left(1 + \frac{\alpha + \beta}{100}\right) + \frac{te}{N} = (0.057 + 0.2)(1 + 21.8\%) + 120/300$$

$$= 0.313 + 0.4 = 0.713 \text{ min}$$

（2）尾座螺母粗车 $\phi 58$ 右端面工时定额的确定

① 基本时间

$$T_{基本} = L/nf = (l_{基本} + l_1 + l_2)/nf = \left(\frac{60}{2} + 3 + 2\right)/(450 \times 0.61) = 0.128 \text{ min}$$

其中 $l_{基本}$ 为切削长度，l_1 为切入行程，l_2 为切出行程。

② 辅助时间。

查表（机械加工工艺手册）可得装夹时间：0，卸工件时间 0，操作机床时间：0.05，测量时间：0.10；该工步装卸工作已计入上工步，故装夹、拆卸时间为零。

$$T_{辅助} = 0.15 \text{ min}$$

③ 准备终结时间成批生产，每批次 300 件，本工步取 $t_{准终} = 0 \text{ min}$（该工步与上工步同步进行，时间为零。）。

④ 单件工时定额：

$$T_2 = (t_{基本} + t_{辅助})\left(1 + \frac{\alpha + \beta}{100}\right) + \frac{te}{N} = (0.128 + 0.15)(1 + 21.8\%) + 0 = 0.339(\text{min})$$

⑤ 本工序工时定额：

$$T = T_2 + T_2 = 0.713 + 0.339 = 1.05(\text{min})$$

注：其他各工序的时间定额，请同学们自行计算确定。

4.3.4 提高生产效率的途径

1. 缩减单件时间定额

缩减单件时间定额即缩短时间定额中各组成部分时间，尤其要缩短其中占比重较大部分的时间。如在通用设备上进行零件的单件、小批生产中，辅助时间占有较大比重；而在大批、大量生产中，基本时间所占的比重较大。

（1）缩减基本时间

① 提高切削用量。提高切削用量，对机床的承受能力、刀具的耐用度都提出了更高的要求，要求机床刚度好，功率大，采用优质刀具材料。目前，硬质合金车刀的切削速度可达 100～300 m/min，陶瓷刀具的切削速度可达 100～400 m/min，有的甚至高达 750 m/min，近年来出现聚晶金刚石和聚晶立方氯化硼新型刀具材料，其切削速度高达 600～1 200 m/min，并能加工淬硬钢。

② 减小切削长度。在切削加工时，可以采用多刀加工、多件加工的方法减小切削长度，如图4-3-1和图4-3-2所示。

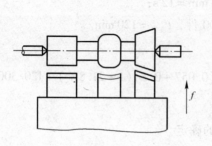 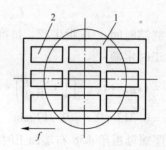

图4-3-1　多刀加工示意图　　　　　图4-3-2　多件加工示意图

1—砂轮；2—工件

（2）缩减辅助时间

① 采用高效夹具。在大批、大量生产中，采用气动、液动、电磁等高效夹具，在中、小批量中采用成组工艺、成组夹具、组合夹具都能减少找正和装卸工件的时间。

② 采用多工位连续加工方法，采用回转工作台和转位夹具，在不影响切削的情况下装卸工件，使辅助时间与基本时间重合或大部分重合。

③ 采用在线检测的方法控制加工过程中的尺寸，使测量时间与基本时间重合，可大大减少停机测量工件的时间。

（3）缩减布置工作地时间

减少布置工作地时间，可在减少更换刀具和调整刀具的时间方面采取措施。例如，提高刀具或砂轮的耐用度；采用各种快速换刀、自动换刀装置，及采用刀具微调装置等方法，都能有效缩减换刀时间。

（4）缩减准备终结时间

扩大零件的批量和减少调整机床、刀具和夹具的时间。在中、小批量生产中，产品经常更换，由于批量小，使准备终结时间在单件计算时间中占有较大的比重。同时，批量小又限制了高效设备和高效装备的应用。因此，扩大批量是缩短准备终结时间的有效途径。目前，采用成组技术，尽量使零部件通用化、标准化、系列化，以增加零件的生产批量。

2. 采用先进工艺方法

采用先进工艺方法是提高劳动生产率的另一有效途径，主要有以下几种方法。

（1）采用先进的毛坯制造新工艺。采用精铸、精锻、粉末冶金、压力铸造和快速成型等新工艺，不仅能提高生产率，而且毛坯的表面质量和精度也能得到明显改善。

（2）采用特种加工方法。对一些特殊性能材料和一些复杂型面，采用特种加工能极大地提高生产率，如用线切割加工冲模等。

（3）进行高效、自动化加工。随着机械制造中属于大批、大量生产产品种类的减少，多品种中、小批量生产将是机械加工工业的主流，成组技术、计算机辅助工艺规程、数控加工、柔性制造系统与计算机集成制造系统等现代制造技术，不仅适应了多品种中、小批量生产的特点，而且能大大地提高生产率，是机械制造业的发展趋势。

4.3.5　工艺方案的经济分析

制订机械加工工艺规程时，一般情况下，满足同一质量要求的加工方案有很多种，但经济性必定不同，要选择技术上较先进，经济上又合理的工艺方案，势必要在给定的条件下从技术和经济两方面对不同方案进行分析、比较、评价。

1. 工艺成本

制造一个零件（或一个产品）所必需的一切费用的总和称为生产成本。它可分为两大类费用：一类是与工艺过程直接有关的费用，称为工艺成本，占生产成本的 70% ~ 75%（通常包括毛坯或原材料费用、生产工人工资、机床设备的使用及折旧费、工艺装备的折旧费、维修费及车间或企业的管理费等）；另一类是与工艺过程无直接关系的费用（如行政人员的工资，厂房的折旧费，取暖、照明、运输等费用）。在相同的生产条件下，无论采用何种工艺方案，这类费用大体是不变的，所以在进行工艺方案的技术经济分析时不考虑，只需分析工艺成本。

（1）工艺成本的组成

① 可变费用 V（元/件）。可变费用是与零件年产量直接有关的费用。它包括：毛坯材料及制造费、操作工人工资、通用机床折旧费和修理费、通用工艺装备的折旧费和修理费，以及机床电费等。

② 不变费用 S（元/年）。不变费用是与零件年产量无直接关系，不随年产量的变化而变化的费用。它包括：专用机床和专用工艺装备的折旧费和修理费、生产工人的工资等。

（2）工艺成本的计算

零件加工的全年工艺成本 E 为：

$$E = NV + S(\text{元/年})$$

式中：V——可变费用（元/件）；

　　N——年产量（件/年）；

　　S——全年的不变费用（元/年）。

单件工艺成本 E_d 为：

$$E_\mathrm{d} = V + S/N(\text{元/件})$$

2. 工艺成本与年产量的关系

图 4-3-3 及图 4-3-4 分别表示全年工艺成本及单件工艺成本与年产量的关系。从图中可以看出，全年工艺成本 E 与年产量呈线性关系，说明全年工艺成本的变化量 ΔE 与年产量的变化量 ΔN 成正比；单件工艺成本 E_d 与年产量呈双曲线关系，说明单件工艺成本 E_d 随年产量 N 的增大而减小，各处的变化率不同，其极限值接近可变费用 V。

3. 工艺方案经济性评价

（1）若两种工艺方案基本投资相近，或都采用现有设备，则可以比较其工艺成本。

① 如两种工艺方案只有少数工序不同，可比较其单件工艺成本。当年产量 N 一定时有：

方案一，$E_\mathrm{d1} = V_1 + S_1/N$

方案二，$E_{d2} = V_2 + S_2/N$

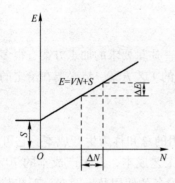

图4-3-3　年工艺成本与年产量关系图

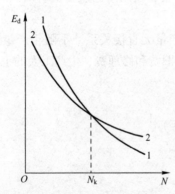

图4-3-4　单件工艺成本与年产量关系图

当 $E_{d1} > E_{d2}$ 时，方案二的经济性好。E 值小的方案经济性好，如图4-3-5所示。

② 当两种工艺方案有较多的工艺不同时，可对该零件的全年工艺成本进行比较。两方案全年工艺成本分别为：

方案一，$E_1 = NV_1 + S_1$

方案二，$E_2 = NV_2 + S_2$

E 值小的方案经济性好，如图4-3-6所示。

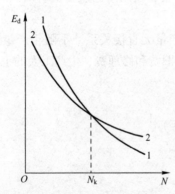

图4-3-5　单件工艺成本比较图

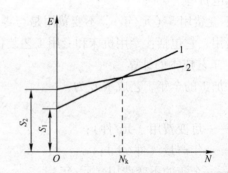

图4-3-6　全年工艺成本比较图

由此可知，各方案的经济性好坏与零件年产量有关。两种方案的工艺成本相同时的年产量称为临界产量 N_k，即 $E_1 = E_2$ 时，有：$N_K V_1 + S_1 = N_K V_2 + S_2$

故：$N_K = (S_1 + S_2)/(V_1 - V_2)$

（2）若两种工艺方案的基本投资相差较大，则应考虑不同方案的基本投资差额的回收期限 τ。

若方案一采用价格较贵的高效机床及工艺装备，其基本投资 K_1 必然较大，但工艺成本 E_1 则较低；方案二采用价格便宜，生产率较低的一般机床和工艺设备，其基本投资 K_2 较小，但工艺成本 E_2 则较高。方案一的工艺成本较低是增加了投资的结果。这时如果仅比较其工艺成本的高低是不全面的，而是应该同时考虑两种方案基本投资的回收期限。所谓投资回收期限是指一种方案比另一种方案多耗费的投资由工艺成本的降低所需的回收时间，常用 τ 表示。显然 τ 越小，经济性越好；τ 越大，则经济性越差，且 τ 应小于基本投资设备的使用年限，小于国家规定的标准回收年限，小于市场预测对该产品的需求年限。它可由下式计算：

$$\tau = (K_1 - K_2)/(E_1 - E_2) = \Delta K / \Delta E$$

式中：τ——回收期限（年）；

ΔK——两种方案基本投资的差额（元）；

ΔE——全年工艺成本差额（元/年）。

注：制订工艺规程时，必须妥善处理劳动生产率与经济性问题，工艺规程的优劣是以经济效果的好坏作为判别标准的，要力求机械制造的产品优质、高产、低成本。

劳动生产率是指一个工人在单位时间内生产出的合格产品的数量，机械加工的经济性就是研究如何用最少的消耗来生产出合格的机械产品。

任务练习

简答题

(1) 说明合理选择切削用量的意义。

(2) 说明粗、精加工时切削用量三要素选择的基本原则。

(3) 说明工序内容中切削用量三要素选择的一般方法。

(4) 金属切削加工中确定工序工时应考虑哪些主要内容？

(5) 结合工艺手册说明工序工时定额的确定方法。

(6) 简述提高零件机械加工生产效率的常用方法。

(7) 什么是工艺成本？影响工艺成本的因素有哪些？

(8) 如何比较不同工艺方案的经济合理性。

项目训练

【训练目标】

1. 明确零件机械加工工艺路线的内容。

2. 会分析套类零件的结构工艺性。

3. 能确定零件加工工序尺寸。

4. 会计算工序工时定额。

5. 会选择零件工序切削用量。

6. 会利用工具书查阅工序内容相关需确定的要素。

【项目描述】

图 4-0-1 为车床尾座螺母零件图，根据表 4-1-4 确定的工艺路线，通过查阅资料确定该零件第 30 工序的时间定额和切削用量，并将确定内容填写在零件工序卡中。

【资讯】

1. 该零件的工序 30 的内容是_____。

2. 该零件工序 30 的定位基准是_____。

3. 该零件工序30分几个工步，分别是＿＿＿＿＿＿＿＿＿＿＿＿＿＿＿＿＿＿＿＿＿。

4. 该零件的工序30可选用的机床有＿＿＿＿＿＿＿＿＿＿＿＿＿＿＿＿＿＿＿＿＿。

5. 该零件工序30需选用的刀具有＿＿＿＿＿＿＿＿＿＿＿＿＿＿＿＿＿＿＿＿＿。

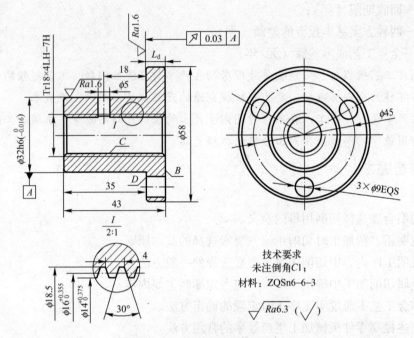

图4-0-1　车床尾座螺母零件图

【决策】

1. 进行学员分小组，参考工艺手册，确定工序30的切削用量和工时定额。

2. 各小组选出一位负责人，负责人对小组任务进行分配，组员按照负责人要求完成相关任务内容，并将自己所在小组及个人任务填入下表中。

序　号	小组任务	个人职责（任务）	负责人

【实施】

完成工序30的机械加工工序卡的填写（填入表4-0-1）。

表 4-0-1　尾座螺母加工工序 30 工序卡

工厂	机械加工工序卡片	产品型号		零件名称		尾座体	共　页	第　页
		产品名称		零件图号	工序号		材料牌号	
	车间		工序名称			每毛坯可制作数	每台件数	
	机加工车间	毛坯种类 铸件	毛坯外形尺寸		设备型号	设备编号	同时加工件数	
		设备名称 坐标镗床					切削液	
		夹具编号	夹具名称					
		工位夹具编号	工位器具名称				工序工时	准终 / 单件
工步号	工步名称	工艺装备	主轴转速 (r/min)	切削速度 (m/min)	进给量 (mm/r)	背吃刀量 (mm)	进给次数	工时 (min) 机动 / 单件
							编制 (日期)	审核 (日期)	标准化 (日期)	会签 (日期)
标记	处数	更改文件号	签字	日期	标记	处数	更改文件号	签字	日期

项目❺ 箱体类零件的工艺设计

😎 **项目导读**

　　箱体类零件是指具有孔系、型腔、筋板结构的零件，广泛应用于各种机械装置的传动和支承结构部件中。具有结构复杂，精度要求高，承受复杂交变载荷的特点，加工制造工艺具有工艺路线长、所用工艺装备种类多、技术要求复杂等特点。

　　本项目通过对箱体类零件的结构特性和技术要求分析，阐述了箱体类零件的常用加工方法，分析了箱体类零件的定位基准的选择确定方法论述了箱体类零件加工顺序的确定原则；通过以 C6125 车床尾座体零件为载体，按照零件工艺设计常规原则，设计了 C6125 车床尾座体零件工艺路线及工艺文件。学生在学习过程中的重点是掌握方法，在掌握某些典型工序设计的基础上，自己完成其他工序的工艺内容设计。

任务5.1　认知箱体类零件工艺特征

📖 **学习导航**

知识要点	箱体类零件的作用，箱体类零件技术要求，孔系加工方法，箱体零件的定位基准
任务目标	1. 掌握箱体类零件的工艺特征； 2. 掌握箱体类零件主要表面加工的基准选择方法； 3. 掌握箱体零件典型表面加工方法
能力培养	1. 会针对箱体类零件进行技术分析； 2. 会选择箱体类零件的定位基准和加工方法
教学组织	课堂讲解、课堂项目训练、课下查阅资料、自主学习、拓展训练
教学评价	学习过程评价（60%）；教学成果评价（30%）；团队合作评价（10%）
参考学时	2

🔧 **任务学习**

5.1.1　认知箱体类零件的特征及要求

1. 箱体类零件的功用

　　箱体类零件是机器及其部件的安装基础，主要起支承、连接作用。通过它将机器部件中的轴、轴承、套和齿轮等零件按一定的相互位置关系装配在一起，按规定的传动关系协调地运动。箱体类零件的加工质量，不但直接影响箱体的装配精度及回转精度，而且还会影响机器的工作精度、使用性能和寿命。

2. 箱体类零件的结构特点

箱体的结构形式一般都比较复杂，整体形状呈现封闭或半封闭状态，壁薄而且不均匀，零件加工部位多，加工难度大。

箱体的构成表面主要是平面和孔系。它既有作为装配基准的重要平面，也有不需要机械切削加工的平面；既有重要的主轴孔，也有一般精度的紧固螺钉孔。

如图5-1-1所示为齿轮箱箱体的结构图；由该图可以看出，该零件的主要结构表面为各种平面和安装支承孔系。

3. 箱体类零件的技术要求

箱体类零件一般结构较为复杂，通常是对回转类结构件进行支承，其支承孔本身的尺寸精度、相互间位置精度及支承孔与其端面的位置精度对零件的使用性能有很大的影响，因此，箱体类零件的技术要求通常包含以下几个方面。

（1）孔径精度

孔径的尺寸误差和几何形状误差会造成轴承与孔的配合不良，孔径过大会使配合过松，使主轴的回转轴线不稳定，并降低支承刚性，易产生振动和噪声；孔径过小，会使配合过紧，轴承将因外圈变形而不能正常运转，缩短寿命。孔径的形状误差会反映给轴承外圈，引起主轴回转误差。孔的圆度低，也会使轴承的外圈变形而引起主轴径向跳动。一般机床主轴箱的主轴支承孔的尺寸精度为IT6，其余支承孔尺寸精度为IT6～IT7，圆度、圆柱度公差不超过孔径公差的一半。

（2）孔与孔的位置精度

同一轴线上各孔的同轴度误差和孔端面对轴线的垂直度误差，会使轴和轴承装配到箱体内出现歪斜，从而造成主轴径向跳动和轴向窜动，也会加剧轴承的磨损。孔系间的平行度误差，会影响齿轮的啮合质量。

一般同轴上各孔的同轴度约为最小孔尺寸公差的一半。

（3）孔与平面的位置精度

一般都要规定主要孔和主轴箱安装基面的平行度要求。它们决定了主轴与床身导轨的相互位置关系。这项精度在总装时通过刮研来达到。

（4）主要平面的精度

装配基面的平面度误差主要影响箱体与连接件连接时的接触刚度。若加工过程中作为定位基准，则会影响主要孔的加工精度，因此规定安装底面和导向面间必须垂直。

用涂色法检查接触面积或单位面积上的接触点数来衡量平面的平面度高低。而顶面的平面度则是为了保证箱盖的密封性，防止工作时润滑油的泄漏。

（5）表面粗糙度

重要孔和主要平面的表面粗糙度会影响连接面的配合性质和接触刚度。一般主轴孔的表面粗糙度 $Ra0.4\,\mu m$，其他各纵向孔 $Ra1.6\,\mu m$，装配基准面和定位基准面 $Ra0.63～2.5\,\mu m$，其他平面 $Ra2.5～10\,\mu m$。

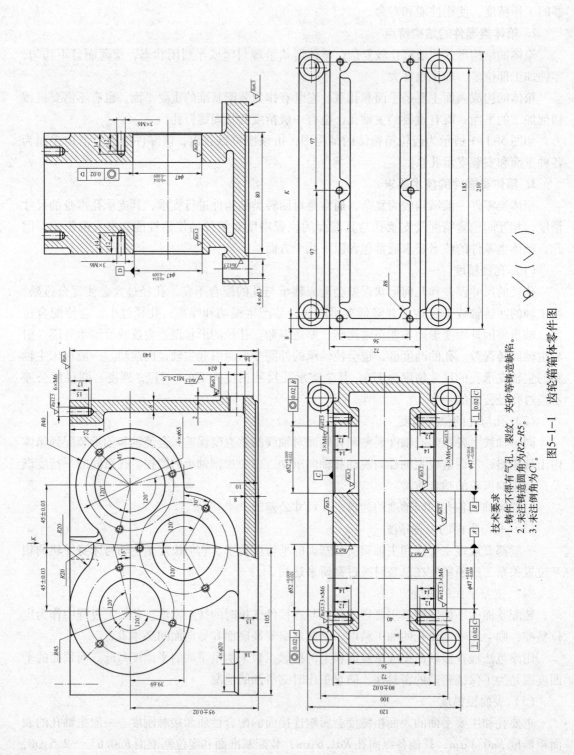

技术要求
1. 铸件不得有气孔、裂纹、夹砂等铸造缺陷。
2. 未注铸造圆角为R2~R5。
3. 未注倒角为C1。

图5-1-1 齿轮箱箱体零件图

4. 箱体类零件的材料及毛坯选择

（1）箱体类零件的材料

箱体材料一般选用 200～400HT 的各种牌号的灰铸铁，而最常用的为 200HT。灰铸铁不仅成本低，而且具有较好的耐磨性、可铸性、可切削性和阻尼特性。在单件生产或用于某些简易机床的箱体时，为了缩短生产周期和降低成本，可采用钢材焊接结构。此外，精度要求较高的坐标镗床主轴箱则选用球墨铸铁。负荷大的主轴箱也可采用铸钢件。

（2）箱体类零件的毛坯

毛坯的加工余量与生产批量、毛坯尺寸、结构、精度和铸造方法等因素有关。有关数据可查有关资料及根据具体情况决定。毛坯铸造时，应防止砂眼和气孔的产生。

（3）箱体类零件的热处理

为了减少毛坯制造时产生残余应力，应使箱体壁厚尽量均匀，箱体浇铸后应安排时效或退火工序。而在加工过程中对有较高要求的箱体类零件可多次安排时效处理。为了消除铸造后铸件中的内应力，在毛坯铸造后安排一次人工时效处理，有时甚至在半精加工之后还要安排一次时效处理，以便消除残留的铸造内应力和切削加工时产生的内应力。对于特别精密的箱体，在机械加工过程中还应安排较长时间的自然时效（如坐标镗床主轴箱箱体）。箱体人工时效的方法，除加热保温外，也可采用振动时效。

5.1.2　认知箱体类零件的加工方法

1. 箱体类零件的孔系加工方法

箱体类零件上一系列有相互位置精度要求的孔的组合，称为孔系。孔系可分为平行孔系、同轴孔系及垂直孔系，如图 5-1-2 所示。

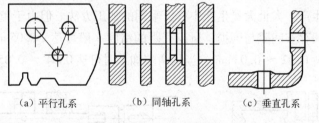

（a）平行孔系　　　（b）同轴孔系　　　（c）垂直孔系

图 5-1-2　孔系种类

孔系加工不仅对孔本身的精度要求较高，而且对孔距精度和相对位置精度的要求也高，因此是箱体加工的关键。孔系的加工方法根据箱体生产批量和孔系精度要求的不同而不同。

（1）平行孔系的加工

平行孔系的主要技术要求是各平行孔中心线之间及中心线与基准面之间的距离尺寸精度和相互位置精度。生产中常采用以下几种方法。

① 找正法。

a. 划线找正法：加工前按照零件图在毛坯上划出各孔的位置轮廓线，然后在普通镗床上，按划线依次找正孔的位置后进行加工。这种方法能达到的孔距精度一般在 ±0.5 mm 左右，生产效率低，适用于单件小批生产。

b. 心轴和块规找正法：镗第一排孔时将心轴插入主轴孔内（或直接利用镗床主轴），然后根据孔和定位基准的距离组合一定尺寸的块规来校正主轴位置，如图 5-1-3 所示。校正时用塞尺测定块规与心轴之间的间隙，以避免块规与心轴直接接触而损伤块规。镗第二排孔时，分别在机床主轴和加工孔中插入心轴，采用同样的方法来校正主轴线的位置，以保证孔心距的精度。这种找正法的孔心距精度可达 ±0.3 mm。

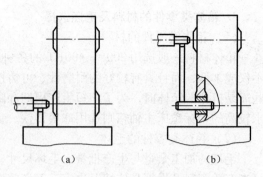

图 5-1-3 心轴和块规找正

c. 样板找正法：用 5 ~ 8 mm 厚的钢板制造样板，样板上按工件孔系间距尺寸的平均值加工出相应的孔。样板上的孔距精度较箱体孔系的孔距精度高（一般为 ±0.1 ~ ±0.3 mm），样板上的孔径较工件孔径大，以便于镗杆通过。样板上孔径尺寸精度要求低，但孔的圆度和表面粗糙度要求都较工件上的孔的要求高。样板上有定位基准，以确保样板相对工件位置正确。在机床主轴上安装千分表，按样板找正机床主轴，如图 5-1-4 所示。镗完一端上的孔后，将工作台回转 180°，再用同样的方法加工另一端面上的孔。此法加工孔距精度可达 ±0.05 mm。这种样板成本低、易变形，常用于粗加工和单件小批的大型箱体加工。

② 镗模法（即利用镗夹具加工孔系）。

镗孔时，工件装夹在镗模上，镗杆被支承在镗模的导套里，由导套引导镗杆进行加工，镗杆与机床主轴浮动连接，孔距精度取决于镗模的精度及镗杆与导套的配合精度和刚性，不受机床主轴精度的影响。用镗模法加工孔系，可在通用机床或组合机床上加工，如图 5-1-5 所示。镗孔是中批生产、大批大量生产中广泛采用的加工方法。但由于镗模自身存在制造误差，导套与镗杆之间存在间隙与磨损，所以孔距的精度一般可达 ±0.05 mm，同轴度和平行度从一端加工时可达 0.02 ~ 0.03 mm，当从两端加工时可达 0.04 ~ 0.05 mm。

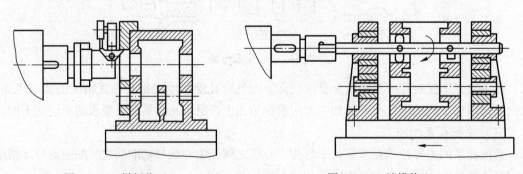

图 5-1-4 样板找正   图 5-1-5 镗模找正

③ 坐标法。

坐标法镗孔是先将被加工孔系间的孔距尺寸换算为两个相互垂直的坐标尺寸，并按此坐标尺寸，在普通卧式镗床、坐标镗床或数控镗铣床等设备上，借助于测量装置，调整主轴在水平和垂直方向的相对位置，来保证孔距精度的一种镗孔方法。坐标法镗孔的孔距精度取决于坐标的移动精度。采用此法进行镗孔，不需要专用夹具，通用性好，适用于各种箱体加工。

如图5-1-6所示，在镗床上安装控制工作台横向移动和床头箱垂直移动的测量装置，利用百分表和不同尺寸的量块，可准确地控制主轴与工件在水平与垂直方向上的位置。

采用坐标法镗孔之前，必须把各孔距尺寸及公差借助三角几何关系及工艺尺寸链规律换算成以主轴孔中心为原点的相互垂直的坐标尺寸及公差。

（2）同轴孔系的加工

同轴孔系的主要技术要求为同一轴线上的各孔间的同轴度。在成批生产中，箱体的同轴孔系的同轴度基本由镗模保证。单件小批生产时，其同轴度常用以下几种方法来保证。

① 利用已加工孔作支承导向。如图5-1-7所示，当箱体前壁上的孔加工好后，在孔内装一导向套，支承和引导镗杆加工后壁上的孔，以保证两孔的同轴度要求。此法适于加工箱壁相距较近的孔。

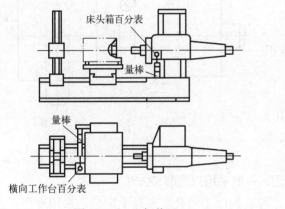

图5-1-6　坐标找正

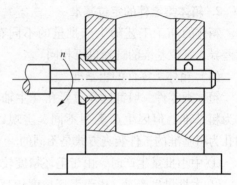

图5-1-7　已加工孔作支承

② 利用镗床后立柱上的导向套支承镗杆。这种方法其镗杆为两端支承，刚性好，但此法调整麻烦，故只适于大型箱体的加工。

③ 采用调头镗。当箱体箱壁相距较远时，可采用调头镗，如图5-1-8所示。工件在一次装夹下，镗好一端孔后，将镗床工作台回转180°。调整工作台位置，使已加工孔与镗床主轴同轴，然后再加工孔。

当箱体上有一较长并与所镗孔轴线有平行度要求的平面时，镗孔前应先用装在镗杆上的百分表对此平面进行校正，使其与镗杆轴线平行。如图5-1-8（a）所示，校正后加工孔A，孔加工后，再将工作台回转180°，并用装在镗杆上的百分表沿此平面重新校正，如图5-1-8（b）所示，然后再加工B孔，就可保证A、B孔同轴。若箱体上无长的加工好的工艺基面，也可用平行长铁置于工作台上，使其表面与要加工的孔轴线平行后固定。

（3）交叉孔系的加工

交叉孔系的主要技术要求是控制有关孔的垂直度误差。在普通镗床上靠机床工作台上的90°对准装置。因为它是挡块装置，结构简单，但对准精度低。

当有些镗床工作台90°对准装置精度很低时，可用心棒与百分表找正来提高其定位精

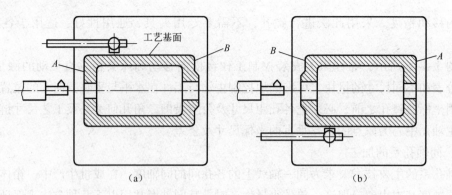

图 5-1-8　调头镗加工示意图

度，即在加工好的孔中插入心棒，工作台转位 90°，摇工作台用百分表找正，如图 5-1-9 所示。

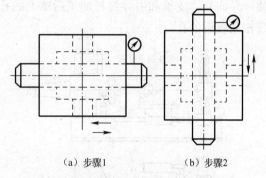

（a）步骤1　　　　（b）步骤2

图 5-1-9　找正法加工交叉孔系

2. 箱体类零件的定位基准

箱体的加工工艺随生产批量的不同有很大差异，定位基准的选择也不相同。

（1）箱体类零件的粗基准

箱体类零件一般都选择重要孔（主轴孔）作为粗基准，但因生产类型不同，实现以主轴孔为粗基准的工件装夹方式是不同的。

① 中小批量生产时，由于毛坯精度较低，一般采用划线装夹方法。

② 大批量生产时，由于毛坯精度较高，可直接以主轴孔在夹具上定位，采用专用夹具装夹。

当批量较大时，应先以箱体毛坯的主要支承孔作为粗基准，直接在夹具上定位。

如果箱体零件是单件小批生产，由于毛坯的精度较低，不宜直接用夹具定位装夹，而常采用划线找正装夹。

（2）箱体类零件的精基准

① 采用两孔一面定位（基准统一原则）。对于箱体零件，由于其加工的难度大，因而在多数工序中，利用底面（或顶面）及其上的两孔作为定位基准，加工其他的平面和孔系，以避免由于基准转换而带来的累积误差。

工件在夹具中采用平面与孔组合定位，为适应工件以两孔一面组合定位的需要，需在两个定位销中采用一个削边定位销。装夹时可根据工序加工要求采用平面作为第一定位基准，也可采用其中某一个内孔作为第一定位基准。多数情况下，一般为了保证定位的稳定性，而采用箱体上的平面作为第一定位基准面，如图 5-1-10 所示。

② 采用三面定位（基准重合原则）。箱体上的装配基准一般为平面，而它们又往往是箱体上其他要素的设计基准，因此以这些装配基准平面作为定位基准，避免了基准不重合误差，有利于提高箱体各主要表面的相互位置精度。

当一批工件在夹具中定位时，由于工件上3个定位基准面之间的位置不可能做到绝对准确，它们之间存在着角度偏差，这些偏差将引起各定位基准的位置误差，在设计时应当充分考虑，如图5-1-11所示。

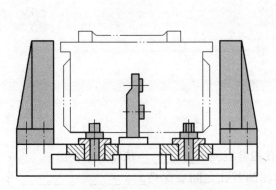

图 5-1-10　两孔一面定位的箱体

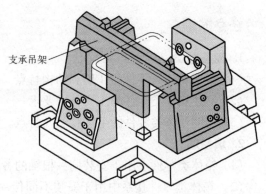

支承吊架

图 5-1-11　三平面定位的箱体

这两种定位方式各有优缺点，应根据实际生产条件合理确定。

在大批量生产时，若采用不了基准重合原则，则尽可能采用基准统一原则，由此而产生的基准不重合误差通过工艺措施解决，如提高工件定位面精度和夹具精度等。装夹时箱体口朝下（见图5-1-10），其优点是采用了统一的定位基准，各工序夹具结构类似，夹具设计简单；当工件两壁的孔跨距大，需要增加中间导向支承时，支承架可以很方便地固定在夹具体上。这种定位方式的缺点是：基准不重合，精度不宜保证；另外，由于箱口朝下，加工时无法观察加工情况和测量加工尺寸，也不便调整刀具。

在中、小批量生产时，尽可能使定位基准与设计基准重合，以设计基准作为统一的定位基准。装夹时箱口朝上，其优点是基准重合，定位精度高，装夹可靠，加工过程中便于观察、测量和调整。缺点是当需要增加中间导向支承时，有很大麻烦。由于箱体是封闭的，中间支承只能用如图5-1-11所示的吊架从箱体顶面的开口处伸入箱体内。因每加工一个零件吊架需装卸一次，所需辅助时间多，且吊架的刚性差，制造和安装精度也不可能很高，影响了箱体的加工质量和生产率。

3. 箱体类零件加工顺序的安排

（1）按先面后孔、先主后次顺序加工

由于箱体零件孔的精度要求高，加工难度大，先以孔为粗基准加工好平面，再以平面为精基准加工孔，这样既能为孔的加工提供稳定可靠的精基准，又可以使孔的加工余量均匀。

（2）加工阶段粗、精分开

箱体的结构复杂，壁厚不均匀，刚性不好，而加工精度要求又高，因此箱体重要的加工表面都要划分粗、精两个加工阶段。对于单件小批生产，采用的方法是粗加工后将工件松开一点，然后再用较轻的力夹紧工件，使工件因夹紧力而产生的弹性变形在精加工之前得以恢复，所以虽然工序上粗、精没分开，但从工步上讲还是分开的。

（3）工序间安排时效处理

箱体零件大都为铸件，残余应力较大，为了消除残余应力，减小加工后的变形，保证精度的稳定，铸造之后要安排人工时效处理。对于高精度的箱体或形状特别复杂的箱体，在粗加工之后还要安排人工时效处理，以消除粗加工所造成的残余应力；对于精度要求不高的，也可利用粗、精加工工序间的停放和运输时间，使之自然完成时效处理。

任务练习

1. 简答题

（1）说明箱体类零件的作用和结构特点。

（2）简述箱体类零件的主要技术要求。

（3）说明箱体类零件的毛坯种类及特点。

2. 填空题

（1）箱体类零件上用于安装同一根轴的各孔通常应提出_____位置公差要求。

（2）箱体类零件孔系中用于安装不同传动轴的各孔之间要保持_____、_____或_____的位置关系。

（3）箱体类零件上的主要轴孔与安装平面通常应提出较高的_____精度要求，该项精度通常采用_____加工方法获得。

（4）一般机床主轴箱的主轴支承孔的尺寸精度为_____级，其余支承孔尺寸精度为_____级，圆度、圆柱度公差不超过孔径公差_____。

任务 5.2　设计 C6125 车床尾座体工艺文件

学习导航

知识要点	箱体类零件的分析方法，箱体类零件工艺文件内容
任务目标	1. 掌握箱体类零件的工位路线制定方法； 2. 设计 C6125 车床尾座体零件的工艺文件
能力培养	1. 会设计箱体类零件的工艺路线； 2. 会编制箱体零件的工艺文件
教学组织	课堂讲解、课堂项目训练、课下查阅资料、自主学习、拓展训练
教学评价	学习过程评价（60%）；教学成果评价（30%）；团队合作评价（10%）
参考学时	4

任务学习

5.2.1　制订 C6125 车床尾座体工艺路线

表 5-2-1 为 C6125 车床尾座体工艺任务单，图 5-2-1 为 C6125 车床尾座体零件图。

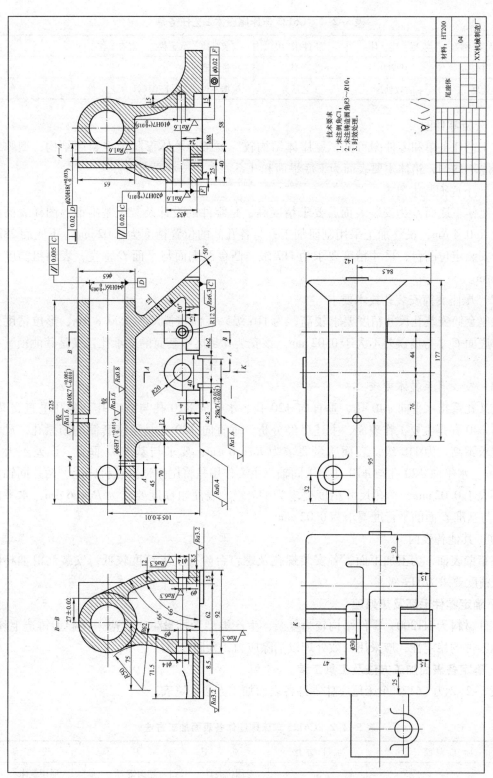

图5-2-1　C6125车床尾座体零件图

表 5-2-1　C6125 车床尾座体工艺任务单

产品名称	尾座体	零件作用	安装基体、承受载荷，静态工作
零件材料	HT200	生产类型	批量生产
热处理	时效处理	工艺任务	根据零件图、装配图制订工艺文件

1. 分析零件图

由工艺任务单和零件图可知，尾座体结构较为复杂，总体形状为半封闭结构，型腔复杂，壁厚不均匀，箱体主要表面为下底平面和孔系。主要技术要求为：

（1）下底面技术要求

尾座体下底面 C 为安装表面，要求精度高，是零件的设计及装配基准面，图样表面粗糙度为 $Ra0.4\ \mu m$，最终加工采用刮研加工；与各孔间的位置精度为 0.02 mm。下底面 28k7 凸台为安装定位凸台，尺寸精度要求为 IT7 级，凸台两侧面与平面 C 垂直，表面粗糙度为 $Ra1.6\ \mu m$。

（2）尾座套筒安装孔技术要求

尾座套筒安装孔尺寸精度要求较高，为 IT6 级，表面粗糙度为 $Ra0.8\ \mu m$，形位精度要求为与底面 C 平行度误差不大于 0.02 mm。该安装孔是尾座套筒的支承孔，又是其他锁紧孔的基准。

（3）交叉孔系技术要求

交叉孔系指水平向 $\phi40$ 孔、垂直向 $\phi20$ 孔、水平向 $\phi20$ 孔与 $\phi10$ 孔，各孔垂直交叉，水平向 $\phi40$ 孔是主要工作表面，上述已经分析。垂直向 $\phi20$ 孔是尾座套筒的锁紧孔，尺寸精度要求不高，为 IT8 级，表面质量要求为 $Ra1.6\ \mu m$，要求与基准 D 垂直，误差不大于 0.02 mm。水平向 $\phi20$ 孔与 $\phi10$ 孔要求同轴，主要作用是将尾座锁紧在机床上，两孔同轴度误差不大于 0.02 mm，两孔尺寸精度要求为 IT7 级，表面粗糙度要求为 $Ra1.6\ \mu m$，水平向 $\phi20$ 孔与基准 C 面的平行度要求为 0.02 mm。

（4）其他各表面

各箱壁表面，为不加工面，各安装螺孔及螺钉台阶孔要求精度较低，安装润滑油杯的 $\phi10$ 孔精度要求为 IT7 级。

2. 确定零件毛坯及热处理

零件材料为 HT200，零件结构较为复杂，生产类型为批量生产，应采用砂型铸造毛坯。为提高零件的稳定性，应采用时效处理以消除应力，预防变形。

3. 确定各表面加工方法及工具工装

表 5-2-2 为 C6125 车床尾座体零件各表面加工方法一览表。

表 5-2-2　C6125 车床尾座体各表面加工方法

加工表面	加工方法	夹具	刀具	设备
底面 C 及台阶面	铣	专用铣夹具	端面铣刀	通用铣床
	刮		刮刀	

加 工 表 面	加 工 方 法	夹　具	刀　具	设　备
28k7 台阶平面	粗、精铣	专用铣夹具	铰刀	铣床
ϕ40H6 内孔面及端面	铣、镗	专用镗夹具	端面铣刀、镗刀	镗床
ϕ20H8 竖直孔及上端面	钻、扩、铰、铣	专用钻夹具	钻头、铰刀	钻床
ϕ35 左侧面	铣	专用铣夹具	铰刀	铣床
ϕ20H7、ϕ10H7 水平孔	钻、扩、铰	专用钻夹具	钻头	钻床
ϕ6H7、M8 垂直孔	钻、铰（攻）	专用钻夹具	钻头、铰刀、丝锥	钻床
ϕ10K7 垂直孔	钻、铰	专用钻夹具	钻头、铰刀	钻床
R12 圆弧	铣	专用铣夹具	铰刀	铣床
2×ϕ14 沉孔、2×ϕ9 通孔	钻	专用钻夹具	钻头	钻床

4. 划分加工阶段

根据该零件的各表面加工要求及可采用加工方法特点，考虑生产类型、加工条件等因素，该零件加工可划分为 3 个加工阶段。分别为粗加工阶段：主要完成粗铣底面 C 及定位凸台、钻 ϕ40H6 内孔、铣 ϕ40H6 左右侧面；半精加工阶段：主要完成精铣底面 C 及定位凸台、半精镗 ϕ40H6 内孔、完成各次要表面加工；精加工阶段：主要完成刮研底面 C，精镗 ϕ40H6 内孔，钻扩铰各锁紧孔。

5. 确定加工顺序

根据加工顺序的确定原则，考虑本零件的结构特点和技术要求等条件，采用先面后孔、先主后次的原则，首先加工底面 C，粗加工后以此面为基准，加工其他孔系。加工各孔时，先加工最重要的孔（ϕ40H6）。考虑该零件毛坯为铸造毛坯，箱体壁厚不均匀、各表面加工量差别加大，因此合理进行时效处理。

各表面的加工顺序如下：

（1）底面 C：粗铣→半精铣→精铣→刮研；

（2）ϕ40H6 内孔面：钻→精镗→半精镗→精镗；

（3）ϕ40H6 两侧面：粗铣→半精铣；

（4）ϕ20H8 垂直孔：钻→扩→铰；

（5）ϕ20H7 与 ϕ10H7 水平孔：钻→扩→铰；

（6）ϕ35 台阶侧面：粗铣；

（7）2×ϕ14，2×ϕ9 螺钉孔：钻；

（8）ϕ10K7：钻、扩、铰；

（9）ϕ6H7：钻、扩、铰；

（10）M8：钻、扩、攻。

6. 确定零件工艺路线

总结上述分析，确定尾座体零件的工艺路线，见表 5-2-3。

表 5-2-3　C6125 车床尾座体工艺路线

工 序 号	工序名称	工 序 内 容	定 位 基 准	装 夹 方 式
10	备料	砂型铸造，按毛坯图铸造		
20	时效	时效处理		
30	铣削	粗铣 28k7 平面、底面 C，找平底面	φ65 外圆面及 φ35 左侧面	专用铣夹具，手动夹紧
40	铣削	粗、精铣 φ40H6 两侧面	底面 C、φ35 左侧面	专用铣夹具，手动夹紧
50	镗削	粗镗 φ40H6 内孔、半精镗 φ40H6 内孔	底面 C、φ35 左侧面	专用镗夹具，手动夹紧
60	铣削	粗铣 φ35 侧面，铣平即可	底面 C、底板侧面	专用铣夹具，手动夹紧
70	铣削	粗铣垂直孔 φ20H8 上平面，铣平即可	底面 C、φ35 左侧面	专用铣夹具，手动夹紧
80	铣削	半精铣 28k7 平面、底面 C	φ40H6 内孔、φ35 左侧面	专用铣夹具，手动夹紧
90	铣削	精铣底面 C、留刮削余量	φ40H6 内孔、φ35 左侧面	专用铣夹具，手动夹紧
100	钻	钻 2×φ14 沉孔、2×φ9 通孔	底面 C、φ35 左侧面	专用翻转式钻夹具，手动夹紧
110	钻扩铰	钻、扩、铰 φ20H8 垂直孔；及 φ20H7、φ10H7 水平孔	底面 C、φ35 左侧面	专用翻转式钻夹具，手动夹紧
120	钻、攻	钻、扩、铰 φ6H7 孔；钻、攻 M8 螺孔	φ40H6 内孔、φ35 左侧面	专用钻夹具，手动夹紧
130	钻、铰	钻、铰 φ10K7 孔	底面 C，φ35 左侧面	专用钻夹具，手动夹紧
140	时效	时效处理		
150	镗	精镗 φ40H6 内孔	底面 C、φ35 左侧面	专用镗夹具，手动夹紧
160	刮研	刮研底面 C	底面 C，自为基准	
170	检	检验，入库		

5.2.2　编制 C6125 车床尾座体工艺文件

1. 确定各工序加工余量及加工精度

由前述零件工艺任务单、零件图样技术要求、零件工艺路线分析可知，C6125 车床尾座体毛坯为铸造毛坯，与铸造毛坯件预留余量直接相关的加工表面为底面 C、φ40H6 内孔面、φ35 侧面。其余各孔为在实体材料上的加工，其毛坯尺寸不需在毛坯图上标注。

查《机械加工工艺手册》的铸造毛坯精度及余量、机械加工工序间加工余量等表格，确定各表面各工序加工余量及加工精度。

（1）零件毛坯的确定

零件毛坯类型为砂型铸造机器造型、成批生产、材料为 HT200，尺寸公差等级为 IT12级。铸件机械加工余量等级选取为 G 级。确定铸造各加工表面毛坯尺寸。

① 孔 D 毛坯尺寸

查表选取其需要的机械加工余量为 2.8 mm，其毛坯孔尺寸为 φ37.2。

② 确定底面 C 毛坯尺寸。

查表确定其需要的机械加工余量为 2.8 mm，中心高位置尺寸为 107.8 mm。

③ $\phi 35$ 侧面台阶高度余量确定为 1.5 mm。

④ $\phi 28$ 垂直孔上平面机械加工余量为 1.5 mm。

⑤ 28k7 平面的机械加工余量为 2.8 mm。

根据零件图结构、各表面毛坯尺寸绘制零件毛坯图。由同学们自行完成。

（2）各表面工序间加工余量及精度

查《机械加工工艺手册》中各表面加工余量表，结合零件结构特点确定尾座体各加工表面各工序加工余量及工序精度，详见表 5-2-4。

表 5-2-4　C6125 车床尾座体各加工表面各工序余量及精度

加 工 表 面	加 工 工 序	加工余量（mm）	精度等级	表面粗糙度 Ra（μm）
$\phi 40H6$ 内孔面	毛坯	—	CT10	
	粗镗	4.4	IT10	6.3
	半精镗	0.3	IT8	3.2
	精镗	0.1	IT6	0.8
底面 C 面	毛坯	—	CT10	
	粗铣	1.6	IT10	6.3
	半精铣	0.75	IT9	3.2
	精铣	0.30	IT7	1.6
	刮研	0.15	IT5	0.4
28k7 平面	毛坯	—	CT10	
	粗铣	1.9	IT10	6.3
	半精铣	0.9	IT9	3.2
$\phi 35$ 侧面	毛坯	—	CT10	
	粗铣	1.5	IT10	
$\phi 20H8$ 垂直孔上平面	毛坯	—	CT10	
	粗铣	1.5	IT10	
$\phi 20H8$ 垂直孔	毛坯	—	—	—
	钻孔	—	IT10	12.5
	扩孔	1.8	IT9	6.3
	铰孔	0.2	IT8	1.6
$\phi 20H7$ 水平孔	毛坯	—	—	—
	钻孔	—	IT10	12.5
	扩孔	1.8	IT9	6.3
	粗铰	0.14	IT8	3.2
	精铰	0.06	IT7	1.6

加 工 表 面	加 工 工 序	加工余量（mm）	精度等级	表面粗糙度 Ra（μm）
$\phi10H7$ 水平孔	毛坯	—	—	—
	钻孔	—	IT10	12.5
	粗铰	0.16	IT8	3.2
	精铰	0.04	IT7	1.6
$\phi10K7$ 垂直孔	毛坯	—	—	—
	钻孔	—	IT10	12.5
	粗铰	0.16	IT8	3.2
	精铰	0.04	IT7	1.6
$\phi6H7$ 孔	毛坯	—	—	—
	钻孔	—	IT10	12.5
	铰	0.2	IT7	1.6

2. 确定工序尺寸及公差

参照项目五尾座螺母工序尺寸确定方法，根据各工序余量、工序精度、零件结构尺寸可计算确定尾座体各加工表面工序尺寸及公差，详见表5-2-5。

表5-2-5 C6125车床尾座体各主要加工表面各工序尺寸

加 工 表 面	加 工 工 序	工序尺寸	表面粗糙度 Ra（μm）	工 序 基 准
$\phi40H6$ 内孔面	毛坯	$\phi35.2 \pm 1.3$	—	
	粗镗	$\phi39.6^{+0.10}_{0}$	12.5	底面 C 及 $\phi35$ 侧面
	半精镗	$\phi39.9^{+0.039}_{0}$	3.2	底面 C 及 $\phi35$ 侧面
	精镗	$\phi40^{+0.016}_{0}$	0.8	底面 C 及 $\phi35$ 侧面
底面 C	毛坯	107.8 ± 1.8	—	
	粗铣	$106.2^{0}_{-0.140}$	6.3	$\phi65$ 外圆面及 $\phi35$ 侧面
	半精铣	$105.45^{0}_{-0.087}$	3.2	$\phi40H6$ 内孔及 $\phi35$ 侧面
	精铣	$105.15^{0}_{-0.035}$	1.6	$\phi40H6$ 内孔及 $\phi35$ 侧面
	刮研	105 ± 0.01	0.4	底面 C 面
28k7 平面	毛坯	4 ± 0.05	—	
	粗铣	$4^{0}_{-0.048}$	6.3	$\phi65$ 外圆面及 $\phi35$ 侧面
	半精铣	4 ± 0.009	3.2	$\phi40H6$ 内孔及 $\phi35$ 侧面
$\phi35$ 侧面台阶	毛坯	3 ± 0.05	—	
	粗铣	3 ± 0.024	6.3	底面 C 及底座侧面
$\phi20H8$ 垂直孔	毛坯	—	—	
	钻孔	$\phi18^{+0.07}_{0}$	12.5	底面 C 及 $\phi35$ 侧面
	扩孔	$\phi19.8^{+0.052}_{0}$	6.3	底面 C 及 $\phi35$ 侧面
	铰孔	$\phi20^{+0.033}_{0}$	1.6	底面 C 及 $\phi35$ 侧面
$\phi20H7$ 水平孔	毛坯	—	—	
	钻孔	$\phi18^{+0.084}_{0}$	12.5	底面 C 及 $\phi35$ 侧面
	扩孔	$\phi19.8^{+0.052}_{0}$	6.3	底面 C 及 $\phi35$ 侧面
	粗铰	$\phi19.94^{+0.033}_{0}$	3.2	底面 C 及 $\phi35$ 侧面
	精铰	$\phi20^{+0.025}_{0}$	1.6	底面 C 及 $\phi35$ 侧面

加工表面	加工工序	工序尺寸	表面粗糙度 Ra（μm）	工序基准
$\phi10H7$ 水平孔	毛坯	—	—	
	钻孔	$\phi9.8^{+0.058}_{0}$	12.5	底面 C 及 $\phi35$ 侧面
	粗铰	$\phi9.96^{+0.022}_{0}$	3.2	底面 C 及 $\phi35$ 侧面
	精铰	$\phi10^{+0.015}_{0}$	1.6	底面 C 及 $\phi35$ 侧面
$\phi10K7$ 垂直孔	毛坯	—	—	
	钻孔	$\phi9.8^{+0.058}_{0}$	12.5	底面 C 及 $\phi35$ 侧面
	粗铰	$\phi9.96^{+0.022}_{0}$	3.2	底面 C 及 $\phi35$ 侧面
	精铰	$\phi10^{+0.005}_{-0.010}$	1.6	底面 C 及 $\phi35$ 侧面

3. 确定切削用量

切削用量的确定原则是满足工序质量要求，提高生产效率、降低生产成本，充分考虑零件加工表面的结构特点、材料加工性能、现有生产设备及工装条件等因素，通过查表及经验对比确定各工序加工余量。

（1）$\phi40H6$ 内孔面各工序切削用量

① 粗镗工序。

工序加工条件：T68 卧式镗床、硬质合金刀头镗刀，加工余量为 4.4 mm。

查机械加工工艺手册切削用量表选取切削用量参数取值范围：切削速度 v_c 的取值范围 40 ~ 80 m/min；进给量 f 的取值范围：0.3 ~ 1.0 mm/r。

T68 主轴转速有：20 r/min、25 r/min、32 r/min、40 r/min、50 r/min、65 r/min、80 r/min、100 r/min、125 r/min、160 r/min、200 r/min、250 r/min、315 r/min、400 r/min、500 r/min、630 r/min、800 r/min、1 000 r/min。

取 $n=400$ r/min，则

$$v_c = \pi Dn/1\,000 = 3.14 \times 39.6 \times 400/1\,000 = 49.74\,(\text{m/min})$$

符合取值范围。

T68 主轴进给量有：0.05 mm/r、0.07 mm/r、0.1 mm/r、0.13 mm/r、0.19 mm/r、0.27 mm/r、0.37 mm/r、0.52 mm/r、0.74 mm/r、1.03 mm/r、1.43 mm/r、2.05 mm/r、2.90 mm/r、4.00 mm/r、5.70 mm/r、8.00 mm/r、11.1 mm/r、16.0 mm/r。

取 $f=0.74$ mm/r，背吃刀量 a_p 为 2.2 mm。

② 半精镗工序。

工序加工条件：T68 卧式镗床、硬质合金刀头镗刀，加工余量为 0.3 mm。

查机械加工工艺手册切削用量表选取切削用量参数取值范围：切削速度 v_c 的取值范围 60 ~ 100（m/min）；进给量 f 的取值范围为：0.2 ~ 0.8 mm/r。

参照 T68 镗床的主轴转速等级、主轴进给量等级通过计算确定其切削速度及进给量为：$n=630$ r/min，$v_c=78.9$ m/min；

$f=0.37$ mm/r。

背吃刀量 a_p 为 0.15 mm。

③ 精镗工序。

工序加工条件：TA4280 坐标镗床、硬质合金刀具、加工余量 0.1 mm。

TA4280 坐标镗床的主轴转速（r/min）有：40、52、80、105、130、160、205、250、320、410、500、625、800、1 000、1 250、1 600、2 000。

TA4280 坐标镗床的进给量（mm/r）等级有：0.042 6、0.069、0.1、0.153、0.247、0.356。

查《机械加工工艺手册》可知坐标镗床精镗内孔的切削用量参数取值为：

v_c 的取值范围为 70 ～ 80（m/min）；进给量 f 的取值范围为：0.02 ～ 0.06（mm/r）；

经计算取 $n = 625$ r/min，$v_c = 78.5$ m/min；$f = 0.042$ 9 mm/r；背吃刀量 a_p 为 0.05 mm。

（2）底面 C 各工序切削用量

① 粗铣工序。

工序加工条件：X51 立式铣床，铣头功率 7.5 kW，硬质合金端面铣刀，铣刀端面直径 160 mm，齿数为 8。

查机械加工工艺手册，采用硬质合金刀具、加工 HT200 铸铁材料，v_c 的取值范围 60 ～ 110 m/min，每齿进给量的取值范围 0.15 ～ 0.3 mm/z。

根据 X51 立式铣床的主轴转速及进给量等级，确定该工序切削用量参数为：

$n_{主轴} = 125$ r/min，$v_c = \pi D n / 1\ 000 = 3.14 \times 125 \times 160 / 1\ 000 = 62.8$（m/min），符合取值范围。

$a_f = 0.3$ mm/z；背吃刀量 a_p 为 1.6 mm。

② 半精铣工序。

工序加工条件：X51 立式铣床，铣头功率 7.5 kW，硬质合金端面铣刀，铣刀端面直径 160 mm，齿数 10。

经查机械工艺手册，结合选用机床的工艺特性，确定本工序切削用量为：

$v_c = 80.3$ m/min，$a_f = 0.2$ mm/z；背吃刀量 a_p 为 0.75 mm。

③ 精铣工序。

工序加工条件：X51 立式铣床，铣头功率 7.5 kW，硬质合金端面铣刀，铣刀端面直径 160 mm，齿数 14。

经查表计算，结合选用机床的工艺特性，确定本工序切削用量为：

$v_c = 105.5$ m/min，$a_f = 0.15$ mm/z；背吃刀量 a_p 为 0.30 mm。

（3）$\phi 20H8$ 垂直孔各工序切削用量

① 钻孔工序。

工序加工条件：Z35 摇臂钻，$\phi 18$ 硬质合金钻头，经查表计算，结合选用机床的工艺特性，确定本工序切削用量参数为：

$$切削速度\ v_c = \frac{C_v d_0^{z_v}}{T^m a_p^{x_v} f^{y_v}} k_v = \frac{22.2 \times 18^{0.45}}{60^{0.4} \times 9^{0.15} \times 0.32^{0.45}} \times 1.0 = 18.61\ (\text{m/min})$$

$$n = \frac{1\,000\,v_c}{\pi d} = \frac{1\,000 \times 18.61}{3.14 \times 18} = 329\,(\text{r/min})$$

结合钻床主轴转速取 $n_{主轴} = 335\,\text{r/min}$；取 $f = 0.32\,\text{mm/r}$；背吃刀量 a_p 为 9 mm。

② 扩孔工序。

工序加工条件：Z35 摇臂钻，ϕ19.8 YG8 硬质合金扩孔钻。

经查表计算，结合选用机床的工艺特性，确定本工序切削用量参数为：

$$切削速度\,v_c = \frac{C_v d_0^{z_v}}{T^m a_p^{x_v} f^{y_v}} k_v = \frac{68.2 \times 19.8^{0.4}}{60^{0.4} \times 1.9^{0.15} \times 0.40^{0.45}} \times 1.0 = 60.04\,(\text{m/min})$$

$$n = \frac{1\,000\,v_c}{\pi d} = \frac{1\,000 \times 60.04}{3.14 \times 19.8} = 965\,(\text{r/min})$$

结合钻床特性取 $n_{主轴} = 1\,051\,\text{r/min}$；查表取 $f = 0.40\,\text{mm/r}$；背吃刀量 a_p 为 1.9 mm。

③ 铰孔工序。

工序加工条件：Z35 摇臂钻，ϕ20H8 硬质合金铰刀。

经查表（相关设计手册）结合选用机床的工艺特性，确定本工序切削用量参数为：

$a_p = 0.1\,\text{mm}$；$f = 0.25\,\text{mm/r}$；$v_c = 8\,\text{m/min}$。

（4）其他各表面的切削用量

请同学们确定工序加工条件后结合工件材料、机床工艺特性等要素确定各表面、各工序切削用量。

4. 确定工时定额

请同学们根据项目四的确定原则和方法，通过计算、查表确定各表面各工序工时定额。

5. 确定工艺装备

箱体类零件的主要加工表面有孔系和平面，常用机床为铣床、镗床、钻床等，所用刀具为钻头、平面铣刀、镗刀、铰刀等，所用测量工具因所对应表面的结构及参数特征不同而不同。下面针对 C6125 尾座体加工的主要表面选取确定工艺装备。

（1）ϕ40H6 内孔面各工序加工工艺装备

如前所述，该表面各工序加工方法为：粗镗—半精镗—精镗。各工序基准均为已加工过的底面 C，为精基准。由于该工件总加工长度不大，精加工工序加工余量较小、切削力不大，因此镗刀杆支承方式可采用单支承形式。严格来讲，由于该表面粗镗、半精镗选择的同一种设备，且连续进行，只是改变了切削用量，可以看成同一工序的两个工步。

① 粗镗工序。

a. 工序设备：T68 卧式镗床。

b. 工序夹具：前后双支承专用镗床夹具。

c. 刀具：硬质合金刀头镗刀。

d. 量具：内径千分尺（25～50 mm）。

② 半精镗工序。

a. 工序设备：T68 卧式镗床。

b. 工序夹具：前后双支承专用镗床夹具。

c. 刀具：硬质合金刀头镗刀。

d. 量具：内径千分尺（25 ～ 50 mm）。

③ 精镗工序。

a. 工序设备：TA4280 坐标镗床。

b. 工序夹具：后支承专用镗床夹具。

c. 刀具：硬质合金镗刀。

d. 量具：内径千分尺（25 ～ 50 mm）。

（2）$\phi 20H8$ 垂直孔各工序

如前所述，该表面各工序加工方法为：钻→扩→铰。由于各表面选择同一设备、同一工作地且加工过程依次进行，中间未穿插其他表面加工，因此亦可看作同一工序的三个工步。各工步工艺装备为：

① 钻孔加工。

a. 工序设备：Z35 摇臂钻。

b. 工序夹具：专用翻转式钻床夹具。

c. 刀具：$\phi 18$ 硬质合金钻头。

d. 量具：游标卡尺。

② 扩孔加工。

a. 工序设备：Z35 摇臂钻。

b. 工序夹具：专用翻转式钻床夹具。

c. 刀具：$\phi 19.8YG8$ 硬质合金扩孔钻。

d. 量具：专用塞规

③ 铰孔加工。

a. 工序设备：Z35 摇臂钻。

b. 工序夹具：专用翻转式钻床夹具。

c. 刀具：$\phi 20H8$ 硬质合金铰刀。

d. 量具：专用塞规。

注：其余各表面各工序工艺装备由同学们自行练习确定。

6. 编制工艺文件

（1）C6125 尾座体机械加工工艺过程卡

表 5-2-6 所示为 C6125 车床尾座体零件机械加工工艺过程卡。

（2）C6125 尾座体机械加工工艺卡

机械加工工艺卡较详细的反映了零件加工的各工序内容，表 5-2-7 所示为 C6125 车床尾座体零件机械加工工艺卡，该文件中列出了部分工序的工艺内容，未列出的工序内容同学们可自行练习确定。

（3）C6125 尾座体机械加工工序卡

机械加工工序卡详细反映了所加工工序的具体工艺内容，可用于指导工序生产，表 5-2-8、表 5-2-9 分别为尾座体机械加工工序 90 和 150 工序卡。

表 5-2-6　C6125 车床尾座体机械加工工艺过程卡

机械加工工艺过程卡片		产品型号	C6125		零件图号	04				共 2 页		第 1 页
		产品名称	车床尾座		零件名称	尾座体						
材料牌号		毛坯种类	铸件	毛坯外形尺寸		每件毛坯可制作数		每台件数	1		备注	
工序号	工序名称	工序内容			车　间	工　段	设　备		工艺设备		工时（min）	
											准终	单件
10	备料	铸造毛坯			铸造车间	一工段	砂型机、浇注机					
20	时效	时效处理			热处理车间	五工段	热处理炉					
30	粗铣底面	粗铣 28k7 平面、底面 C，找平底面			机加一车间	二工段	X51 立式铣床		专用铣夹具			
40	粗精铣侧面	粗、精铣 φ40H6 两侧面			机加一车间	二工段	X62 万能铣床		专用铣夹具			
50	粗镗内孔	粗、半精镗 φ40H6 内孔			机加一车间	三工段	T68 卧式镗床		专用镗夹具			
60	粗铣侧面	粗镗 φ35 侧面			机加一车间	二工段	X62 万能铣床		专用铣夹具			
70	粗铣平面	粗铣垂直孔 φ20H8 上平面，铣平即可			机加一车间	二工段	X62 万能铣床		专用铣夹具			
80	半精铣底面	半精铣 28k7 平面、底面 C			机加一车间	二工段	X51 立式铣床		专用铣夹具			
90	精铣底面	精铣 28k7 平面、底面 C			机加一车间	二工段	X51 立式铣床		专用铣夹具			
							编制（日期）		审核（日期）		标准化（日期）	会签（日期）
标记	处数	更改文件号	签字	日期	标记	处数	更改文件号	签字	日期			

续表

机械加工工艺过程卡片		产品型号	C6125		零件图号	04	共2页	
		产品名称	车床尾座		零件名称	尾座体	第2页	
材料牌号		毛坯种类	铸件	毛坯外形尺寸		每件毛坯可制件数	每台件数	1

工序号	工序名称	工序内容	车间	工段	设备	工艺设备	备注	工时（min）
								准终 / 单件
100	钻孔	钻2×φ14沉孔、2×φ9通孔	机加一车间	四工段	Z35摇臂钻	专用翻转式钻夹具		
110	钻扩铰	钻、扩、铰φ20H8垂直孔；及φ20H7、φ10H7水平孔	机加一车间	四工段	Z35摇臂钻	专用翻转式钻夹具		
120	钻、攻	钻、扩、铰φ6H7孔；钻、攻M8螺孔	机加一车间	四工段	Z35摇臂钻	专用翻转式钻夹具		
130	钻、铰	钻、铰φ10k7孔	机加一车间	四工段	Z35摇臂钻	专用翻转式钻夹具		
140	时效	时效处理	热处理车间	五工段	热处理炉			
150	精镗	精镗φ40H6内孔	机加一车间	三工段	TA4280坐标镗床	专用镗夹具		
160	刮研	刮研底面C	机加一车间	五工段				
170	检	检验、入库	机加一车间	七工段				
						编制（日期）	审核（日期）	标准化（日期） 会签（日期）
标记	处数	更改文件号	签字	日期	标记	处数	更改文件号	签字 日期

表5-2-7 C6125车床尾座体机械加工工艺卡（部分工序）

××机械厂	机械加工工艺卡片	产品型号	C6125	零（部）件图号	04	共2页
		产品名称	车床尾座	零（部）件名称	尾座体	第1页
材料牌号	毛坯种类 铸件	毛坯外形尺寸		每种毛坯件数	每台件数 1	

工序	装夹	工步	工序内容	同时加工零件数	背吃刀量（mm）	切削速度（m/min）	每分钟转（r/min）	进给量（mm）	设备名称及编号	夹具	刀具	量具	技术等级	单件	准终	备注
30	1	1	粗铣28k7平面	1	1.6	62.8	125	0.3	立式铣床	专用铣夹具	硬质合金端铣刀	游标卡尺	6级			
		2	粗铣底面C	1	1.6	62.8	125	0.3	立式铣床		硬质合金端铣刀	游标卡尺	6级			
40	1	1	粗铣φ40H6左侧面	1	1.8	56.8	132	0.35	卧式铣床	回转式专用铣夹具	硬质合金端铣刀		6级			
		2	粗铣φ40H6右侧面	1	1.8	56.8	132	0.35	卧式铣床		硬质合金端铣刀	游标卡尺	6级			
		3	精铣φ40H6左侧面	1	0.7	98.2	256	0.20	卧式铣床		硬质合金端铣刀		6级			
		4	精铣φ40H6右侧面	1	0.7	98.2	256	0.20	卧式铣床		硬质合金端铣刀	游标卡尺	6级			
50	1	1	粗镗φ40H6内孔	1	2.2	49.74	400	0.74	卧式镗床	专用镗夹具	硬质合金镗刀	内径千分尺	7级			
									编制（日期）	审核（日期）	会签（日期）					
标记	处数	更改文件号	签字	日期		标记	处数	更改文件号	签字	日期						

续表

××机械厂	机械加工工艺卡片	产品型号	C6125	零（部）件图号				共2页
		产品名称	车床尾座	零（部）件名称	尾座体	04		第2页

材料牌号		毛坯种类	铸件	毛坯外形尺寸		每种毛坯件数		每台件数	1	备注

工序	装夹	工步	工序内容	同时加工零件数	切削用量				设备名称及编号	工艺装备名称及编号			技术等级	工时定额(min)	
					背吃刀量(mm)	切削速度(m/min)	每分钟转(r/min)	进给量(mm)		夹具	刀具	量具		单件	准终
50	1	2	半精镗 φ40H6 内孔	1	0.15	78.9	630	0.37	卧式镗床	专用镗夹具	硬质合金镗刀	内径千分尺	7级		
60															
……	……														
……	……														
150	1	1	精镗 φ40H6 内孔	1	0.05	78.5	625	0.0429	坐标镗床	专用镗夹具	硬质合金镗刀	内径千分尺	7级		
								编制（日期）	审核（日期）	会签（日期）					
标记	处数	更改文件号	签字	日期	标记	处数	更改文件号	签字	日期						

表5-2-8　C6125车床尾座体机械加工工序卡（工序90）

工厂	机械加工工序卡片	产品型号	C6125	零件名称		尾座体	共1页	第1页
		产品名称	车床尾座	零件图号			工序号 90	工序名称 铣削	材料牌号 HT200

	车间 机加工车间	工序号 90	毛坯种类 铸件	毛坯外形尺寸	每毛坯可制件数 1	每台件数 1
（工序图）	设备名称 立式铣床	设备型号 X51	设备编号		同时加工件数 1	
	夹具编号	夹具名称			切削液	
	工位夹具编号	工位器具名称			工序工时（min） 准终 / 单件	

工步号	工步名称	工艺装备	主轴转速（r/min）	切削速度（m/min）	进给量（mm/r）	背吃刀量（mm）	进给次数	工时（min） 机动 / 单件
1	精铣底面	铣夹具	210	105.5	2.1	0.3	2	

					编制（日期）	审核（日期）	标准化（日期）	会签（日期）
标记	处数	更改文件号	签字	日期	标记	处数	更改文件号	签字	日期

表 5-2-9　C6125 车床尾座体机械加工工序卡（工序 150）

工　厂	机械加工工序卡片	产　品　型　号	C6125		零件名称		零件图号			第 1 页	
		产　品　名　称	车床尾座		车床尾座		150	04	共 1 页		
		车间	机加工车间		工序号		工序名称		铣削	材料牌号	HT200
		毛坯种类	铸件		毛坯外形尺寸		每毛坯可制作件数	1		每台件数	1
		设备名称	立式铣床		设备型号	TA4280	设备编号			同时加工件数	1
（工序图）		夹具编号			夹具名称					切削液	
		工位夹具编号			工位器具名称						
										工序工时	
										准终	单件

工步号	工步名称	工艺装备	主轴转速（r/min）	切削速度（m/min）	进给量（mm/r）	背吃刀量（mm）	进给次数	工时（min）	
								机动	单件
1	精镗孔	镗夹具	625	78.5	0.0429	0.05	1		
							编制（日期）	审核（日期）	标准化（日期）	会签（日期）
标记	处数	更改文件号	签字	日期	标记	处数	更改文件号	签字	日期

项目训练

【训练目标】

1. 明确箱体类零件毛坯结构和类型。
2. 会分析箱体类零件的结构工艺性。
3. 能确定零件毛坯尺寸。
4. 会确定工序定位基准。
5. 会绘制箱体类零件工序图。

【项目描述】

图 5-2-1 为车床尾座箱体零件图，根据项目内容 5.2.2 所确定的毛坯尺寸（表 5-2-5）绘制零件毛坯图和工序 90、150 工序图。

【资讯】

1. 该零件工序 90 的内容是＿＿＿＿＿＿＿＿＿＿＿＿＿＿＿。
2. 该零件工序 150 的内容是：＿＿＿＿＿＿＿＿＿＿＿＿＿＿。
3. 该零件工序 90 的定位基准是：＿＿＿＿＿＿＿＿＿＿＿＿＿。
4. 该零件的工序 150 定位基准＿＿＿＿＿＿＿＿＿＿＿＿＿＿。
5. 该零件工序工序 90 的工序尺寸是：＿＿＿＿＿＿＿＿＿＿＿。
6. 该零件工序工序 150 的工序尺寸是：＿＿＿＿＿＿＿＿＿＿＿。

【决策】

1. 进行学员分小组，参考工艺手册，确定工序毛坯结构、毛坯尺寸；工序 90、150 的工序尺寸等。

2. 各小组选出一位负责人，负责人对小组任务进行分配，组员按照负责人要求完成相关任务内容，并将自己所在小组及个人任务填入下表中。

序　　号	小 组 任 务	个人职责（任务）	负 责 人

【实施】

1. 完成零件毛坯图的绘制；
2. 完成工序 90、150 的工序图绘制。

项目六 认知机床夹具

项目导读

机械加工工艺过程中，为了保证工艺的实施除机床主机之外辅助主机工作的工具工装统称为工艺装备，工艺装备主要包括：机床刀具、量具、机床夹具、模具等。机床夹具是保证工件加工质量、提高加工效率的重要工艺装备。本项目主要学习机床夹具的基础理论知识，认知典型机床夹具结构及工作原理，分析典型夹具特点及用途，使学生掌握为不同零件表面加工选用合适的机床夹具，并能进行正确定位和夹紧的基本技能。

任务6.1 机床夹具基础认知

学习导航

知识要点	机床夹具分类、组成、作用；工件定位原理；常用定位元件，定位误差，工件的夹紧
任务目标	1. 了解机床夹具类型和作用； 2. 掌握工件定位的基本原理； 3. 掌握常用定位方法及定位元件； 4. 掌握定位误差的原因及分析计算方法； 5. 掌握工件的夹紧原理和夹紧方案
能力培养	1. 具备分析不同类型夹具结构和作用的能力； 2. 能够根据零件加工技术要求，制订相应定位方案； 3. 具备定位元件的选择能力； 4. 会分析计算工件定位误差； 5. 会分析应用工件的夹紧机构
教学组织	课堂讲解、课堂项目训练＋课下查阅资料、自主学习、项目联系
教学评价	学习过程评价（60%）；教学成果评价（30%）；团队合作评价（10%）
参考学时	8

任务学习

6.1.1 机床夹具概述

在机床上对工件进行加工时，为了保证加工表面相对其他表面的尺寸和位置精度，首先需要使工件在机床上占有准确的位置，并在加工过程中能承受各种力的作用而始终保持这一准确位置不变。前者称为工件的定位，后者称为工件的夹紧，定位和夹紧合起来整个过程统称为工件的装夹。在机床上装夹工件所使用的工艺装备称为机床夹具（以下简称夹具）。

1. 工件的装夹

工件的装夹是根据工件加工的不同技术要求，有先定位后夹紧或在夹紧过程中同时实现定位两种方式，其目的都是保证工件在加工过程中相对刀具始终具有准确的位置。

例如，在牛头刨床上加工一槽宽尺寸为 B 的通槽，若此通槽只对 4 面有尺寸和平行度要求，如图 6-1-1（a）所示，则可采用先定位后夹紧装夹的方式；若此槽对左右侧两面有对称度要求，如图 6-1-1（b）所示，则常采用在夹紧过程中实现定位的对中装夹方式。

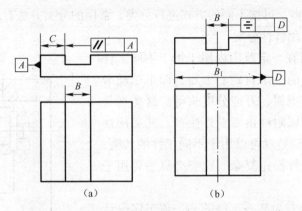

图 6-1-1　需采用不同装夹方式的工件

在机床上对工件进行加工时，根据工件的加工精度要求和加工批量的不同，可采用如下两种装夹方法。

（1）找正装夹法

通过对工件上有关表面或划线找正，最后确定工件加工时应具有准确位置的装夹方法，它可分为直接找正法和划线找正法。图 6-1-2 所示即为直接找正装夹法，工件由四爪单动卡盘夹持，用百分表找正定位。通过四爪单动卡盘和百分表调整工件的位置，使其外圆表面轴线与主轴回转轴线重合。这样加工完的内孔就能和已加工过的外圆同轴。图 6-1-3 所示为划线找正装夹法，按照工件上划好的线，找正工件在机床上的正确位置，然后再夹紧。

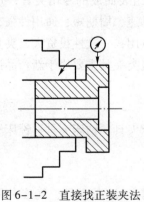

图 6-1-2　直接找正装夹法

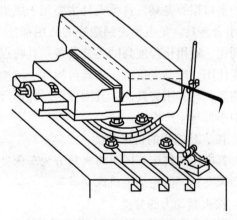

图 6-1-3　划线找正装夹法

（2）夹具装夹法

通过安装在机床上的夹具对工件进行定位和夹紧，最后确定工件加工时应具有准确位置的装夹方法。图 6-1-4 所示为套筒形工件采用夹具安装、进行钻孔的一个例子。工件 1 靠定位心轴 2 外圆表面和轴肩定位，螺母 4 通过开口垫圈 5 将工件 1 夹紧。由于钻套 3 与定位心轴 2 在夹具装配时就按工件要求调整到正确的位置，因此，钻头经钻套 3 引导在工件上就能钻出符合要求的孔。开口垫圈 5 的作用是缩短装卸工件的时间。

2. 机床夹具的分类

机床夹具种类繁多，可按不同的方式进行分类，常用的分类方法有以下几种。

（1）按夹具的通用特性分类

① 通用夹具。可在一定范围内用于加工不同工件的夹具。如车床使用的三爪自定心卡盘、四爪单动卡盘，铣床使用的平口虎钳、万能分度头等。这类夹具已经标准化，作为机床附件由专业厂生产。其通用性强，不需调整或稍加调整就可以用于不同工件的装夹；但生产率低，夹紧工件操作复杂。这类夹具主要用于单件小批量生产。

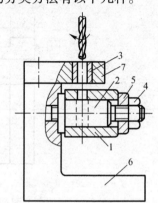

图 6-1-4　夹具装夹法
1—工件；2—定位心轴；3—钻套；4—螺母；
5—开口垫圈；6—夹具体；7—钻模板

② 专用夹具。指专为某一工件的某一道工序设计和制造的夹具。其特点是结构紧凑、操作迅速、方便；可以保证较高加工精度和生产率；设计和制造周期长，制造费用高；在产品变更后，无法利用而导致报废。因此这类夹具主要用于产品固定的大批大量生产中。对于形状和结构复杂的工件（如薄壁件），为保证加工质量有时也采用专用夹具。

③ 成组可调夹具（成组夹具）。指在成组工艺的基础上，针对某一组零件的某一工序而专门设计的夹具。在多品种小批量生产中，通用夹具的生产率低，加工精度不高，采用专用夹具不经济。这时，可采用成组可调整的"专用夹具"。其特点是在专用夹具的基础上少量调整或更换部分元件即可用于装夹一组结构和工艺特征相似的工件，如滑柱式钻模和带可调换钳口的平口钳等夹具。这类夹具主要用于成组加工中，用于多品种、中小批量生产。

④ 组合夹具。是由预先制造好的通用标准零部件经组装而成的专用夹具，是一种标准化、系列化、通用化程度高的工艺装备。其特点是组装迅速、周期短；通用性强，元件和组件可反复使用；产品变更时，夹具可拆卸、清洗、重复再用；一次性投资大，夹具标准元件存放费用高；与专用夹具比，其刚性差，外形尺寸大。这类夹具主要用于新产品试制以及多品种、中小批量生产中。

（2）按夹具应用的机床分类

按夹具应用的机床不同可将夹具分为车床夹具、铣床夹具、钻床夹具、镗床夹具、拉床夹具、磨床夹具、齿轮加工机床夹具等。

（3）按夹紧动力源分类

按夹紧动力源不同可将夹具分为手动夹具、气动夹具、液压夹具、气液夹具、电磁夹具、真空夹具等。

3. 机床夹具的作用

机床夹具是机械加工必不可少的工艺装备。机床夹具的主要作用有：

（1）稳定保证加工质量。采用夹具后，工件各加工表面间的相互位置精度是由夹具保证的，而不是依靠工人的技术水平与熟练程度，所以产品质量容易保证。

（2）提高劳动生产率。使用夹具使工件装夹迅速、方便，从而大大缩短了辅助时间，提高了生产率。特别是对于加工时间短、辅助时间长的中、小零件，效果更为显著。

（3）减轻工人的劳动强度，保证安全生产。有些工件，特别是比较大的工件，调整和夹紧很费力气，而且注意力要高度集中，很容易疲劳；如果使用夹具，采用气动或液压等自动化夹紧装置，既可减轻工人的劳动强度，又能保证安全生产。

（4）扩大机床的使用范围。实现一机多用，一机多能。例如在铣床上安装一个回转台或分度装置，可以加工有等分要求的零件；在车床上安装镗模，可以加工箱体零件上的同轴孔系。

4. 机床夹具的组成

机床夹具虽然可以分成各种不同的类型，但它们都由下列共同的基本部分组成。

（1）定位元件

用于确定工件在夹具中的正确位置，它由各种定位元件构成。如图6-1-5后盖钻径向孔夹具中的圆柱销5、菱形销9和支承板4都是定位元件，它们使工件在夹具中占据正确位置。

（2）夹紧装置

夹紧装置用于保持工件在夹具中的正确位置，保证工件在加工过程中受到外力（如切削力、重力、惯性力）作用时，已经占据的正确位置不被破坏。如图6-1-5所示钻床夹具中的开口垫圈6是夹紧元件，与螺杆8、螺母7一起组成夹紧装置。

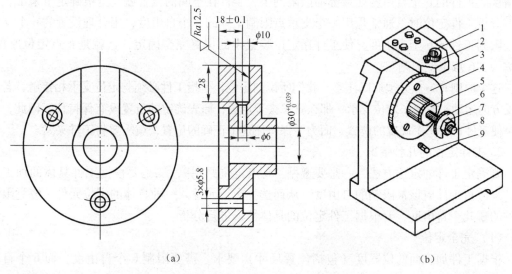

（a）　　　　　　　　　　　　　　（b）

图6-1-5　简易钻模夹具示例

1—钻套；2—钻模板；3—夹具体；4—支承板；5—圆柱销；6—开口垫圈；7—螺母；8—螺杆；9—菱形销

（3）夹具体

用于连接夹具上各个元件或装置，使之成为一个整体，并与机床的有关部位相连接，是机床夹具的基础件。如图 6-1-5 所示钻床夹具的夹具体 3 将夹具的所有元件连接成一个整体。

定位元件、夹紧装置、夹具体是机床夹具的基本组成部分。

（4）对刀、导向元件

用于确定刀具相对于夹具的正确位置并引导刀具进行加工。其中，对刀元件是在夹具中起对刀作用的零部件，如铣床夹具上的对刀块、塞尺等。导向元件是在夹具中起对刀和引导刀具作用的零部件。如图 6-1-5 所示钻床夹具中的钻套 1 是导向元件。

（5）连接元件

连接元件是用于确定夹具在机床上正确位置的元件，如定位键、定位销及紧固螺栓等。

（6）其他元件和装置

根据夹具上特殊需要而设置的装置和元件，如：

① 分度装置，加工按一定规律分布的多个表面。

② 上下料装置。

③ 吊装元件，对于大型夹具，应设置吊装元件，如吊环螺钉等。

④ 工件的顶出装置（或让刀装置），加工箱体类零件多层壁上的孔。

6.1.2 工件的定位

1. 六点定位原理

任何一个在空间的自由物体，对于直角坐标系来说，均有 6 个自由度，即沿空间坐标轴 XYZ 三个方向的移动和绕此三坐标轴的转动。以 $\vec{X}$、$\vec{Y}$、$\vec{Z}$ 分别表示沿 X、Y、Z 三坐标轴的移动，$\hat{X}$、$\hat{Y}$、$\hat{Z}$，分别表示绕 X、Y、Z 三坐标轴的转动。要使工件定位，必须限制工件的自由度。工件的 6 个自由度如果都加以限制了，工件在空间的位置就完全被确定下来了。

分析工件定位时，通常是用一个支承点限制工件的一个自由度，用合理设置的 6 个支承点，限制工件的 6 个自由度，使工件在定位装置中的位置完全确定，这就是 6 点定位原理，也称为"6 点定位原则"。

这个原则有一点必须加以注意，我们所说的定位，是指工件必须与定位支承相接触，若工件反方向运动，脱离了定位支承，那么就失去了定位，原先确定的位置没有保持住。因此，定位是使工件占有一个确定的位置，而为了保持住这个正确的位置，就需要将工件夹紧。

2. 工件定位的几种情况

要确定工件的定位方法，一是要遵循"6 点定位原则"，二是要根据工件具体的加工要求，来分析工件应该被限制的自由度，从而选择定位元件。一种具体的定位元件，究竟限制工件的哪几个自由度，要根据工件定位的具体情形进行分析。

（1）完全定位

根据工件加工面的位置度（包括位置尺寸）要求，需要限制 6 个自由度，而 6 个自由度全部被限制的定位，称为完全定位。当工件在 X、Y、Z 三个坐标方向上均有尺寸要求或位置精度要求时，一般采以这种定位方式。

如图 6-1-6 所示的工序，在轴上铣键槽，此键槽加工要保证的要求是：与轴中心线对称，距轴端尺寸 a，与上工序铣出的槽 b 相差 180°。定位方案如图 6-1-6 所示：两个窄 V 形铁限制了工件 4 个自由度 $\hat{Y}$、$\hat{Z}$、$\vec{Y}$、$\vec{Z}$，定位销限制一个自由度 $\hat{X}$，定位支承限制一个自由度 $\vec{X}$。这样工件 6 个自由度全被限制了，属于完全定位。

（2）不完全定位

根据工件对加工的要求，生产中有时不一定要限制 6 个自由度，只需限制一个或几个（少于 6 个）自由度，这样的定位，称为不完全定位。

仍以图 6-1-6 为例，如果该轴上没有槽 b，则对自由度 $\hat{X}$ 不需限制，此时只约束工件的 5 个自由度，故属不完全定位。

不完全定位可以简化夹具结构设计，满足定位精度要求，因此是允许的。

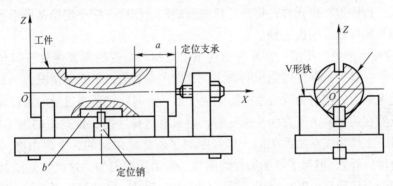

图 6-1-6　键槽加工定位分析

（3）欠定位

工件实际限制的自由度数少于工序加工要求所必须限制的自由度数，这样的定位称为欠定位。

如图 6-1-7 所示，在轴上铣槽，要保证的尺寸要求是距轴端面尺寸为 a，需要限制 $\vec{Y}$，而图示工件却仅用一个长 V 形块定位，根本无法限制 $\vec{Y}$ 的移动自由度，故无法保证尺寸 a，所以是绝对不允许的。

（4）过定位

① 过定位概念。工件在定位时，同一个自由度被两个或两个以上的限制点限制，这样的定位称为过定位。

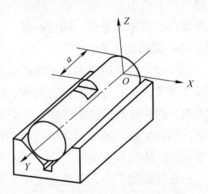

图 6-1-7　键槽加工定位分析

例如：一个连杆零件，需加工连杆小端的圆孔，正确的定位方式应如图 6-1-8 所示。若将大孔中的短圆销 2 改成长圆销 2，而且配合较紧，如图 6-1-9 所示，则长圆销实际上限制连杆的 4 个自由度 $\vec{X}$、$\vec{Y}$、$\hat{X}$、$\hat{Y}$ 而支承板 1 限制连杆的 3 个自由度 $\vec{Z}$、$\hat{X}$、$\hat{Y}$ 则使 $\hat{X}$ 和 $\hat{Y}$，被重复限制。若连杆孔中心线与端面有垂直度误差，连杆孔套上长圆销后，连杆端面将有垂直度误差，连杆孔套上长圆销后，连杆端面将不与支承板的平面接触而翘起，夹紧时又将把翘起的部分压向支承板，就会使连杆变形、长销拉歪，严重地影响加工精度。

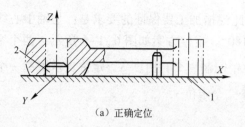

（a）正确定位

图 6-1-8　连杆的正确定位

1—支承板；2—长圆销

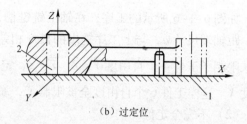

（b）过定位

图 6-1-9　连杆的过定位

1—支承板；2—长圆销

② 过定位的危害：过定位一般会引起定位元件或者工件的变形，影响定位精度，所以一般情况下，各个定位元件限制工件自由度的作用必须做到"分别限制，不重复"。

③ 消除过定位影响的措施：减小接触面积；修改定位元件形状，如菱形销；改变定位元件安装方式；拆除过定位元件；提高定位基准的制造精度，缩小定位基准误差来消除过定位的影响，如车床导轨、插齿心轴。

④ 过定位在生产中的使用：在某些条件下，限制自由度的重复现象不但允许，而且是必要的，在生产一线大量存在过定位的应用，其应用一般为以下两种情况，一是工艺系统刚度差，容易受夹紧力、切削力或自重的影响而变形，此时使用适当过量的定位元件以减小工件的变形，虽然在约束自由度方面是重复的，但只有这样才能保证规定的加工精度。例如，车削细长轴时，工件装夹在两顶尖间，已经限制了所必须限制的 5 个自由度（除了绕其轴线旋转的自由度以外），但为了增加工件的刚性，常采用跟刀架，这就重复限制了除工件轴线方向以外的两个移动自由度，出现了过定位现象。此时应仔细调整跟刀架，使它的中心尽量与顶尖的中心一致。第二种情况是使用精基准定位，过定位引起的变形误差，在精度要求范围内，如车床导轨、插齿心轴。

3. 常用定位元件

定位元件是机床夹具中精度最高的零件，其精度直接影响夹具的定位精度。定位元件的基本要求：具有较高的制造精度，以保证工件定位准确；耐磨性好，以延长定位元件的更换周期，提高夹具的使用寿命；应有足够的强度和刚度，以保证在夹紧力、切削力等外力作用下，不产生较大的变形而影响加工精度；工艺性好，定位元件的结构应力求简单、合理，便于加工、装配和更换。

在机械加工中，虽然被加工工件的种类繁多，形状各异，但从它们的基本结构来看，不外乎是由平面、圆柱面、圆锥面及各种成形面所组成。工件在夹具中定位时，可根据各自结构特点和工序加工精度要求，选取相应的平面、圆面、曲面或者组合表面作为定位基准。定位元件的工作表面的结构形状，必须与工件的定位基准面形状特点相适应，常用定位元件的结构和尺寸已经制定了国家标准，一般工厂也有工厂标准，对其规格、尺寸和技术要求等都作了具体规定。

（1）工件以平面定位的定位元件

平面作为定位基准，通常根据其限制自由度的数目，分为主要支承面、导向支承面和止推支承面。限制工件的三个自由度的定位平面，称为主要支承面。常用于精度比较高的工件定位表面。当平面的精度很高时，可以直接将定位元件设计成为平面；更多的情况下，往往布置尽量放远一些的三个支承点，使工件的中心落在三个支承点之间，以保证工件定位的稳定可靠。限制工件的两个自由度的定位平面，称为导向支承面。该平面常常做成窄长面；在工件定位表面精度不高时，甚至将窄长面的中间部分切除，只保留尽可能远位置上的短面，以确保定位效果的一致性。同样道理，限制一个自由度的平面，称为止推支承面。这时，为了确保定位准确，往往将平面面积作的尽可能小。

平面定位的主要形式是支承定位。常用的定位元件有主要支承和辅助支承。

① 主要支承。主要支承是用来限制工件的自由度，起定位作用的支承。

a. 固定支承：固定支承有支承钉和支承板两种形式。在使用过程中，它们都是固定不动的。图 6-1-10 所示为标准支承钉（JB/T 8029.2—1999）和支承板（JB/T 8029.1—1999）：

图 6-1-10（a）所示为平头支承钉，用于精基准；

图 6-1-10（b）所示为球头支承钉，用于粗基准，可减小与工件的接触面积，提高定位稳定性；

图 6-1-10（c）所示为齿纹头支承钉，用于侧面定位，花纹增大摩擦系数，由于清除切屑困难，很少用于底平面定位；

图 6-1-10（d）所示为平板式支承板，用作精基准，多用于侧面和顶面定位，用于底面定位时，孔边切屑不易清理；

图 6-1-10（e）所示为斜槽式支承板，用作精基准，适用于底面定位。

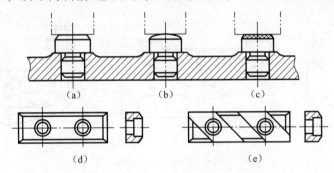

图 6-1-10　支承钉和支承板

材料：碳素工具钢 T8，热处理：55～60 HRC。

使用状况：与夹具体采用过盈配合（H7/r6）损坏后较难更换。

支承钉和支承板已经标准化，设计时可查阅相关手册选取。

在实际应用中，还可以根据需要设计非标准结构支承钉和支承板，如台阶式支承板、圆形支承板、三角形支承板等。

b. 可调支承。可调支承的工作位置，一经调节合适后需要锁紧，以防止支承点的位置发生变化，作用相当于固定支承。

图 6-1-11 所示为可调支承的结构：图 6-1-11（a）所示可调支承直接用手或拨杆转动球头螺钉 1 进行调节，一般适用于轻型工件；图 6-1-11（b）所示可调支承需用扳手调节螺钉·1，适用于较重的工件；图 6-1-11（c）所示为带有压脚 1 的可调支承，可避免损坏定

位面；图6-1-11（d）所示可调支承需用扳手调节螺钉1，用于侧面定位。

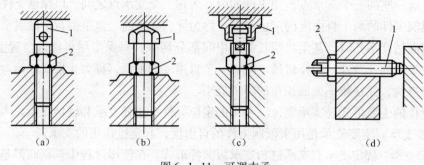

图6-1-11　可调支承
1—螺钉；2—锁紧螺母

可调支承适用于毛坯分批制造，其形状和尺寸变化较大的粗基准定位。可调支承用于可调整夹具中，实现加工形状相同而尺寸不同的工件。

c. 浮动支承（或自位支承）。工件在定位过程中，能自动调整位置的支承。

常见的浮动支承结构如图6-1-12所示，图6-1-12（a）所示为球面多点式浮动支承，绕球面活动，与工件作多点接触，作用相当于一点；图6-1-12（b）、（c）所示为两点式浮动支承，绕销轴活动，与工件作两点接触，作用相当于一点。

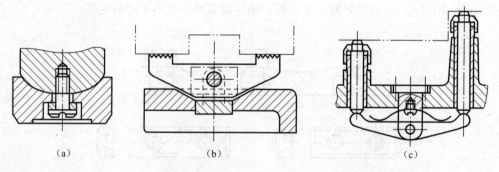

图6-1-12　浮动支承

这类支承的工作特点是支承点是活动的或浮动的，支承点的位置随工件定位基面的不同而自动调节，定位基面压下其中一点，其余点便上升，直至与工件定位基面接触；与工件作两点、三点（或多点）接触时，作用相当于一个定位支承点，只限制工件的一个自由度；接触点数的增加，提高了工件的装夹刚度和定位稳定性。这类支承主要用于工件以毛坯面定位、定位基面不连续或为台阶面及工件刚性不足的场合。

② 辅助支承。辅助支承是用来提高工件的装夹刚度和定位稳定性，不起定位作用的支承。它是工件定位完成后参与作用的。

常见的辅助支承结构如图6-1-13所示，图6-1-13（a）是螺旋式辅助支承，工件定位时，支承1高度低于主要支承，工件定位后，必须逐个调整，以适应工件定位表面位置的变化，其特点是结构简单，但效率低；图6-1-13（b）是自位式辅助支承（JB/T 8026.7—1999），其结构已经标准化，支承1的高度高于主要支承，当工件放在主要支承上后，支承1被工件定位基面压下，并与主要支承一起与工件定位基面保持接触，然后锁紧。图6-1-13（c）所示为推引式辅助支承，支承5的高度低于主要支承，当工件放在主要支承上后，推动手柄通过楔块的作用使支承5与工件定位基面接触，然后锁紧。

辅助支承的特点是工件定位或定位夹紧后参与作用，不起定位作用；有调整和锁紧机构，图6-1-13（a）所示辅助支承需拧动螺母进行调整，螺杆本身有自锁性能，图6-1-13（b）所示辅助支承靠弹簧力自动调整，通过支承1与顶柱3上斜面自锁，图6-1-13（c）所示辅助支承靠推动手柄调整，支承5与楔块和半圆键锁紧。

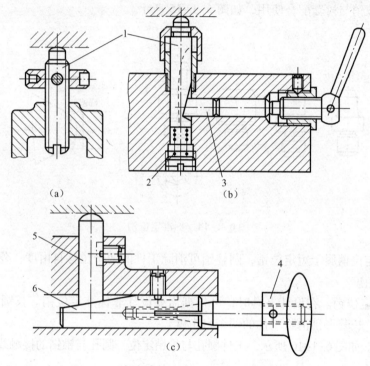

图 6-1-13　辅助支承
1、5—支承；2—弹簧；3—顶柱；4—手轮；6—楔块

在辅助支承使用过程中，一定注意辅助支承的作用时间，必须在工件定位夹紧工作完成后，才能使用辅助支承，否则有可能破坏工件的定位。

（2）工件以圆柱孔定位的定位元件

齿轮、气缸套、杠杆类工件，常以孔的中心线作为定位基准。工件以圆孔定位属于中心定位，定位基面为圆孔的内表面，定位基准为圆孔中心轴线（中心要素），通常要求内孔基准面有较高的精度，在夹具设计中常用的定位元件有圆柱销、圆锥销、菱形销、圆柱心轴和锥度心轴等。

常用的定位方法有：在圆柱体上定位；在圆锥体上定位；在定心夹紧机构中定位等。

工件以圆孔为定位基面时与定位元件多是圆柱面与圆柱面配合，具体定位限制的工件自由度数，不仅与两者之间的配合性质有关，同时还与定位基准孔与定位元件的配合长度 L 与直径 D 有关。根据 L/D 大小分为两种情形：当 $L/D > 1.5$ 时，为长销定位，相当于4个定位支承点，限制工件的 4 个自由度，能够确定孔的中心线位置。若配合长度较短（$L/D < 1$），则为短销定位，相当于两个定位支承点，限制工件的两个自由度，只能确定孔的中心点的位置。

定位元件：工件以圆孔为定位基面，通常所用的定位元件是定位销和芯轴等。

① 标准定位销。图 6-1-14 所示为标准定位销，分圆柱销和菱形销两种类型。对于直径为 3 ～ 10 mm 的小定位销，根部倒圆，可以提高其强度；销的头部带有 2 ～ 6 mm 的 15°倒角，方便工件的装卸。大批量生产中，工件装卸频繁，定位销容易磨损而丧失定位精度，可采用可换式定位销与衬套配合使用，如图 6-1-15 所示。

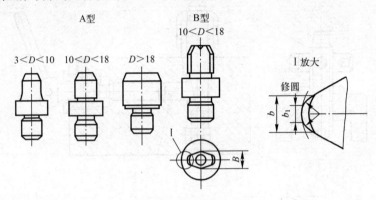

图 6-1-14　标准定位销

标准结构定位销属于短定位销，圆柱销可消除工件的两个位移自由度；菱形销消除工件的一个位移自由度。

② 非标准定位销。在设计夹具时，可根据需要设计非标准定位销。长圆柱销消除工件的四个自由度，长菱形销消除工件的两个自由度。

③ 圆锥销。如图 6-1-16 所示，工件圆孔与锥销定位，圆孔与锥销的接触线是一个圆，限制工件 $\vec{X}$、$\vec{Y}$、$\vec{Z}$ 三个位移自由度，图 6-1-16（a）用于粗基准，图 6-1-16（b）用于精基准。根据需要可以设计菱形锥销，消除工件两个位移自由度。工件以圆孔与锥销定位能实现无间隙

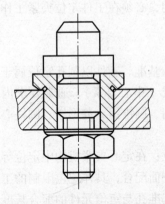

图 6-1-15　可换定位销的应用

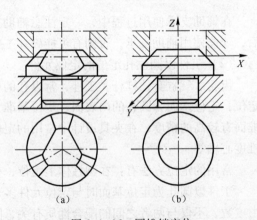

图 6-1-16　圆锥销定位

配合，但是单个圆锥销定位时容易倾斜，因此，圆锥销一般不单独使用。图 6-1-17（a）所示为圆锥与圆柱组合芯轴定位；图 6-1-17（b）所示为用活动锥销与平面组合定位；图 6-1-17（c）所示为双圆锥销组合定位。

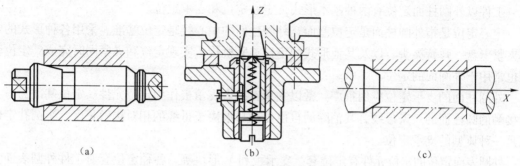

| （a） | （b） | （c） |

图 6-1-17　圆锥销组合定位

④ 定位心轴（或刚性心轴）。

a. 圆柱心轴。工件内孔采用圆柱心轴定位时，两者的配合形式有间隙配合和过盈配合两种。采用间隙配合时，心轴定位精度不高，但装卸工件方便，常采用带肩间隙配合心轴，工件靠工件孔与端面联合定位，如图 6-1-18 所示。

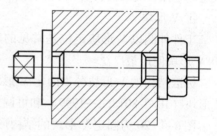

图 6-1-18　圆柱心轴

b. 锥度芯轴（JB/T 10116—1999）。

如图 6-1-19 所示，工件在锥度芯轴上定位，并靠工件定位圆孔与芯轴柱面的弹性变形夹紧工件，芯轴锥度 K 见表 6-1-1。

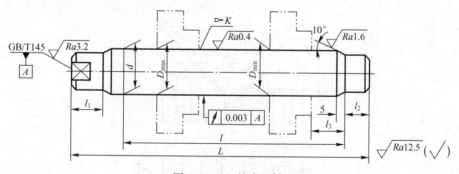

图 6-1-19　锥度心轴

表 6-1-1　高精度心轴锥度推荐值

工件定位孔直径（D/mm）	8～25	25～50	50～70	70～80	80～100	>100
锥度 K	$\dfrac{0.01}{2.5D}$	$\dfrac{0.01}{2D}$	$\dfrac{0.01}{1.5D}$	$\dfrac{0.01}{1.25D}$	$\dfrac{0.01}{D}$	$\dfrac{0.01}{100}$

锥度芯轴结构尺寸的确定可参考有关标准或"夹具设计手册"。为保证芯轴的刚度，芯轴的长径比 $L/D > 8$ 时，应将工件按定位孔的公差范围分成 2～3 组，每组设计一根芯轴。

除上述外，芯轴定位还有弹性芯轴、液塑芯轴、定心芯轴等，它们在完成工件定位的同时完成工件的夹紧，使用方便，但结构较复杂。

（3）工件以外圆柱面定位及其定位元件

工件以外圆柱面定位有两种基本形式，定心定位和支承定位。

定心定位是指外圆柱面是定位基面，外圆柱面的中心线是定位基准。采用各种形式的定心夹紧卡盘、弹簧夹头、以及其他形式的定位夹紧机构，实现定位和夹紧同时完成。定位套筒也常用于外圆面的定位。

外圆柱面的支承定位应用很广。常以支承钉或者支承板作为定位元件。定位基准为与支承接触的圆柱面的一条母线，其消除的自由度数目取决于母线的相对接触长度。半圆孔定位也是一种典型的支承定位。

外圆表面定位的定位元件有定位套、支承板和V形块等。各种定位套对工件外圆表面实现定心定位，支承板实现对外圆表面的支承定位，V形块则实现对外圆表面的定心对中定位。

① V形块。

工件外圆以V形块定位是常见的定位方式之一，两斜面夹角有60°、90°、120°，其中90°V形块使用最广泛。

标准结构的V形块分为固定V形块（JB/T 8018.1—1999、JB/T 8018.2—1999）、活动V形块（JB/T 8018.4—1999）和可调整V形块三种形式。

图6-1-20为固定V形块的结构形式，可用于粗、精基准，如轴类工件铣键槽。长V形块相当于四个定位支承点，限制工件的两个位移自由度和两个旋转自由度；短V形块相当于两个定位支承点，限制工件的两个位移自由度。

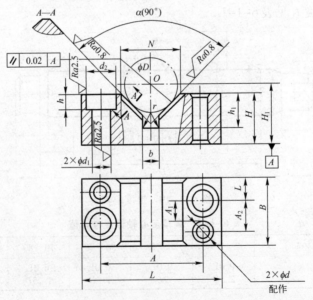

图6-1-20　固定V形块图

图6-1-21所示活动V形块可用于定位机构中，消除工件一个位移自由度；当活动V形块用于定位夹紧机构中时，消除工件一个位移自由度，还兼夹紧工件的作用。

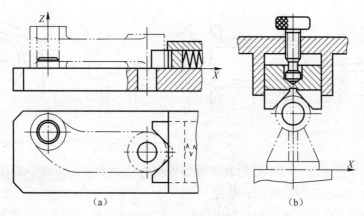

图 6-1-21 活动 V 形块的应用

使用 V 形块定位的优点是对中性好，能使工件的定位基准处在 V 形块两斜面的对称面内，可用于粗、精基准，可用于完整或局部圆柱面，活动 V 形块还可以兼作夹紧元件。

根据需要 V 形块可以设计非标准结构，如图 6-1-22 所示，图 6-1-22（a）所示 V 形块用于精基准；图 6-1-22（b）所示 V 形块用于粗基准，接触面长度为 2～5 mm；图 6-1-22（c）所示 V 形块是镶装支承钉或支承板的结构。它们都属于长 V 形块，限制工件的四个自由度。

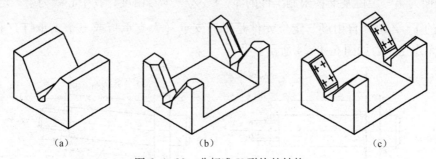

图 6-1-22 非标准 V 形块的结构

② 定位套。

工件以外圆柱面作为定位基面在圆孔中定位，外圆柱面的轴线是定位基准，外圆柱面是定位基面。有圆定位套、半圆套和圆锥套三种结构形式。

图 6-1-23 所示为常用的几种定位套结构形式，为保证工件的轴向定位，常与端面组合定位，限制工件的五个自由度。图 6-1-23（a）所示为圆定位套结构，长套相当于四个定位支承点；短套相当于两个定位支承点，与工件的配合是间隙配合。图 6-1-23（b）所示为圆锥套的结构，相当于三个定位支承点。图 6-1-23（c）所示为半圆套结构，主要用于大型轴类工件及不便于轴向装夹的工件，定位元件是下半圆套，固定在夹具上，起定位作用，长套相当于四个定位支承点；短套相当于两个定位支承点，与工件的配合是间隙配合，上半圆套是活动的，起夹紧作用。

定位套结构简单、制造容易，但定心精度不高，主要用于精基准。

（4）组合定位

通常工件多以两个或者多个表面组合起来作为定位基准使用，称为组合表面定位。如：

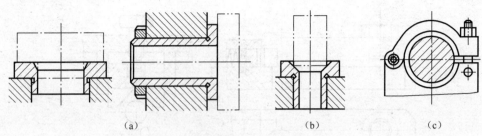

（a）　　　　　　　　　　　（b）　　　　　（c）

图 6-1-23　常用的定位套结构形式

三个相互垂直的平面组合、一个孔与其垂直端面组合、一个平面与两个垂直于平面的孔组合、两个垂直面与一个孔组合等组合情况。

以多个表面作为定位基准进行组合定位时，夹具中也有相应的定位元件组合来实现工件的定位。由于工件定位基准之间、夹具定位元件之间都存在一定的位置误差，所以，必须注意定位元件的结构、尺寸和布置方式，处理好"过定位"问题。

① 一孔和一端面组合定位。

一个孔与端面组合定位时，孔与销或心轴定位采用间隙配合，此时应注意避免过定位，以免造成工件和定位元件的弯曲变形，如图 6-1-24 所示。

a. 端面为第一定位基准，限制工件的 $\vec{X}$、$\vec{Y}$、$\vec{Z}$ 三个自由度，孔中心线为第二定位基准，限制工件的 $\vec{Y}$、$\vec{Z}$ 两个自由度。定位元件是平面支承（大支承板或三个支承钉）和短圆柱销，实现 5 点定位，如图 6-1-24 所示。

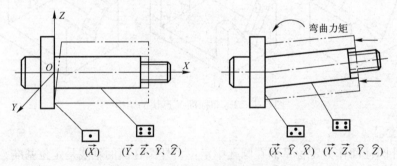

$(\vec{X})$　　$(\vec{Y}, \vec{Z}, \hat{Y}, \hat{Z})$　　　　$(\vec{X}, \hat{Y}, \hat{X})$　$(\vec{Y}, \vec{Z}, \hat{Y}, \hat{Z})$

图 6-1-24　孔与平面的组合定位

b. 孔中心线为第一定位基准，限制工件的 $\vec{Y}$、$\vec{Z}$、$\hat{Y}$、$\hat{Z}$ 四个自由度，平面为第二定位基准，限制工件的 $\vec{X}$ 一个自由度；用的定位元件是平面支承（小支承板或浮动支承，如球面多点浮动）和长圆柱销或心轴，实现五点定位，如图 6-1-25 所示。

② 一面两孔定位。

在加工箱体、支架、连杆和机体类工件时，常以平面和垂直于此平面的两个孔为定位基准组合起来定位，称为一面两孔定位。此时，工件上的孔可以是专为工艺的定位需要而加工的工艺孔，也可以是工件上原有的孔。

一面两孔定位，通常要求平面为第一定位基准，限制工件的 $\vec{Z}$、$\hat{X}$、$\hat{Y}$ 三个自由度，定位元件是支承板或支承钉；孔 1 的中心线为第二定位基准，限制工件的 $\vec{X}$、$\vec{Y}$ 两个自由度，定位元件是短圆柱销；孔2的中心线为第三定位基准，限制工件的 $\hat{Z}$ 一个自由度，定位元件是短菱形销，实现六点定位，如图6-1-26所示。

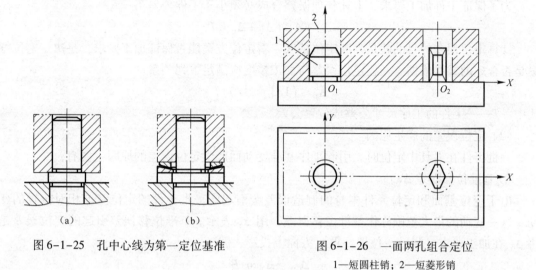

图6-1-25　孔中心线为第一定位基准　　　图6-1-26　一面两孔组合定位

1—短圆柱销；2—短菱形销

使用菱形销的目的是避免过定位。如果采用两个圆柱销与两定位孔配合定位，沿工件上两孔连心线方向的自由度 $\hat{Y}$ 被重复限制了，属于过定位。当工件的孔间距（ $L \pm \delta L_D$ ）与夹具的销间距（ $L \pm \delta L_d$ ）的公差之和大于工件两定位孔（ D_1、D_2 ）与夹具两定位销（ d_1、d_2 ）之间的配合间隙之和时，将使部分工件的不能顺利装卸。为避免过定位，使工件顺利装卸，可采取以下措施：减小 d_2，这种方法虽然能实现工件的顺利装卸，但增大了工件的转动误差；采用削边销，沿垂直于两孔中心的连线方向削边，通常把削边销作成菱形销可提高强度，由于这种方法只增大连心线方向的间隙，不增大工件的转动误差，因而定位精度较高，在生产中获得广泛应用。

（5）工件以特殊表面定位

工件除以上述常见表面进行定位外，由于结构和技术条件限制，还会采用特殊结构表面进行定位，主要有以下几种情况。

① 工件以内外圆锥表面定位：如磨削锥套内孔或外圆。

② 工件以中心孔定位：如磨削光轴或台阶轴。

③ 工件以导轨面定位：如以燕尾面定位。

④ 工件以齿形面定位：如以齿形面定位磨削加工齿轮内孔。

⑤ 工件以其他特殊表面定位：如以键槽、螺纹及花键定位。

4. 定位误差的产生

（1）影响工件加工精度的因素

① 定位误差 Δ_D：工件在夹具中定位产生误差。由定位引起的工序基准的变动。

② 安装误差 Δ_A：夹具在机床上安装产生误差。定位元件相对机床的切削运动的位置误差。定位元件对夹具体基面的误差 Δ_{A1}，夹具体的安装连接误差 Δ_{A2}。

③ 调整误差 Δ_T：刀具调整（对刀、导向）产生误差。

④ 加工方法误差 Δ_G：机床、刀具本身误差、变形误差、测量误差等。

为了保证工件加工要求，上述各项误差合成必须小于工件公差 T：

$$\Delta_D + \Delta_A + \Delta_T + \Delta_G < T$$

计算定位误差的目的就是判断定位精度，看定位方案能否保证加工要求，是决定定位方案是否合理的重要依据。一般定位误差与加工精度应满足下列关系：

$$\Delta_D \leqslant (1/3 \sim 1/5)T$$

式中：T——工件的工序尺寸公差或位置公差。

（2）定位误差的产生原因

一批工件在夹具中定位时，引起工序基准变动而产生定位误差的原因主要有：

① 基准位移误差 Δ_Y。

由于定位基面和定位元件本身的制造误差会引起同一批工件的定位基准相对位置的变动，这一变动的最大范围称作基准位移误差，用 Δ_Y 表示。基准位移误差引起的定位误差是将 Δ_Y 在加工要求（尺寸、位置要求）方向上投影，即

$$\Delta_{DY} = \Delta_Y \cos\beta$$

式中：β——Δ_Y 与工序尺寸（或位置要求）方向的夹角。

② 基准不重合误差 Δ_B。

如图 6-1-27（a）所示零件，底面 3 与侧面 4 均已加工完毕，选用底面和侧面定位来加工表面 1 和 2。其定位误差分析如下。

图 6-1-27（b）所示为加工平面 2，这时定位基准和设计基准均为底面 3，即基准重合，$\Delta_B = 0$。图 6-1-27（c）所示为加工平面 1，这时定位基准是底面 3，设计基准是平面 2，两者不重合。加工时，同样将刀调整到尺寸 C，尺寸 C 是定值，当一批工件逐个在夹具上定位时，受到尺寸 $H \pm \Delta H$ 的影响，设计基准的位置是变动的，尺寸从 $H - \Delta H$ 变化到 $H + \Delta H$，就给 A 尺寸带来误差，这就是基准不重合误差。显然它的大小应等于引起设计基准相对定位基准在加工尺寸方向上发生的最大变动量，即 $\Delta_B = 2\Delta H$。

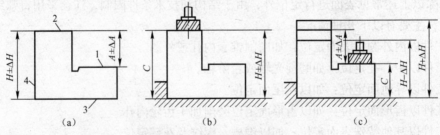

图 6-1-27 基准不重合误差分析

由此可以得出基准不重合误差的计算方法如下。

定位基准与设计基准重合时：$\Delta_B = 0$。

定位基准与设计基准不重合时：当设计基准相对定位基准的变动方向与加工尺寸方向一致时，为设计基准到定位基准之间所有尺寸公差的代数和。

$$\Delta_{\mathrm{B}} = \sum_{i=1}^{n} \delta_i$$

当设计基准相对定位基准的变动方向与加工尺寸方向有一夹角时，为设计基准到定位基准之间所有尺寸公差代数和在加工尺寸方向上的投影。

$$\Delta_{\mathrm{B}} = \sum_{i=1}^{n} \delta_i \cos \beta$$

（3）定位误差的计算方法

① 基准不重合误差 Δ_{B}：由于定位基准与工序基准不重合引起的定位误差。

图 6-1-28 所示零件分析，工序内容：铣削加工台阶平面 D，工序尺寸 h_1，工序基准 E 面，定位基准 A 面。

因此，尺寸 h_2 的误差将给工序尺寸 h_1 造成误差：$\Delta_{\mathrm{B}} = h_{2\max} - h_{2\min} = \delta_{h2}$。

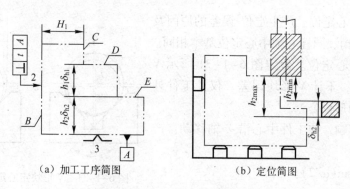

（a）加工工序简图　　　　（b）定位简图

图 6-1-28　基准不重合示例

对工序尺寸 H_1 工序基准和定位基准重合，$\Delta_{\mathrm{B}} = 0$。

基准不重合由多尺寸影响时：　　$\Delta_{\mathrm{B}} = \sum \delta_i \cos \beta$

式中：δ_i——基准不重合尺寸链组成环公差。

　　　　β——δ_i 方向与加工尺寸方向夹角。

结论：基准不重合误差 Δ_{B} 仅与定位基准的选择有关。

② 基准位移误差 Δ_{Y}：由于定位基准误差或定位元件误差而引起的定位基准位移，称为基准位移误差。

a. 平面支承定位。

通常认定平面定位方式中定位基准的制造精度足够高，$\Delta_{\mathrm{Y}} = 0$。

b. 圆柱定位销、圆柱心轴中心定位。

图 6-1-29 所示孔、轴之间定位配合存在间隙，使工件中心发生偏移，产生基准位移误差，偏移方向和偏移量很难确定，但最大偏移量为最大配合间隙。

$$\Delta_{\mathrm{Y}} = X_{\max} = \delta_D + \delta_d + X_{\min}$$

（该公式同样适合过盈配合，$X_{\min} = -(\delta_D + \delta_d)$，$\Delta_{\mathrm{Y}} = 0$）

定位轴为长轴时，配合间隙还会造成平行度误差（见图 6-1-30）。

$$\Delta_Y = (\delta_D + \delta_d + X_{min}) L_1 / L_2$$

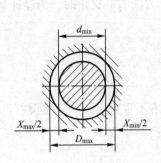

图 6-1-29 X_{max} 对工件位置公差的影响

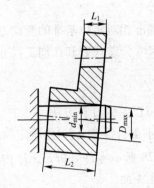

图 6-1-30 X_{max} 对工件位置公差的影响

c. 定位套中心定位。产生定位 误差的原因及结论与圆柱定位销、圆柱心轴中心定位基本相同。

d. V 形块定心定位。假定图 6-1-31 所示 V 形块精度足够高，不计 V 形块误差，仅计工件外圆尺寸公差 δ_d 和形位公差。

由于 δ_d 的影响，使工件中心沿 Z 轴移动，产生位移误差。

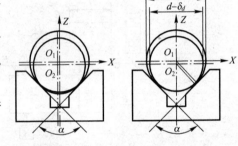

图 6-1-31 V 形块定心定位的位移误差

$O_1 O_2 = \delta_d / 2\sin(\alpha/2)$。

$\Delta_Y = \delta_d / 2\sin(\alpha/2)$。

当 $\alpha = 90°$时，$\Delta_Y = 0.707\delta_d$。

结论：基准位移误差的影响因素很多，而且不同的定位元件由于其定位原理不同，位移误差的计算理论也不一样。

定位误差的计算理论：定位误差是由基准不重合误差 Δ_B 和基准位移误差 Δ_Y 合成的，分析计算时要搞清两种误差的综合影响结果。

5. 定位误差的计算

（1）不同因素引起两种误差的计算

互不相关的情况：引起基准不重合误差 Δ_B、基准位移误差 Δ_Y 的因素不同

定位误差由基准不重合误差 Δ_B 和基准位移误差 Δ_Y 相加。

① 当 $\Delta_B = 0$、$\Delta_Y \neq 0$ 时，$\Delta_D = \Delta_Y$。产生定位误差的原因是基准位移。

【例 6-1-1】 如图 6-1-32 所示，求：工序尺寸 (39 ± 0.04)mm 的定位误差。

解： $\Delta_B = 0$（基准重合）

$$\Delta_Y = \delta_d / 2\sin(\alpha/2)$$

$$= 0.707\delta_d$$

$$= 0.707 \times 0.04 \ mm$$

$$= 0.028 \ mm$$

$$\Delta_D = \Delta_Y \cos 30°$$
$$= 0.028 \times 0.866$$
$$= 0.024(\text{mm})$$

② 当 $\Delta_B \neq 0$、$\Delta_Y = 0$ 时，$\Delta_D = \Delta_B$。产生定位误差的原因是基准不重合。

【例 6-1-2】如图 6-1-33，求：镗削 ϕ30H7 孔时各位置尺寸的定位误差。

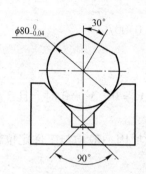

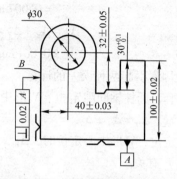

图 6-1-32　定位误差计算示例一　　　图 6-1-33　定位误差计算示例二

解：尺寸 32 ± 0.05 的误差分析：

工序基准与定位基准不重合。

$$\Delta_B = \sum \delta_i \cos \beta$$
$$= (0.04 + 0.1)\cos 0°$$
$$= 0.14(\text{mm})$$
$$\Delta_Y = 0（平面定位）$$
$$\Delta_D = \Delta_B = 0.14\text{mm}$$

尺寸 40 ± 0.03 的误差分析：

工序基准与定位基准重合。$\Delta_B = 0$

$$\Delta_Y = t = 0.02\text{mm}$$
$$\Delta_D = \Delta_Y = 0.02\text{mm}$$

③ 当 $\Delta_B \neq 0$、$\Delta_Y \neq 0$ 时。且产生定位误差的原因是相互独立的因素。

$$\Delta_D = \Delta_B + \Delta_Y$$

【例 6-1-3】如图 6-1-34 所示，求加工尺寸为 (40 ± 0.15)mm 的定位误差。

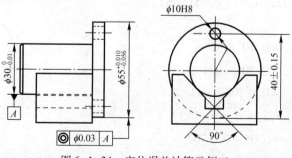

图 6-1-34　定位误差计算示例三

解： 基准不重合（定位基准为轴线 A，工序基准为 $\phi55$ 外圆母线）。

$$\Delta_B = \sum \delta_i \cos \beta = (\delta_d 2/2 + t)\cos \beta$$
$$= (0.046/2 + 0.03)\cos 0° = 0.053\,(\text{mm})$$

基准位移误差：

$$\Delta_Y = 0.707\delta_{d1} = 0.707 \times 0.01$$
$$= 0.007\,\text{mm}$$
$$\Delta_D = \Delta_B + \Delta_Y = (0.053 + 0.007)$$
$$= 0.06\,(\text{mm})$$

（2）同一因素引起两种误差的计算

采用圆柱套、圆柱轴间隙定位、V 形中心定位，$\Delta_B \neq 0$、$\Delta_Y \neq 0$ 时。且产生定位误差的原因是同一因素。$\Delta_D = \Delta_B \pm \Delta_Y$。

圆柱间隙定位、V 形中心定位时，Δ_B、Δ_Y 的产生原因一般均与工件定位轴（孔）径尺寸公差 δ_d（δ_D）有关。

① Δ_B、Δ_Y 引起工序基准同向变化时（见图 6-1-35）：$\Delta_D = \Delta_B + \Delta_Y$。

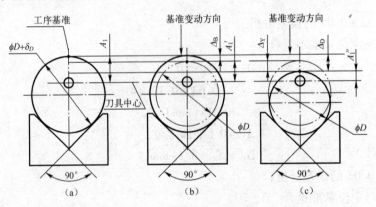

图 6-1-35　定位误差计算示例四

【例 6-1-4】 如图 6-1-36 所示，求加工尺寸为 $(30 \pm 0.1)\text{mm}$ 的定位误差。

解： 基准不重合误差 Δ_B（定位基准为轴中心线，工序基准为 $\phi50$ 外圆上母线）：

$$\Delta_B = \delta_d/2\cos \beta$$
$$= 0.1/2\cos 0° = 0.05\,(\text{mm})$$

基准位移误差：

$$\Delta_Y = 0.707\delta_d$$
$$= 0.707 \times 0.1$$
$$= 0.0707\,(\text{mm})$$
$$\Delta_D = \Delta_B + \Delta_Y$$
$$= 0.05 + 0.0707$$
$$= 0.12\,(\text{mm})$$

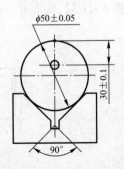

图 6-1-36　定位误差计算示例五

② Δ_B、Δ_Y 引起工序基准反向变化时（见图 6-1-37）：$\Delta_D = \Delta_Y - \Delta_B$

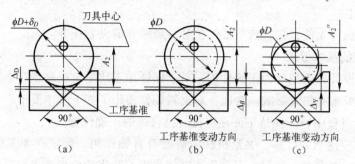

图 6-1-37　定位误差计算示例六

【例 6-1-5】如图 6-1-38 所示，求加工尺寸为（30 ± 0.1）mm 的定位误差。

解：基准不重合误差 Δ_B（定位基准为轴中心线，工序基准为 $\phi50$ 外圆下母线）：

$$\Delta_B = \delta_d / 2\cos\beta$$
$$= 0.1 / 2\cos0°$$
$$= 0.05\,(\text{mm})$$

基准位移误差：

$$\Delta_Y = 0.707\delta_d$$
$$= 0.707 \times 0.1$$
$$= 0.0707\,(\text{mm})$$

$$\Delta_D = \Delta_Y - \Delta_B$$
$$= 0.0707 - 0.05$$
$$= 0.02\,(\text{mm})$$

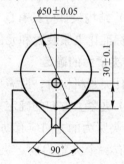

图 6-1-38　定位误差计算示例七

定位误差的计算比较复杂，要分析清楚引起误差的因素和误差性质，由例 6-1-3、例 6-1-4、例 6-1-5 可知：不同因素引起的 Δ_B、Δ_Y 无论如何变化，定位误差取其和，同一因素引起的 Δ_B、Δ_Y 要根据变化情况判断正负，由二者合成而得。

6.1.3　工件的夹紧

工件在夹具上定位后，为了保证已定位位置在加工过程中始终保持不变，需要利用一定的机械部件将工件夹紧，完成工件夹紧作用的结构部件为夹紧装置。夹紧装置可以分为手动夹紧和机动夹紧两类。

1. 夹紧装置的组成

夹紧装置一般由三部分组成。

（1）动力装置

动力装置是产生夹紧力的装置。常用的动力装置有：液压、气动、电磁、电动和真空装置等。

（2）中间传力机构

它是在动力装置与夹紧元件之间，传递夹紧力的机构。其主要作用有：改变作用力的方向和大小；夹紧工件后的自锁性能，保证夹紧可靠，尤其在手动夹具中。

（3）夹紧元件

完成夹紧的执行元件，它直接与工件接触，最终完成夹紧任务。

2. 夹紧装置的基本要求

夹紧装置的设计和选用是否正确合理，对于保证加工质量，提高生产率，减轻工人劳动强度，降低生产成本有很大影响。为此，对夹紧装置提出了如下基本要求。

（1）在夹紧过程中应能保持工件在定位时已获得的正确位置。

（2）夹紧力应适当和可靠。夹紧机构一般要有自锁作用，保证在加工过程中工件不会产生松动和振动。在夹紧工件时，不允许使工件产生不适当的变形和表面损伤。

（3）夹紧机构应操作方便，安全省力，以便减轻劳动强度，缩短辅助时间，提高生产效率。

（4）夹紧机构的复杂程度和自动化程度应与生产类型相适应。

（5）结构设计应具有良好的工艺性和经济性，结构紧凑，有足够的强度和刚度，尽可能采用标准化夹紧装置和元件，以缩短夹具设计和制造周期。

3. 夹紧力的确定

设计夹紧机构时，所需夹紧力的确定包括夹紧力的作用点、方向、大小三要素。

（1）夹紧力方向的确定

① 夹紧力的方向应有助于定位稳定，不应破坏定位。

只有一个夹紧力时，夹紧力应垂直于主要定位支承或使各定位支承同时受夹紧力作用。

图6-1-39所示为夹紧力朝向主要定位面的示例。如图6-1-39（a）所示，工件以左端面与定位元件的 A 面接触，限制工件的三个自由度；底面与 B 面接触，限制工件的两个自由度；夹紧力朝向主要定位面 A，有利于保证孔与左端面的垂直度要求。如图6-1-39（b）所示，夹紧力朝向 V 形块的 V 形面，使工件装夹稳定可靠。

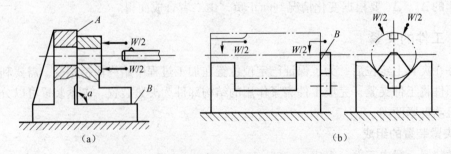

图6-1-39　夹紧力的方向朝向主要定位面

图6-1-40所示为一力两用和使各定位基面同时受夹紧力作用的情况。对图6-1-40（a）所示工件的第一定位基面施加 W_1，对第二定位基面施加 W_2；在图6-1-40（b）、（c）所示工件上施加 W_3 代替 W_1、W_2，使两定位基面同时受到夹紧力的作用。

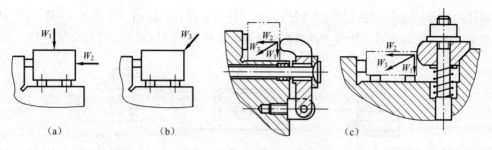

图 6-1-40　分别加力和一力两用

几个夹紧力分别作用时，主夹紧力应朝向主要定位支承面，并注意夹紧力的动作顺序。如三平面组合定位，$W_1 > W_2 > W_3$，W_1 是主要夹紧力，朝向主要定位支承面，应最后作用；W_2、W_3 应先作用。

② 夹紧力的方向应方便装夹，有利于减小夹紧力，最好与切削力、重力方向一致。

图 6-1-41 所示为夹紧力与切削力、重力的关系：图 6-1-41（a）所示为夹紧力 W 与重力 G、切削力 F 方向一致，所用夹紧力最小，图 6-1-41（d）所示为需要由夹紧力产生的摩擦力来克服切削力与重力故需夹紧力最大。

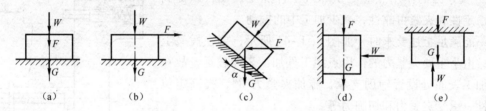

图 6-1-41　夹紧力与切削力、重力的关系

（2）夹紧力作用点的确定

① 夹紧力的作用点应落在定位元件上或支承范围内。

如图 6-1-42 所示，夹紧力的作用点落在了定位元件支承范围之外，夹紧力与支座反力构成力矩，夹紧时工件将发生偏转，从而破坏工件的定位。

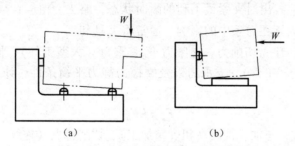

图 6-1-42　夹紧力作用点的位置不正确

② 夹紧力的作用点应选在工件刚度较高的部位。

如图 6-1-43（a）所示薄壁套的轴向刚性比径向好，用卡爪径向夹紧，工件变形大，若沿轴向施加夹紧力，变形就会小得多；对于图 6-1-43（b）所示薄壁箱体，夹紧力不应作用在箱体的顶面，而应作用在刚性好的凸边上。若箱体没有凸边时，如图 6-1-43（c）所示，将单点夹紧改为三点夹紧，使着力点落在刚性好的箱壁上，可以减小工件的夹紧变形。

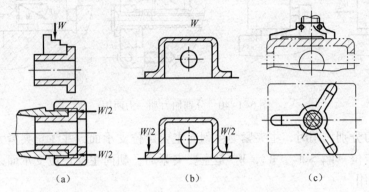

图 6-1-43　夹紧力作用点与夹紧变形的关系

减少工件的夹紧变形，可采用增大工件受力面积的措施。如设计特殊形状夹爪、压角等分散作用夹紧力，增大工件受力面积。

③ 夹紧力的作用点应尽量靠近工件加工表面，以提高定位稳定性和夹紧可靠性，减少加工中的振动。

不能满足上述要求时，如图 6-1-44 所示，要在拨叉上铣槽，由于主要夹紧力的作用点距工件加工表面较远，故在靠近加工表面处设置辅助支承，施加夹紧力 W'，提高定位稳定性，承受夹紧力和切削力等。

（3）夹紧力的大小确定

理论上，夹紧力应与工件受到切削力、离心力、惯性力及重力等力的作用平衡；实际上，夹紧力的大小还与工艺系统的刚性、夹紧机构的传递效率等有关。切削力在加工过程中是变化的，因此夹紧力只能进行粗略的估算。

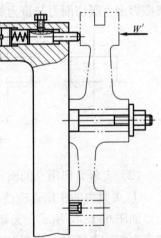

图 6-1-44　夹紧力作用点靠近加工表面

估算夹紧力时，应找出对夹紧最不利的瞬时状态，略去次要因素，考虑主要因素在力系中的影响。通常将夹具和工件看成一个刚性系统，建立切削力、夹紧力 W_0、重力（大型工件）、惯性力（高速运动工件）、离心力（高速旋转工件）、支承力以及摩擦力静力平衡条件，计算出理论夹紧力 F_0。则实际夹紧力 F_s 为

$$F_s = KF_0$$

式中：K——安全系数，与加工性质（粗、精加工）、切削特点（连续、断续切削）、夹紧力来源（手动、机动夹紧）、刀具情况有关。一般取 $K = 1.5 \sim 3$；粗加工时，$K = 2.5 \sim 3$；精加工时，$K = 1.5 \sim 2.5$。

生产中还经常用类比法（或试验）确定夹紧力。

4. 常用夹紧装置

常用的典型夹紧机构有斜楔夹紧机构、螺旋夹紧机构、偏心夹紧机构及铰链夹紧机构

等。在夹紧机构中，绝大多数都用斜面楔紧原理来夹紧工件，其基本形式是斜楔夹紧，而螺旋夹紧、偏心夹紧等都是它的变形。

（1）斜楔夹紧机构

图6-1-45所示为几种典型的斜楔夹紧机构，图6-1-45（a）所示为在工件上钻互相垂直的 φ8、φ5 两组孔，工件装入后，锤击斜楔大头，夹紧工件；加工完毕后，锤击斜楔小头，松开工件。可见，斜楔是利用其斜面移动时所产生的压力来夹紧工件，即利用斜面的楔紧作用夹紧工件。图6-1-45（b）所示为将斜楔与滑柱合成一种夹紧机构，一般用气压或液压驱动。图6-1-45（c）所示为由端面斜楔与压板组合而成的夹紧机构。

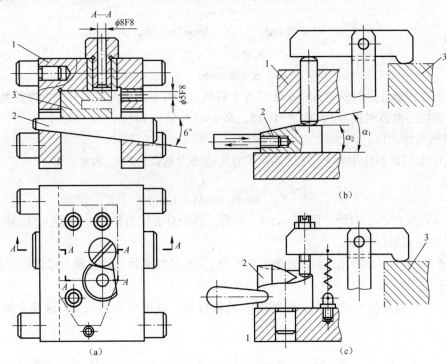

图6-1-45 斜楔夹紧机构

① 斜楔的夹紧力。

图6-1-46（a）所示为斜楔在外力作用下的受力情况，建立静平衡方程式：$F_1 + F_{RX} = F_Q$，其中

$$F_1 = W\tan\phi_1,\ F_{RX} = W\tan(\alpha + \phi_2)$$

整理后得：

$$W = \frac{F_Q}{\tan\phi_1 + \tan(\alpha + \phi_2)}$$

式中：W——斜楔对工件的夹紧力（N）；

α——斜楔升角（°）；

F_Q——加在斜楔上的原始作用力（N）；

ϕ_1——斜楔与工件间的摩擦角（°）；

ϕ_2——斜楔与夹具体间的摩擦角（°）。

设 $\phi_1 = \phi_2 = \phi$，当 $\alpha \leq 10°$ 时，可用下式作近似计算：

$$W = \frac{F_Q}{\tan(\alpha + 2\phi)}$$

② 斜楔的自锁条件。

当加在斜楔上的原始作用力 F_Q 撤除后，斜楔在摩擦力作用下仍然不会松开工件的现象称为自锁。此时摩擦力的方向与斜楔企图松开和退出的方向相反，如图 6-1-46（b）所示。从图中可见，要自锁，必须满足下式：

$$F_1 \geq F_{RX}$$

其中：
$$F_1 = W\tan\phi_1 \quad F_{RX} = W\tan(\alpha - \phi_2)$$

整理后：
$$\phi_1 \geq \alpha - \phi_2$$

所以：
$$\alpha \leq \phi_1 + \phi_2$$

斜楔的自锁条件是斜楔的升角小于或等于斜楔与工件、斜楔与夹具体间的摩擦角之和。

一般钢材的摩擦因数为 $f = 0.1 \sim 0.15$，则 $\alpha \leq 11.5° \sim 17°$。

③ 斜楔的增力比。

夹紧力 W 与原始作用力 F_Q 之比称为扩力比或增力系数，用 i_Q 表示，即

$$i_Q = \frac{W}{F_Q} = \frac{1}{\tan\phi_1 + \tan(\alpha + \phi_2)}$$

若 $\phi_1 = \phi_2 = 6°$，$\alpha = 10°$，则 $i_Q = 2.6$。可见，斜楔具有扩力作用，α 越小，i_Q 越大。

④ 斜楔的夹紧行程。

如图 6-1-46（c）所示，h 是斜楔夹紧行程，s 是斜楔夹紧工件过程中移动的距离，则

$$h = s\text{tg}\alpha$$

由于 s 受到斜楔长度的限制，要想增大夹紧行程，就得增大斜角 α，这样会降低自锁性能。

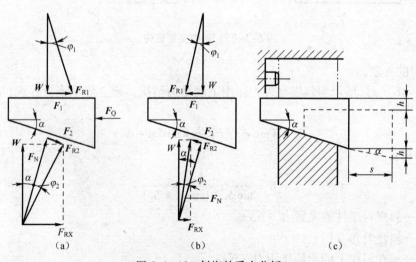

图 6-1-46　斜楔的受力分析

⑤ 升角 α 的选择。

为保证自锁可靠,手动夹紧机构一般取 $\alpha = 6° \sim 8°$;自锁的机动夹紧小于或等于 $12°$,不需要自锁的机动夹紧,可取 $\alpha \leqslant 12° \sim 30°$。当要求机构既能自锁,又要有较大夹紧行程时,可采用双斜面斜楔,大斜角 α_1 段使滑柱迅速上升,小斜角 α_2 段确保自锁。

⑥ 斜楔夹紧机构的特点。

a. 具有自锁性能。所谓自锁,是指当外力撤销后,夹紧机构在纯摩擦力的作用下,仍保持其处于夹紧状态而不松开的现象。

b. 斜楔能改变夹紧作用力的方向。

c. 斜楔具有扩力作用。

d. 斜楔的夹紧行程很小。

e. 斜楔夹紧效率低。因斜楔与夹具体及工件间是滑动摩擦,故效率低。

（2）螺旋夹紧机构

图 6-1-47 所示为常见螺旋夹紧机构。由螺钉、螺母、垫圈、压板等元件组成。

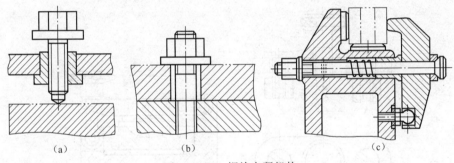

图 6-1-47 螺旋夹紧机构

① 单个螺旋夹紧机构

直接用螺钉或螺母夹紧工件的机构,称为单个螺旋夹紧机构。图 6-1-48（a）中螺钉头直接与工件表面接触,螺钉转动时,可能损伤工件表面或带动工件旋转。为克服这一缺点,可在螺钉头部装上摆动压块（JB/T 8009.2—1999）。如图 6-1-48（a）、（b）所示,A型的端面光滑,用于夹紧已加工表面;B型的端面有齿纹,用于夹紧毛坯面。当要求螺钉只移动不转动时,可采用图 6-1-48（a）所示结构（JB/T 8009.3—1999）。

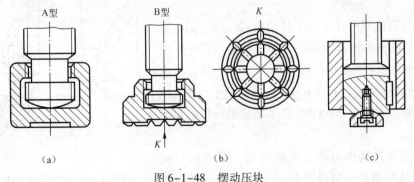

图 6-1-48 摆动压块

单个螺旋夹紧机构夹紧动作慢，装卸工件费时，为克服这一缺点，可采用各种快速螺旋夹紧机构。

② 螺旋压板夹紧机构

常见的螺旋压板夹紧机构如图 6-1-49 所示，图 6-1-49（a）、（b）所示为移动压板；图 6-1-49（c）、（d）所示为回转压板。图 6-1-50 所示为螺旋钩形压板夹紧机构，其特点是结构紧凑，使用方便。当钩形压板妨碍工件装卸时，自动回转钩形压板避免了手动转动钩形压板的麻烦。

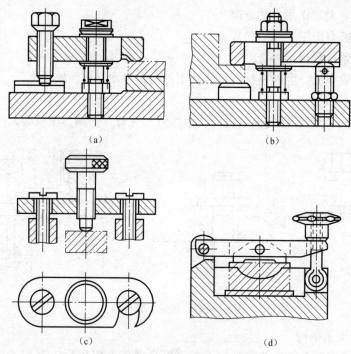

图 6-1-49　螺旋压板夹紧机构

螺旋夹紧机构具有结构简单、制造容易、自锁性能好、夹紧可靠的特点，是手动夹紧中常用的一种夹紧机构。

（3）偏心夹紧机构

用偏心件直接或间接夹紧工件的机构，称为偏心夹紧机构。常用的偏心件是圆偏心轮和偏心轴。图 6-1-51 所示为常见的圆偏心夹紧构，图 6-1-51（a）、（b）所示夹紧机构用的是圆偏心轮；图 6-1-51（c）所示夹紧机构用的是偏心轴；图 6-1-51（d）所示夹紧机构用的是偏心叉。

偏心夹紧机构操作方便、夹紧迅速，但夹紧力和行程较小，结构简单，自锁性能可靠性差，一般用于

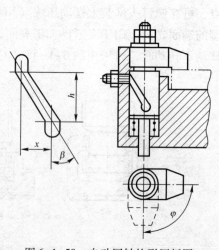

图 6-1-50　自动回转钩形压板图

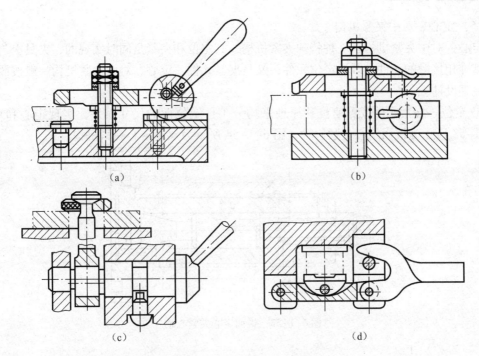

图 6-1-51　圆偏心夹紧机构

切削力不大、切削负荷小振动小的场合。

（4）铰链夹紧机构

图 6-1-52 所示为常用的铰链夹紧机构的三种基本结构，图 6-1-52（a）所示为单臂铰链夹紧机构；图 6-1-52（b）所示为双臂单作用铰链夹紧机构；图 6-1-52（c）所示为双臂双作用铰链夹紧机构。由气缸带动铰链臂及压板转动夹紧或松开工件。

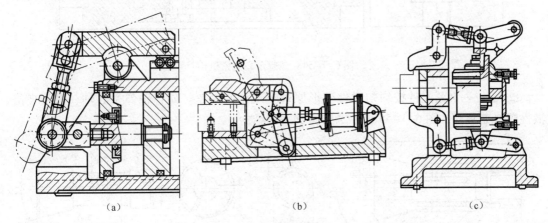

图 6-1-52　铰链夹紧机构

铰链夹紧机构是一种增力机构，其结构简单，增力比大，摩擦损失小，但一般不具备自锁性能，常与具有自锁性能的机构组成复合夹紧机构。所以铰链夹紧机构适用于多点、多件夹紧，在气动、液压夹具中获得广泛应用。

（5）定心、对中夹紧机构

定心、对中夹紧机构是一种特殊夹紧机构，其定位和夹紧是同时实现的，夹具上与工件定位基准相接触的元件，既是定位元件，又是夹紧元件。定心、对中夹紧机构一般按照以下两种原理设计：

① 定位—夹紧元件按等速位移原理来均分工件定位面的尺寸误差，实现定心和对中。图 6-1-53 所示为锥面定心夹紧心轴，图 6-1-54 所示为螺旋定心夹紧机构。

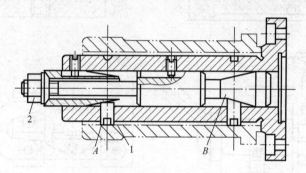

图 6-1-53　锥面定心夹紧心轴

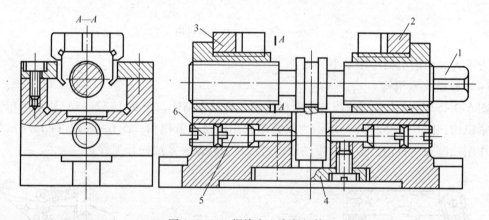

图 6-1-54　螺旋定心夹紧机构

② 定位—夹紧元件按均匀弹性变形原理实现定心夹紧。如各种弹簧心轴、弹簧夹头、液性塑料夹头等。图 6-1-55 所示为弹簧夹头的结构。

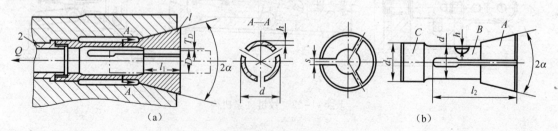

图 6-1-55　弹簧夹头

（6）联动夹紧机构

需同时多点夹紧工件或几个工件时，为提高生产效率，可采用联动夹紧机构。

若联动夹紧在一处操作，就能使几个夹紧点同时夹紧一个或几个工件，这样就缩短了工件夹紧的辅助时间，提高了生产率。

联动夹紧分单件多点联动夹紧和多件联动夹紧。

① 单件多点联动夹紧机构。

多点夹紧是用一个原始作用力，通过浮动压头用多个点对工件进行夹紧，如图6-1-56和图6-1-57所示就是常见的浮动夹紧机构。

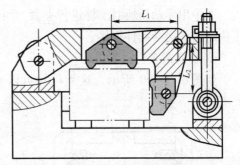

图6-1-56 四点双向浮动夹紧机构

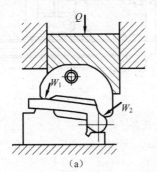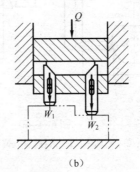

（a） （b）

图6-1-57 浮动压头夹紧机构

② 多件联动夹紧机构。

用一个原始作用力，通过一定的机构对数个相同或不同的工件进行夹紧，称为多件夹紧。

多件夹紧机构多用手动夹紧小型工件，在铣床夹具中用得最广。根据夹紧力的方向和作用情况，一般有下列几种形式。

a. 串行式多件夹紧：如图6-1-58所示，该夹紧机构要夹紧的多个工件是一个挨一个排列的。夹紧时，作用力依次由一个传至下一个工件，每个工件的夹紧力是相等的，等于原始夹紧力。

b. 平行式多件夹紧：如图6-1-59所示，各个夹紧力相互平行，各工件上的夹紧力相等。

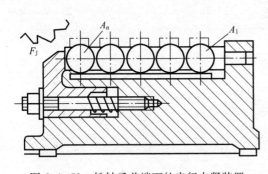

图6-1-58 铣轴承盖端面的串行夹紧装置

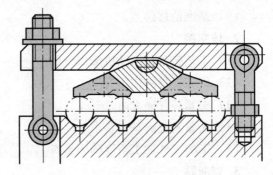

图6-1-59 平行式多件夹紧装置

图中用浮动压块对工件进行夹紧，两个工件要用一个浮动压块，工件多于两个时，浮动压块之间要用摆动件连接。

c. 对向式多件夹紧机构

如图6-1-60所示，这类机构可以减少原始作用力，但是增加了对机构夹紧行程的要求。

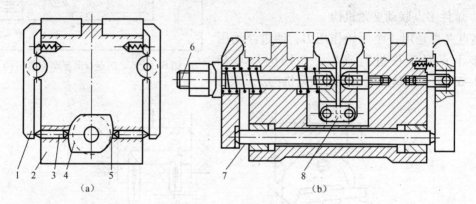

（a）　　　　　　　　　　　　（b）

图 6-1-60　对向式多件夹紧机构

1—压板；2—夹具体；3—滑柱；4—偏心轮；5—导轨；6—螺杆；7—顶杆；8—连杆

任务练习

1. 名词解释

（1）定位。

（2）夹紧。

（3）辅助支承。

（4）六点定位。

（5）过定位。

（6）欠定位。

（7）不完全定位。

（8）基准不重合误差。

（9）基准位移误差。

2. 填空题

（1）工艺装备是指除机床以外的 _____。

（2）机床夹具的作用有_____。

（3）夹紧装置通常由_____、_____和_____三部分所组成。

（4）夹紧装置的基本要求有_____。

（5）影响工件加工精度的因素有_____。

3. 判断题

（1）定位的目的是为了夹紧。　　　　　　　　　　　　　　　　　　　　（　　）

（2）夹紧的目的是为了定位。（　　）

（3）机加工前必须对工件夹紧，因为加工过程中有相当大的切削力。（　　）

（4）欠定位不允许使用，不完全定位也不允许使用。（　　）

（5）六点定位的本质就是完全限制工件的六个自由度。（　　）

（6）机床夹具分为通用夹具和专用夹具，这两种夹具都是由机床附件厂制作的。（　　）

（7）辅助支承和其他支承一样可以对工件进行定位。（　　）

（8）辅助支承只能在工件定位夹紧后才能动作。（　　）

（9）菱形销出现在一面两孔定位的场合，其作用是限制工件一个自由度，防止出现过定位。（　　）

（10）定位元件已经标准化，在使用中可以查找相关标准。（　　）

（11）圆柱心轴一般用在工件以内孔定位的场合，由于心轴与孔之间存在间隙，所以该定位元件的定位精度不高，一般用在车削加工中。（　　）

（12）在磨削加工中，工件以内孔定位时，可以使用圆柱心轴。（　　）

（13）定位元件的精度一般都比较高，在设计中必须认真对待，强度不是设计定位元件必须考虑的内容。（　　）

（14）浮动支承能够增加支承强度，在大的工件定位中使用。（　　）

（15）使用V形块定位的优点是对中性好，能使工件的定位基准处在V形块两斜面的对称面内，可用于粗、精基准，可用于完整或局部圆柱面，活动V形块还可以兼作夹紧元件。（　　）

（16）工件被夹紧后不能动了，所以这个工件就定位了，这种理解是正确的。（　　）

（17）对于轴类零件而言，定位元件只能用V型块。（　　）

（18）有人说为了提高工件的定位精度，工件被限制的自由度应该越多越好。（　　）

（19）欠定位就是不完全定位，定位设计时要尽量避免。（　　）

（20）一套优良的机床夹具必须满足下列基本要求：保证工件的加工精度、提高生产效率、工艺性能好、使用性能好、经济性好。（　　）

（21）夹具设计一般是在零件机械加工工艺过程制订后按某一工序具体要求进行。制订工艺过程，应充分考虑夹具实现的可能性，而设计夹具时，如确有必要也可以对工艺过程提出修改意见。（　　）

（22）夹具与刀具的联系尺寸：用来确定夹具上对刀、导引元件位置的尺寸。对于铣床夹具，是指对刀元件与定位元件的位置尺寸。（　　）

（23）偏心夹紧机构通常因为结构简单，操作简便所以得到了广泛的运用。（　　）

（24）只要工件夹紧，就实现了工件的定位。（　　）

（25）工件定位时，一个支承点只能限制一个自由度，两个支承点必然限制两个自由度，以此类推。（　　）

（26）工件的六个自由度全部被限制，使它在夹具中只有唯一正确的位置，这种定位称为完全定位。（　　）

（27）为保证工件在加工过程中牢固可靠，夹紧力越大越好。　　　　　　（　　）

（28）工件夹紧变形会使被加工工件产生形状误差。　　　　　　　　　（　　）

（29）专用夹具是专为某一种工件的某道工序的加工而设计制造的夹具。（　　）

4. 分析题

如图 6-1-61 所示，图 6-1-61（a）为被加工工件零件图，图 6-1-61（b）为用于钻加工 $\phi 10$ 孔的钻夹具结构图，分析图示结构，回答以下问题：

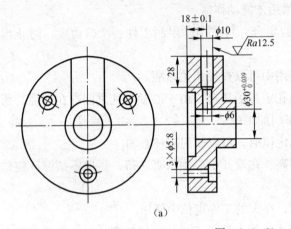
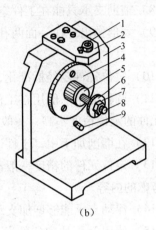

（a）　　　　　　　　　　　　　（b）

图 6-1-61

1—钻套；2—钻模板；3—夹具体；4—支承板；5—圆柱销；

6—开口垫圈；7—螺母；8—螺杆；9—菱形销

（1）分析该零件，指出哪一些表面精度要求较高。

（2）该零件大批量生产，本工序钻削加工 $\phi 10$ 孔，该孔的定位尺寸是什么？如果使用钳工划线的方法，能不能保证该孔的定位精度？

（3）分析钻削孔的定位基准。

（4）图 6-1-61（b）为加工该孔钻夹具结构图，下列各个零件的作用是什么？

零件 1 的作用：_____。

零件 4 的作用：_____。

零件 5 的作用：_____。

零件 9 的作用：_____。

（5）分析该定位方式属于哪一种定位方式，能不能保证加工精度要求？

5. 计算题

（1）如图 6-1-62 所示，套类零件铣槽时，其工序尺寸有四种标注方式，若定位心轴水平放置，试分别计算工序尺寸为 H_1、H_2、H_3、H_4 的定位误差。

（2）图 6-1-63 所示工件，加工工件上Ⅰ、Ⅱ、Ⅲ三个小孔，请分别计算三种定位方案的定位误差，并说

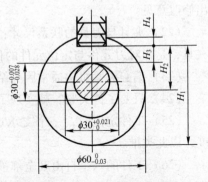

图 6-1-62　套类零件铣槽

明哪个定位方案较好。V 形块 $\alpha = 90°$。

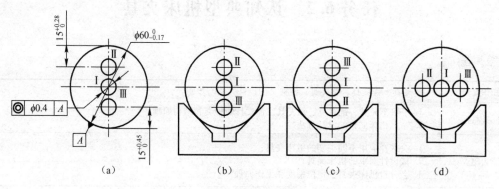

图 6-1-63　孔加工

（3）如图 6-1-64 所示，欲加工键槽并保证尺寸 45 mm 及对内孔中心的对称度 0.05 mm，试计算按图 6-1-63（b）方案定位时的定位误差。

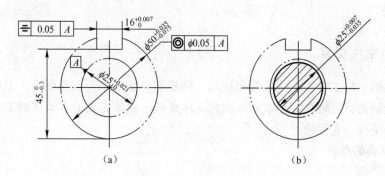

图 6-1-64　键槽加工

（4）如图 6-1-65 所示，已知加工尺寸 $18^{+0.2}_{0}$ mm、$25^{0}_{-0.2}$ mm 和 $20^{+0.3}_{0}$ mm，求尺寸 A 和 B 的定位误差。

（5）如图 6-1-66 所示，用三爪自定心卡盘夹持 $\phi25^{0}_{-0.1}$ 铣扁头，求尺寸 h 的定位误差（不考虑同轴度影响）。

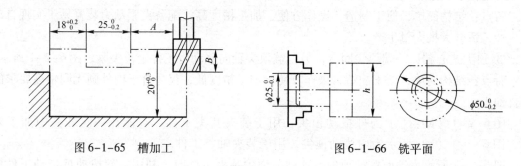

图 6-1-65　槽加工　　　　　　　　图 6-1-66　铣平面

任务6.2 认知典型机床夹具

学习导航

知识要点	车夹具、铣夹具、钻夹具、镗夹具的设计方法与步骤
任务目标	1. 了解车夹具、铣夹具、钻夹具、镗夹具的种类和结构原理； 2. 掌握机床夹具的设计方法
能力培养	1. 会选择应用不同类别的机床夹具； 2. 能设计简单的机床夹具； 3. 会分析机床夹具的定位精度和工作原理
教学组织	课堂讲解、课堂项目训练＋课下查阅资料、自主学习、项目练习
教学评价	学习过程评价（60%）；教学成果评价（30%）；团队合作评价（10%）
参考学时	6

任务学习

6.2.1 认知车床夹具

车床主要用于加工零件的内、外圆柱面、圆锥面、螺纹以及端平面等，上述各种表面都是围绕机床主轴的旋转轴线而形成的，因此车床夹具一般都是安装在车床的主轴上，加工时夹具随着机床主轴一起旋转。

1. 车床夹具的种类

（1）心轴类车床夹具

这类夹具多用于工件以内孔为定位基准，加工外圆面的情况。常见的心轴有圆柱心轴、弹簧心轴、顶尖式心轴等。

① 圆柱心轴：用心轴外表面与工件内表面配合对工件定位，心轴端部设夹紧装置。

特点：结构简单、制造容易，操作方便。由于一般为间隙配合，精度比较低。

② 弹簧心轴：靠某些锥度元件的轴向位移，使弹性心轴产生弹性变形而引起径向位移，将工件定位、夹紧。

特点：结构简单，便于制造，操作方便，加工精度高，配备夹紧动力装置易于实现自动化生产，适合大批大量生产。

③ 顶尖式心轴：一端顶尖固定，另一端顶尖轴向移动将工件定位夹紧，图6-2-1所示。

特点：结构简单，便于制造，操作方便，加工精度低，仅适合于内外圆无同轴度要求的工件加工。

图6-2-1（a）所示为外拨动顶尖，用于装夹套类工件，它能在一次装夹中加工外圆，图6-2-1（b）所示为内拨动顶尖，用于装夹轴类工件。

图6-2-2所示为端面拨动顶尖，这种前顶尖装夹工件时，利用端面拨动爪带动工件旋转，工件仍以中心孔定位。这种顶尖的优点是能快速装夹工件，并在一次安装中能加工出全

部外表面，适用于装夹外径为 $\phi 50 \sim \phi 150$ 的工件。

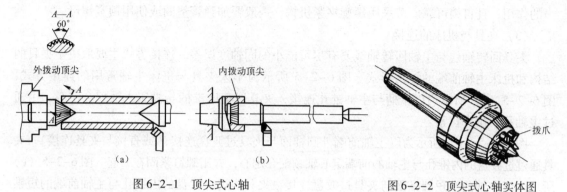

图 6-2-1　顶尖式心轴

图 6-2-2　顶尖式心轴实体图

（2）角铁式车床夹具

夹具体形状类似角铁，适合加工壳体、支座、接头等工件。

多数情况下被加工面轴线与主要定位基准平行或成一定角度，与某一定位基准孔轴线垂直，如图 6-2-3 所示。

（3）圆盘式车床夹具

夹具体形状为圆盘，加工工件形状比较复杂。

多数情况下被加工面轴线与主要定位基准垂直，与某一定位基准孔轴线平行，如图 6-2-4 所示。

图 6-2-3　角铁式车床夹具

图 6-2-4　圆盘式车床夹具

2. 车床夹具的设计要点

（1）定位元件的设计

"选类型、找位置、定精度"。选类型即主要由工件定位表面形状确定类型。找位置就是确定定位元件的位置关系，同轴的盘类、套类零件，定位元件工作表面中心轴线与夹具回转轴线重合；不同轴的零件，与工序基准有一定的尺寸及位置要求时，以夹具轴线为基准确定定位元件工作表面位置。定精度就是确定定位元件的位置精度，确定定位元件与配合表面的配合精度。

（2）夹紧装置的设计

由于车床夹具高速旋转，在加工过程中除受切削力作用外，还承受离心力和工件重力的作用。因此，要求车床夹具的夹紧机构必须安全可靠，夹紧力必须克服切削力、离心力等外力的作用，且自锁可靠。若采用螺旋夹紧机构，一般要加弹簧垫圈或使用锁紧螺母。

（3）夹具与机床的连接

夹具回转轴线与主轴回转轴线要有尽可能小的同轴度误差。连接方式主要取决于夹具的结构和机床主轴前端的结构形式。图6-2-5所示为车床夹具与机床主轴常用的连接方式：图6-2-5（a）所示为以锥柄与主轴锥孔连接，夹具以莫氏锥柄与机床主轴配合定心，由通过主轴孔的拉杆拉紧。

图6-2-5（b）所示为以主轴前端外圆柱面与夹具过渡盘连接（或直接与夹具连接），夹具通过过渡盘的内锥孔与主轴的前端定心轴颈配合定心，并用螺钉紧固在一起。图6-2-5（c）所示为以主轴前端短圆锥面与夹具过渡盘连接，夹具通过过渡盘的内锥孔与主轴前端的短锥面相配合定心，并用螺钉紧固在主轴上。

图6-2-5（d）所示为以主轴前端长圆锥面与夹具过渡盘连接，夹具通过过渡盘的内锥孔与主轴前端的长锥面相配合定心，并用锁紧螺母紧固。在锥面配合处用键连接传递扭矩。

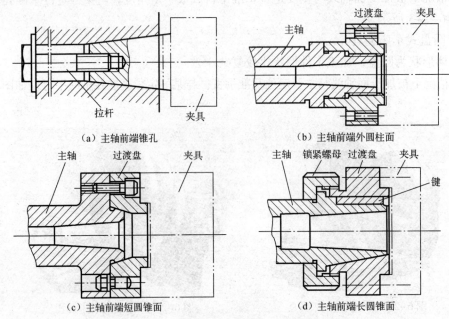

图6-2-5　车床夹具与机床常用的连接方式

（4）车床夹具的平衡

车床夹具高速回转，若不平衡，就会产生离心力。不仅增加了主轴和轴承的磨损，还会产生振动，影响加工质量，降低刀具寿命。因此，设计车床夹具时，特别是角铁式、花盘式等结构不对称的车床夹具，必须采取平衡措施，以减少由离心力产生的振动和主轴、轴承的磨损。生产中常用加平衡块或加工减重孔的办法，通过平衡试验，来达到平衡夹具的目的。

（5）车床夹具总体结构设计

夹具结构应力求紧凑、轮廓尺寸小、质量轻，为了安全，夹具体形状设计多为圆形，各元件应安装在圆形轮廓之内。必要时应设防护罩。车床夹具的轮廓尺寸，如图6-2-6所示，可参考以下数据：

当夹具采用锥柄与机床主轴锥孔连接时，夹具上最大轮廓直径 $D < 140$ mm 或 $D \leqslant (2 \sim 3)d$，d 为锥柄大端的直径。

当夹具采用过渡盘与机床主轴相连接时，在 $D < 150$ mm 时，$B/D \leqslant 1.25$；$D = 150 \sim 300$ mm 时，$B/D \leqslant 0.9$；$D > 300$ mm 时，$B/D \leqslant 0.6$。

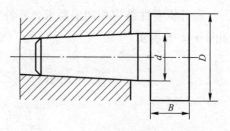

图 6-2-6　车床夹具轮廓尺寸简图

当为单支承的悬臂心轴时，其悬伸长度应小于直径的 5 倍。

当为前后顶尖支承的心轴时，其长度应小于直径的 12 倍。

当心轴直径大于 $\phi 50 \sim \phi 60$ 时，可采用中空结构，以减轻质量。

夹具悬伸长度 L：为保证加工的稳定性，悬伸长度要短，使重心尽量靠近主轴。可参照以下数据：

夹具轮廓直径 D 与 L 之比，$D < 150$ mm，$L/D \leqslant 1.25$；

150 mm $< D < 300$ mm，$L/D \leqslant 0.9$；

$D > 300$ mm，　$L/D \leqslant 0.9$；

3. 车床夹具设计案例

（1）设计任务

图 6-2-7 为拨叉支架零件图，本工序车削加工 $\phi 30H9$ 孔；前期工序已经加工表面为：底面 A，$2 \times \phi 12.5$ 孔，且均已满足要求；$\phi 30H9$ 毛坯孔尺寸为 $\phi 25 \pm 0.5$，零件材料 HT200；中小型专业化批量生产，采用 C620-1 普通卧式车床。

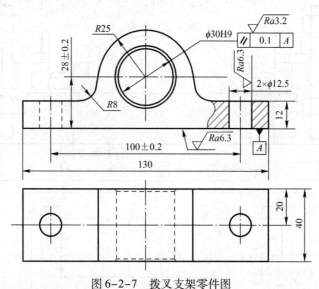

图 6-2-7　拨叉支架零件图

工艺要求：$\phi 30H9$ 孔在车削工序分两个工步加工完成，并保证图纸要求，试设计该工序专用车夹具。

（2）定位方案设计

经分析零件结构和加工要求，零件工序加工定位方案采用两孔一面组合定位，定位方案如图 6-2-8 所示。

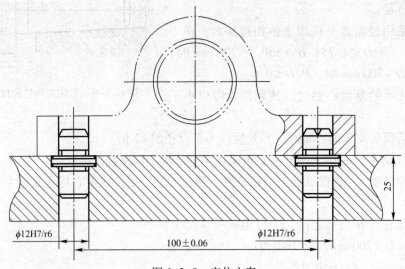

图 6-2-8　定位方案

（3）夹紧方案设计

根据零件结构特点，考虑生产批量、使用设备等条件，采用手工夹紧的螺旋压板夹紧机构，具体方案如图 6-2-9 所示。

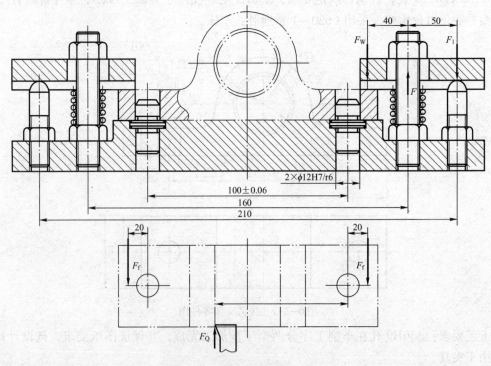

图 6-2-9　夹紧方案及受力分析

（4）夹具体设计

考虑问题：定位元件、夹紧装置、工件的安装，夹具与机床的连接与安装、夹具体的制造等。

夹具体总体结构采用角铁式，定位板与夹具体制成一体，与机床主轴连接采用过度盘连接形式。夹具总体装配图6-2-10所示由定位元件、夹紧装置、夹具体组成。

夹具总体结构如图6-2-11所示。

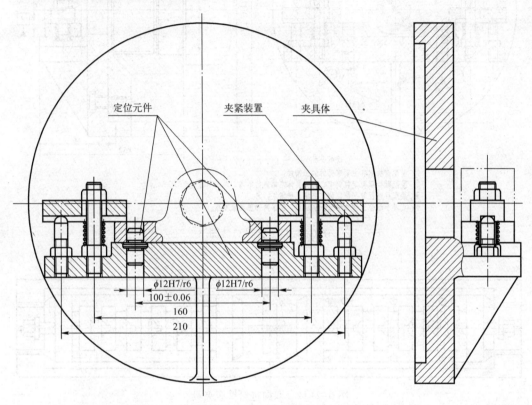

图6-2-10 夹具体结构图

6.2.2 认知铣床夹具

铣床夹具安装在铣床工作台上，随工作台一起运动，主要用于加工零件上的平面、沟槽、缺口、成形表面。

1. 铣床夹具的种类

（1）按使用范围分类：可分为通用铣夹具、专用铣夹具和组合铣夹具三类。

（2）按工件在铣床上加工的运动特点分类：可分为直线进给夹具（见图6-2-12）、圆周进给夹具、沿曲线进给夹具（如仿形装置）三类。

① 直线进给式铣床夹具：夹具装于铣床工作台，工作时随工作台作直线运动，一般分为单件夹具和多件夹具。单件夹具：每次装夹一件工件，适用于小批生产或单件精度要求高的工件。多件夹具：每次可装夹两件或两件以上工件，铣削时两把铣刀同时加工两个或多个

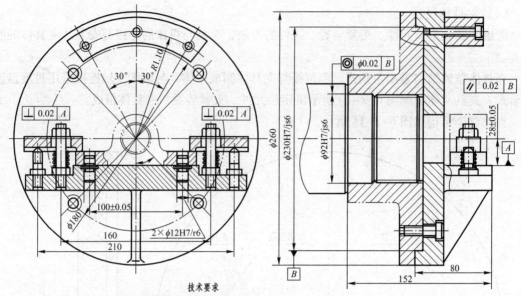

技术要求

1. 装配前检测各主要零件的加工精度；
2. 装配时检测两定位销中心到夹具体左端面的距离，误差不得大于0.02 mm；
3. 装配后进行静平衡实验，并修正平衡块。
4. 夹具非配合工作面喷涂防锈漆后，按车间管理要求喷漆。

图 6-2-11　夹具总装图

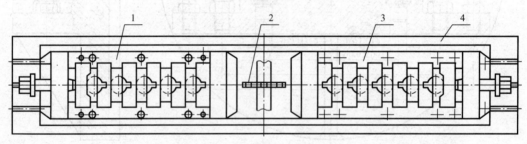

图 6-2-12　双向进给铣床夹具

1、3—夹具；2—铣刀；4—铣床工作台

表面。生产效率高，适用于批量加工或大批生产。多件夹具按加工时工件加工顺序分为：先后加工、平行加工、平行—先后加工。

　　② 圆周进给式铣床夹具：应用于带回转工作台的铣床，夹具安装在回转工作台上，随工作台作圆周进给运动。可在圆周平面内均匀布置多件工件。

　　③ 靠模铣床夹具：带有靠模版的铣床夹具，用于加工成形表面。进给运动为由主进给运动和辅助进给运动合成的复合运动——仿行运动。

　　（3）按自动化程度和夹紧动力源的不同（如气动、电动、液压）以及装夹工件数量的多少（如单件、双件、多件）等进行分类。

　　2. 典型铣床夹具

　　（1）单件铣斜面夹具

　　图 6-2-13 为单件铣斜面夹具结构图，工件以一面两孔定位，为保证夹紧力作用方向指

向主要定位面，两个压板的前端作成球面。此外，为了确定对刀块的位置，在夹具上设置了工艺孔。

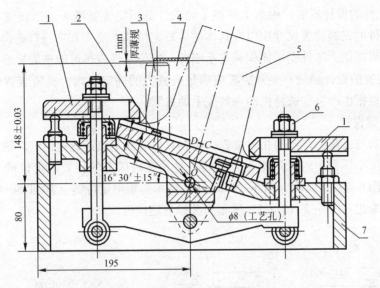

图 6-2-13　单件铣斜面夹具结构图

1—压板；2—定位销；3—对刀装置；4—铣刀；5—工件；6—菱形销；7—夹具体

（2）多件铣端面夹具

图 6-2-14 为叉架类零件多件铣端面夹具结构图，工件以一端内孔和侧面定位，采用螺母夹紧，用双排两面刃盘铣刀铣削加工叉口两端面，在圆形工作台周向进给下完成多件加工。

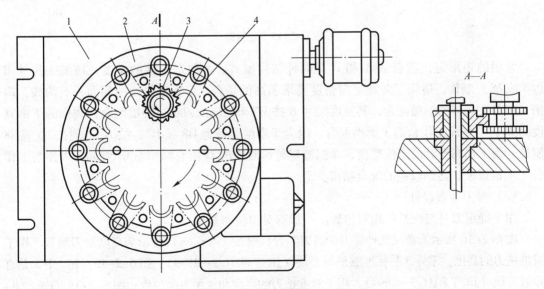

图 6-2-14　多件铣端面夹具结构图

1—夹具体；2—同轴工作台；3—铣刀；4—工件

3. 铣床夹具设计要点

（1）定位元件和夹紧装置的设计

① 定位元件的设计原则：根据工件加工要求，分析定位基准表面形状选择合适的定位元件，定位元件的安装位置尺寸应以夹具体的主要定位基准面为基准进行确定，定位元件的位置分布应尽可能增大工件支承面积和支承刚性，定位元件应尽可能选取标准元件。

② 夹紧装置的设计原则：夹紧装置应满足夹紧力的确定原则，夹紧装置应可靠有良好的自锁性，应根据生产类型选择机动夹紧或手动夹紧。

（2）定位键设计

为确定夹具与机床工作台的相对位置，在夹具体底面上应设置定位键。铣床夹具通过两个定位键与机床工作台上的 T 形槽配合，确定夹具在机床上的位置。定位键有矩形和圆形两种形式，如图 6-2-15 所示，图 6-2-15（a）所示为矩形定位键（JB/T 8016—1999），其结构尺寸已标准化。图 6-2-15（d）所示为圆柱形定位键。

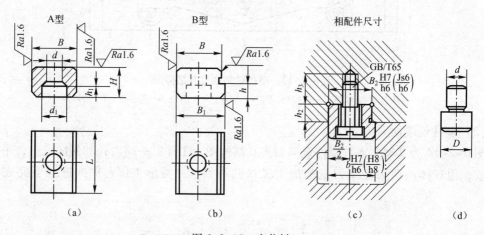

图 6-2-15　定位键

常用的矩形定位键有 A 型和 B 型两种结构型式。A 型定位键的宽度，按统一尺寸 B（$h6$ 或 $h8$）制作，适用于夹具定向精度要求不高的场合。B 型定位键的侧面开有沟槽，沟槽上部与夹具体的键槽配合，其宽度尺寸 B 按 H7/h6 或 Js6/h6 与键槽配合；沟槽的下部宽度为 B_1，与铣床工作台的 T 形槽配合。因为 T 形槽公差为 H8 或 H7，故 B_1 一般按 h6 或 h8 制造。为了提高夹具的定位精度，在制造定位键时，B_1 应留有修磨量 0.5 mm，以便与工作台 T 形槽修配，达到较高的配合精度。

（3）对刀装置设计

用于确定刀具与夹具的相对位置。一般有对刀块和塞尺。

图 6-2-16 所示为常见几种铣刀的对刀装置，图 6-2-16（a）所示为高度对刀装置，用于对准铣刀的高度，零件 3 是标准圆形对刀块（JB/T 8031.1—1999）；图 6-2-16（b）中 3 是直角对刀块（JB/T 8031.3—1999），用于对准铣刀的高度和水平方向位置；图 6-2-16（c）、（d）是成形刀具对刀装置；图 6-2-16（e）组合刀具对刀装置，3 是方形对刀块，用于组合铣刀的垂直和水平方向对刀。

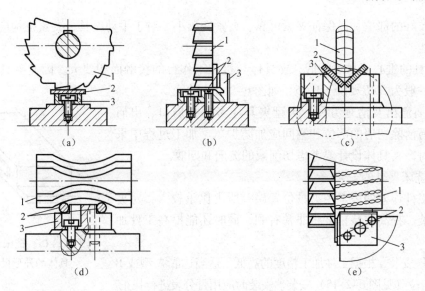

图6-2-16 对刀装置

1—刀具；2—塞尺；3—对刀块

对刀时，铣刀不能与对刀块工作表面直接接触，以免损坏切削刃或造成对刀块过早磨损，应通过塞尺来校准它们之间的相对位置，即将塞尺放在刀具与对刀块的工作表面之间，凭抽动塞尺的松紧感觉来判断铣刀的位置。图6-2-17所示是常用的两种标准塞尺结构，图6-2-17（a）所示为对刀平塞尺（JB/T 8032.1—1999），$s = 1 \sim 5$ mm，公差为$h8$；图6-2-17（b）所示为对刀圆柱塞尺（JB/T 8032.2—1999），$d = 3 \sim 5$ mm，公差为$h8$。设计夹具时，夹具总图上应标注塞尺的尺寸和公差。

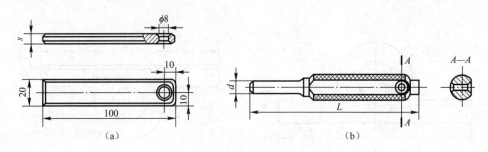

图6-2-17 对刀塞尺

（4）夹具总体设计及夹具体设计

由于铣削时切削力较大，振动也大，夹具体应有足够的强度和刚度，还应尽可能降低夹具的重心，工件待加工表面应尽可能靠近工作台，以提高夹具的稳定性。

① 定位方案确定，应注意定位的稳定性。为此，尽量选加工过的平面为定位基面，定位元件要用支承板，且距离尽量远一些，以提高定位稳定性；用毛坯面定位时，定位元件要用球头支承钉，可采用自位支承或辅助支承提高定位稳定性，以避免加工时产生振动。

② 夹紧机构刚性要好，有足够的夹紧力，力的作用点要尽量靠近加工表面，并夹紧在

工件刚性较好的部位，以保证夹紧可靠、夹紧变形小。对于手动夹具，夹紧机构应具有良好的自锁性能。

③ 夹具的重心要尽可能低，夹具体与机床工作台的接触面积要大。因此夹具体的高度与宽度比一般为 $H/B \leqslant 1 \sim 1.25$，如图 6-2-18 所示。

④ 切屑流出及清理方便。大型夹具应考虑排屑口、出屑槽；对不易清除切屑的部位和空间应加防护罩。加工过程中采用切削液时，夹具体设计要考虑切削液的流向和回收。

（5）铣床夹具的安装

影响工件误差的因素中夹具位置误差所占比重较大，对夹具正确安装、提高安装精度将非常有利，同时还能提高工件加工精度。

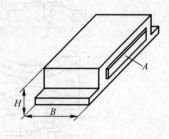

图 6-2-18　铣床夹具夹具体的外形尺寸

① 有键安装，根据工件加工精度的高低，适当选取 A 型或 B 型键进行定位（见图 6-2-15）安装。安装时应用百分表进行找正。

② 无键安装，夹具体工作台之间没有定位键，主要靠使用百分表调整精度，但不利于精度保持。

4. 铣床夹具设计案例

（1）设计任务

图 6-2-7 为拨叉支架零件图，本工序铣削加工底面 A 面。已知：本工序为首道工序，零件毛坯为铸造件，毛坯尺寸如图 6-2-19 所示，零件材料为 HT 200，中小型专业化批量生产，工序设备为 X62 立式升降台铣床。工艺要求：A 面依靠两道铣削工序分粗、精铣加工完成，并各自保证工序图纸要求，工序图纸见图 6-2-20，试设计该工序专用铣床夹具。

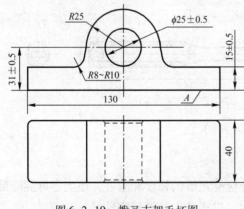

图 6-2-19　拨叉支架毛坯图

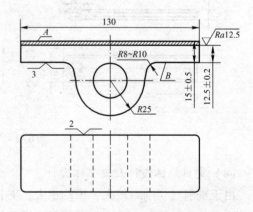

图 6-2-20　拨叉支架铣底面工序图

（2）定位方案设计

工件以平面 B 和一侧面为定位基准，限制工件 5 个自由度，采用不完全定位的定位方式。定位元件采用支承钉。定位方案图如图 6-2-21 所示。

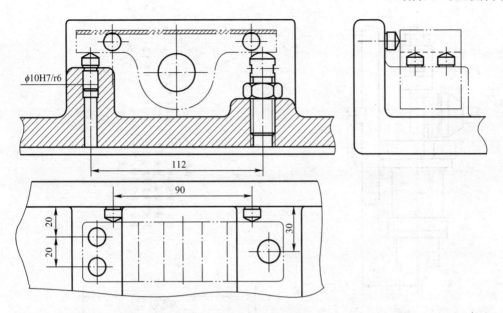

图 6-2-21　拨叉支架铣底面定位方案

（3）夹紧装置设计

考虑生产类型、企业现有条件、工艺条件和技术要求，夹紧方式采用气动联动夹紧机构，夹紧装置如图 6-2-22 所示。

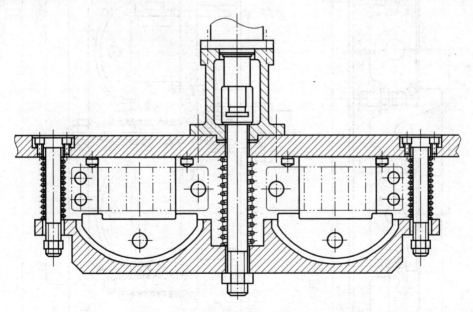

图 6-2-22　拨叉支架铣底面夹紧方案

（4）夹具体及总体结构设计（图 6-2-23）

综合考虑定位元件、夹紧装置、工件的安装、夹具与机床的连接与安装、夹具体的制造等问题，夹具体总体结构采用 T 形结构，与机床连接采用定位键连接。

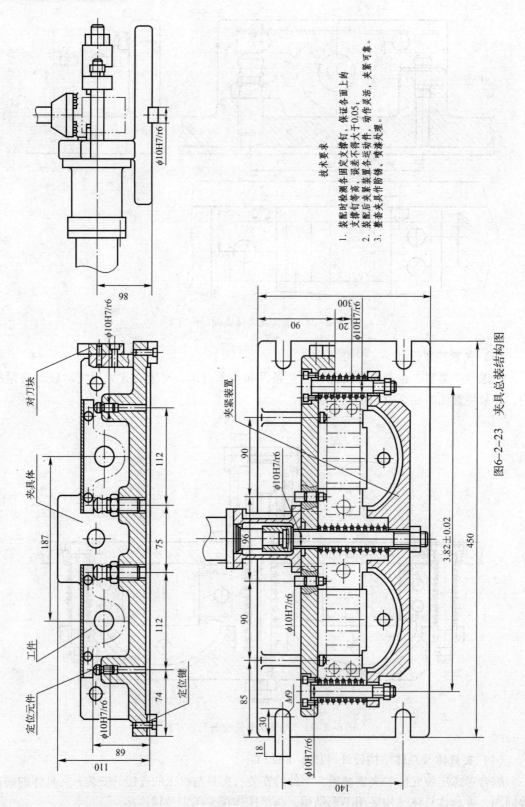

技术要求

1. 装配时检测各固定支撑钉，保证各面上的
   支撑钉等高，误差不得大于0.05；
2. 装配后夹紧装置各运动件，动作灵活，夹紧可靠。
3. 整套夹具作防锈、喷漆处理。

图6-2-23 夹具总装结构图

φ10H7/r6

对刀块

夹具体

工件

定位元件

定位键

夹紧装置

夹具的安装采用定位键定位，T形螺栓固定。根据提供设备型号 X62 立式升降台铣床，查取工作台 T 形槽尺寸。$a=18$，$b=30$。选 18h8×25 的标准 A 型定位键。

对刀块结构一面对刀，侧面防止铣到夹具体。对刀块位置尺寸基准，应以定位元件工作表面作为基准。

6.2.3　认知钻床夹具

1. 钻床夹具概述

在各种钻床上用来钻、扩、铰孔的机床夹具称为钻床夹具，这类夹具的特点是装有钻套和安装钻套用的钻模板，故习惯上简称为钻模。钻床夹具由夹具体、定位元件、夹紧装置、钻模套等组成。

钻床夹具是用钻套引导刀具进行加工的，所以简称钻模。钻模有利于保证被加工孔对其定位基准和各孔之间的尺寸精度和位置精度，并可显著提高劳动生产率。

钻床夹具的种类繁多，根据被加工孔的分布情况和钻模板的特点，一般分为固定式、回转式、移动式、翻转式、盖板式和滑柱式等几种类型。

（1）固定式钻模

在使用过程中，夹具和工件在机床上的位置固定不变。常用在立式钻床上加工较大的单孔或在摇臂钻床上加工平行孔系。

图 6-2-24 所示为加工工件斜向孔的固定式钻模。工件采用两孔一面定位，螺纹夹紧。采用特殊形式的钻套导向。

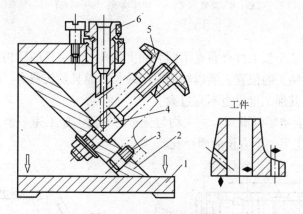

图 6-2-24　固定式钻模

1—夹具体；2—定位平板；3—菱形销；4—定位轴；5—把手；6—钻套

在立式钻床上安装钻模时，一般先将装在主轴上的定位尺寸刀具（精度要求高时用心轴）伸入钻套中，以确定钻模的位置，然后将其紧固。这种加工方式的钻孔精度较高。

（2）回转式钻模

在钻削加工中，夹具固定于钻床工作台，工件可随回转盘转动，用于加工同一圆周上的平行孔系，或分布在圆周上的径向孔，有立轴、卧轴和斜轴回转三种基本形式。

图 6-2-25 所示为在圆盘形零件的圆周方向上加工均匀分布的多个径向孔。工件采用底

面和中心孔定位，螺纹夹紧，夹具有周向分度机构，每加工完一个孔，抽动限位机构（件5、6），操作回转手柄转过相应角度，使限位销对正下一限位孔压紧，进行另一孔的加工。

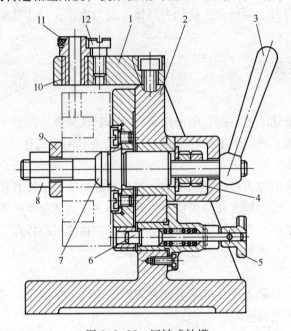

图6-2-25　回转式钻模

1—钻模板；2—夹具体；3—回转手柄；4—螺母；5—限位把手；
6—限位销；7—定位轴；8—夹紧螺母；9—快换垫圈；10—衬套；11—钻套；12—螺钉

（3）翻转式钻模

主要用于加工中、小型工件分布在不同表面上的孔。该夹具的结构比较简单，但每次钻孔都需找正钻套相对钻头的位置，所以辅助时间较长，而且翻转费力。因此，夹具连同工件的总质量不能太重，其加工批量也不宜过大。

图6-2-26为在套类零件圆周上加工均匀分布的各孔，加工完一个方位的两个孔后，整个夹具翻转60°，加工另一个方位的两个孔。

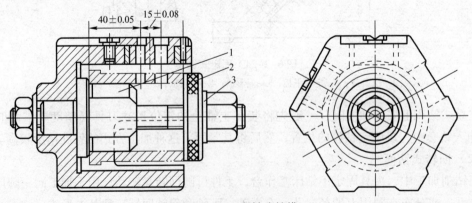

图6-2-26　翻转式钻模

1—定位轴；2—快换垫圈；3—螺母

（4）移动式钻模

用于钻削中、小型工件同一表面上的多个孔。加工完一个孔后通过移动钻模加工另外孔。

图6-2-27为加工连杆零件两孔夹具。该零件采用底面、两端半圆面定位，底面定位元件为两等高定位套。夹紧机构采用螺纹锁紧机构，拧紧手柄，通过锁紧螺柱推动锁紧销，将两半圆键外撑，半圆键张紧在支座内孔上。

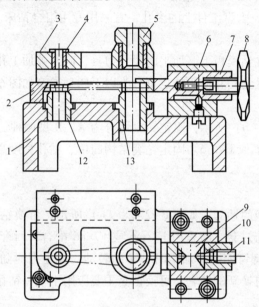

图6-2-27　移动式钻模

1—夹具体；2—固定V形；3—钻模板；4，5—钻套；6—支座；7—锁紧轴；8—锁紧手柄；
9—半圆键；10—锁紧销；11—锁紧螺柱；12—定位套；13—定位套

加工完一个孔直接移动夹具找正后加工另一个孔。

（5）盖板式钻模

这类钻模没有夹具体，钻模板上除钻套外，一般还装有定位元件和夹紧装置，只要将它覆盖在工件上即可进行加工。它结构简单，一般多用于加工大型工件上的小孔。在使用时经常搬动，钻模重量不宜过重。

（6）滑柱式钻模

滑柱式钻模是一种带有升降钻模板的通用可调夹具，其特点是自锁性能可靠，结构简单，操作迅速，具有通用可调的优点，广泛应用于大批量生产。

2. 钻床夹具的设计要点

钻床夹具和车床、铣床夹具一样，一般都有夹具体、定位元件、夹紧装置三种基本组成部分，除此之外，钻床夹具还有用于刀具导向的元件钻套和用于安装钻套、限定钻套位置的钻模板。夹具体、定位元件、夹紧装置的设计、选择原则与车床、铣床夹具基本相同。

（1）钻模类型选择

钻模类型主要有：固定式、回转式、移动式、翻转式、盖板式和滑柱式等。类型选择主要根据加工工件的形状、尺寸、质量、加工精度要求、生产批量、现有机床等。一般遵循以下几点：

① 加工直径较大（大于 10 mm）或精度要求较高的孔宜采用固定式钻模。

② 加工互相垂直或成一定角度的两孔或多孔小型工件，宜采用翻转式钻模。

③ 加工精度要求不高的中小型零件上的安装孔，宜采用滑柱钻模。操作方便。

④ 焊接式夹具，由于易变形、精度保持性差，不宜用于加工精度要求高的工件。

⑤ 加工大批量生产、大型工件上的多孔，宜采用专用组合钻床。

（2）钻套的选择

钻套的作用：安装在钻模板上，加工时引导刀具，确定被加工孔位置。

钻套类型：钻套按其结构和使用特点可分为以下四种类型如图 6-2-29 所示。

① 固定钻套。

如图 6-2-28（a）、（b）所示，固定钻套可分为 A、B 型两种。钻套安装在钻模板或夹具体中，其配合为 H7/n6 或 H7/r6。固定钻套结构简单、钻孔精度高，主要应用于单一钻孔工序和小批生产。

② 可换钻套。

可换钻套即便于更换的钻套。如图 6-2-28（c）所示。可换钻套不直接安装在钻模板上，中间有衬套。钻套与衬套之间采用 F7/m6 或 F7/k6 配合，衬套与钻模板之间采用 H7/n6 配合。有防退螺钉，螺钉能防止加工时钻套的转动，或退刀时随刀具自行拔出。当钻套磨损后，可卸下螺钉，更换新的钻套。可换钻套主要应用于单一钻孔工序的大批量生产中。

③ 快换钻套。

快换钻套即能快速更换的钻套，如图 6-2-28（d）所示。钻套与衬套之间采用 F7/m6 或 F7/k6 配合，衬套与钻模板之间采用 H7/n6 配合。更换钻套时，将钻套削边转至螺钉处，即可取钻套。削边的方向应考虑刀具的旋向，以免钻套随刀具自行拔出。快换钻套主要应用在工件需钻、扩、铰多工序加工时，能快速更换不同孔径的钻套。

以上三类钻套已标准化，其结构参数、材料、热处理方法等均可查阅有关手册。

（3）特殊钻套

由于工件形状或被加工孔位置的特殊性，需要设计特殊结构的钻套。图 6-2-29 所示为几种特殊钻套的结构。

图 6-2-29（a）所示为加长钻套，加工凹面上的孔时使用，为减少刀具与钻套的摩擦，可将钻套引导高度 H 以上的孔径放大。

图 6-2-29（b）所示为斜面钻套：用于在斜面或圆弧面上钻孔，排屑空间的高 $h < 0.5$ mm，可增加钻头刚度，避免钻头引偏或折断。

图 6-2-29（c）所示为小孔距钻套：用圆销确定钻套位置。

图 6-2-29（d）所示为兼有定位与夹紧功能的钻套：在钻套与衬套之间，一段为圆柱间隙配合，一段为螺纹连接，钻套下端为内锥面，可使工件定位。该类型钻套应根据工件形状设计。

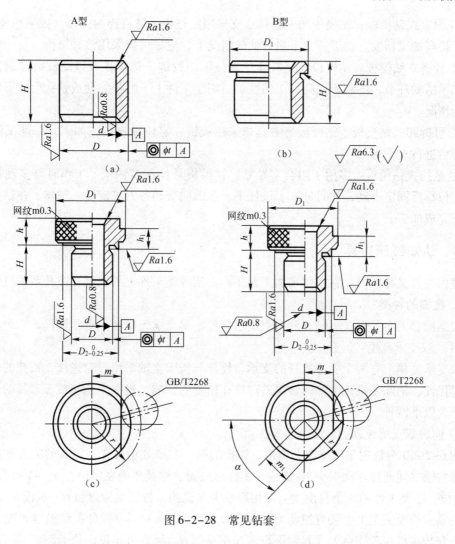

图 6-2-28　常见钻套

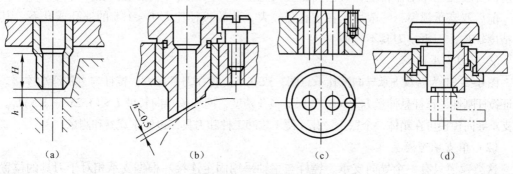

图 6-2-29　特殊钻套

（4）钻模板的种类

钻模板是用于安装钻套的，应有一定的强度和刚度，以防止变形而影响钻套的位置和引导精度。

① 固定式钻模板。钻模板与夹具体或支架用定位销、螺钉连为一体，或采用整体结构，有利于提高加工精度。在工件上下料方便的情况下，应尽可能采用该种结构。

② 铰链式钻模板。钻模板与夹具体的连接采用铰链，钻模板可以绕铰链掀起，这种方式增加了活动环节，不利于提高加工精度。适用于工件上下料不方便或钻孔后攻螺纹加工不方便的情况。

③ 可拆卸式钻模板。钻模板与夹具体采用铰链、定位轴连接，加工完每件工件将钻模板拿掉后进行上下料。

④ 悬挂式钻模板。多用于组合多轴钻，钻模板悬挂在多轴箱，工作时与多轴箱一起移动一定位移后固定不动，此时进入工进加工，多轴向带动各刀具旋转、轴移、在钻模板导向作用下完成加工。

6.2.4　认知镗床夹具

镗床夹具又称镗模。它是用来加工箱体、支架等类工件上的精密孔或孔系的机床夹具。

1. 镗模的种类

根据镗套的布置形式不同，分为双支承镗模、单支承镗模和无支承镗模。

（1）双支承镗模

双支承镗模上有两个引导镗杆的支承，镗杆与机床主轴采用浮动连接，镗孔的位置精度由镗模保证，消除了机床主轴回转误差对镗孔精度的影响。根据支承相对于刀具的位置可将镗模分为以下两种。

① 前后双支承镗模。

图 6-2-30 为镗削车床尾座孔镗模，镗模的两个支承分别设置在刀具的前方和后方。镗杆 9 和主轴之间通过浮动卡头 10 连接。工件以底面、槽及侧面在定位板 3、4 及可调支承钉 7 上定位，限制工件的六个自由度。采用联动夹紧机构，拧紧夹紧螺钉 6，压板 5、8 同时将工件夹紧。镗模支架 1 上装有滚动回转镗套 2，用以支承和引导镗杆。镗模以底面 A 作为安装基面安装在机床工作台上，其侧面设置找正基面 B，因此可不设定位键。

前后双支承镗模，一般用于镗削孔径较大，孔的长径比 $L/D < 1.5$ 的通孔或孔系，其加工精度较高，但更换刀具不方便。

② 后双支承镗模。

图 6-2-31 为后双支承导向镗孔示意图，双支承设置在刀具后方，镗杆与主轴浮动连接。为保证镗杆刚性，镗杆悬伸量 $L_1 < 5d$；为保证镗孔精度，两支承导向长度 $L > (1.25 \sim 1.5)L_1$。后双支承导向镗模可在箱体一个壁上镗孔，便于装卸工件和刀具，也便于观察和测量。

（2）单支承镗模

这类镗模只有一个导向支承，镗杆与主轴采用固定连接。根据支承相对于刀具的位置分为以下两种。

① 前单支承镗模。

图 6-2-32 所示为前单支承导向镗孔，镗模支承设置在刀具的前方，主要用于加工孔径 $D > 60$ mm、加工长度 $L < D$ 的通孔。一般镗杆的导向部分直径 $d < D$。因导向部分直径不受

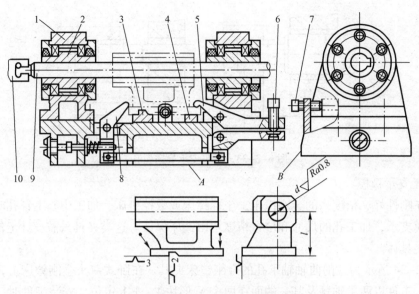

图 6-2-30　镗削车床尾座孔镗模

1—支架；2—镗套；3、4—定位板；5、8—压板；

6—夹紧螺钉；7—可调支承钉；9—镗杆；10—浮动卡头

加工孔径大小的影响，故在多工步加工时，可不更换镗套。这种布置便于在加工中观察和测量，但在立镗时，切屑会落入镗套，应设置防护罩。

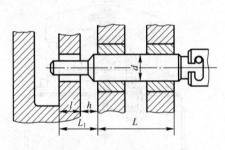

图 6-2-31　后双支承导向镗孔

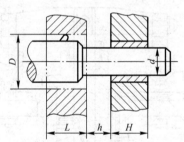

图 6-2-32　前单支承导向镗孔

② 后单支承镗模。

图 6-2-33 所示为后单支承导向镗孔，镗套设置在刀具的后方。用于立镗时，切屑不会影响镗套。当镗削 $D<60\,\text{mm}$、$L<D$ 的通孔或盲孔时，如图 6-2-33（a）所示，可使镗杆导向部分的尺寸 $d>D$，这种形式的镗杆刚度好，加工精度高，装卸工件和更换刀具方便，多工步加工时可不更换镗杆；当加工孔长度 $L=(1\sim1.25)D$ 时，如图 6-2-33（b）所示，应使镗杆导向部分直径 $d<D$，以便镗杆导向部分可伸入加工孔，从而缩短镗套与工件之间的距离及镗杆的悬伸长度。

为便于刀具及工件的装卸和测量，单支承镗模的镗套与工件之间的距离一般在 $20\sim80\,\text{mm}$ 之间，常取 $h=(0.5\sim1)D$。

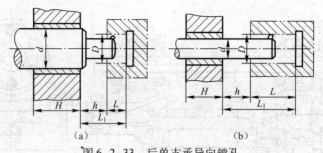

图 6-2-33　后单支承导向镗孔

（3）无支承镗模

工件在刚性好、精度高的金刚镗床、坐标镗床或数控机床、加工中心上镗孔时，夹具上不设置镗模支承，加工孔的尺寸和位置精度均由镗床保证。这类夹具只需设计定位装置、夹紧装置和夹具体。

图 6-2-34 所示为镗削曲轴轴承孔的金刚镗床夹具。在卧式双头金刚镗床上，同时加工两个工件。工件以两主轴颈及其一端面在两个 V 形块 1、3 上定位。安装工件时，将前一个曲轴颈放在转动叉形块 7 上，在弹簧 4 的作用下，转动叉形块 7 使工件的定位端面紧靠在 V 形块 1 的侧面上。当液压缸活塞 5 向下运动时，带动活塞杆 6 和浮动压板 8、9 向下运动，使四个浮动压块 2 分别从主轴颈上方压紧工件。当活塞上升松开工件时，活塞杆 6 带动浮动压板 8 转动 90°，以便装卸工件。

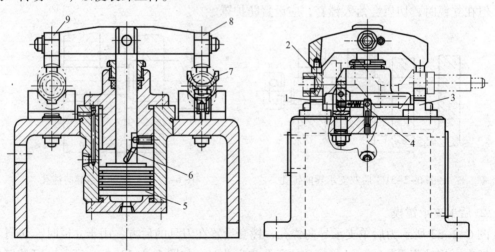

图 6-2-34　镗削曲轴轴承孔金刚镗床夹具

1、3—V 形块；2—浮动压块；4—弹簧；5—活塞；6—活塞杆；7—转动叉形块；8、9—浮动压板

2. 镗模的设计要点

设计镗模时，除了定位、夹紧装置外，主要考虑与镗刀密切相关的刀具导向装置的合理选用（镗套、镗杆）。

（1）镗套

用于引导镗杆。镗套的结构形式和精度直接影响被加工孔的精度。常用的镗套有以下两类。

① 固定式镗套。固定式镗套是在镗孔过程中不随镗杆转动的镗套。图6-2-35 所示为标准结构的固定式镗套，与快换钻套结构相似。A 型不带油杯和油槽，在镗杆上开油槽；B 型则带油杯和油槽，使镗杆和镗套之间能充分润滑。

这类镗套结构紧凑，外形尺寸小；制造简单；位置精度高；但镗套易于磨损。因此固定式镗套适用于低速镗孔，一般线速度 $v \leqslant 0.3$ m/s，固定式镗套的导向长度 $L = (1.5 \sim 2)d$。

② 回转式镗套　在镗孔过程中随镗杆一起转动，镗杆与镗套之间只有相对移动而无相对转动，减少镗套磨损，不会因摩擦发热出现"卡死"现象。这类镗套适用于高速镗孔。

根据回转部分的工作方式不同，分为内滚式回转镗套和外滚式回转镗套。内滚式回转镗套是把回转部分安装在镗杆上，并且成为镗杆的一部分；外滚式回转镗套是把回转部分安装在导向支架上。

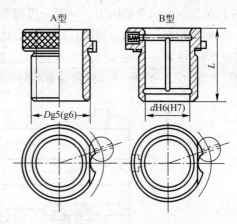

图6-2-35　固定式镗套

图6-2-36所示为常见的几种外滚式回转镗套的典型结构。

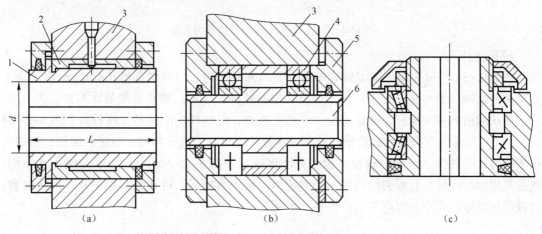

图6-2-36　外滚式回转镗套

1、6—镗套；2—滑动轴承；3—镗模支架；4—调整垫；5—轴承端盖

图6-2-36（a）所示为滑动轴承外滚式回转镗套，镗套1 可在滑动轴承2 内回转，镗模支架3 上设置油杯，经油孔将润滑油送到回转副，使其充分润滑。镗套中间开有键槽，镗杆上的键通过键槽带动镗套回转。这种镗套的径向尺寸较小，适用于孔中心距较小的孔系加工，且回转精度高，减振性好，承载能力大，但需要充分润滑。常用于精加工，摩擦面线速度 $v < 0.3 \sim 0.4$ m/s。

图6-2-36（b）所示为滚动轴承外滚式回转镗套，镗套6 支承在两个滚动轴承上，轴承安装在镗模支架3 的轴承孔中，轴承孔的两端用轴承端盖5 封住。这种镗套采用标准滚动

轴承，所以设计、制造和维修方便，镗杆转速高，一般摩擦面线速度 $v > 0.4 \, \text{m/s}$。但径向尺寸较大，回转精度受轴承精度影响。可采用滚针轴承以减小径向尺寸，采用高精度轴承提高回转精度。

图 6-2-36（c）所示立式镗孔用的回转镗套，为避免切屑和切削液落入镗套，需要设置防护罩。为承受轴向力，一般采用圆锥滚子轴承。

回转镗套一般用于镗削孔距较大的孔系，当被加工孔径大于镗套孔径时，需在镗套上开引刀槽，使装好刀的镗杆能顺利进入。为确保进入引刀槽，应在镗套上设置尖头键或钩头键，如图 6-2-37 所示。回转镗套的导向长度 $L = (1.5 \sim 3) d$。

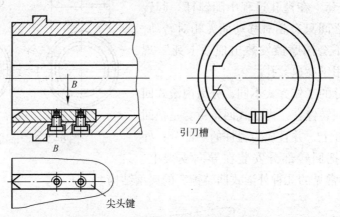

图 6-2-37　回转镗套的引导槽及尖头键

（2）镗杆

图 6-2-38 所示为用于固定镗套的镗杆导向部分结构。当导向直径 $d < 50 \, \text{mm}$ 时，常采用整体式结构。图 6-2-38（a）所示为开油槽的镗杆，镗杆与镗套的接触面积大，磨损大，若切屑从油槽内进入镗套，则易出现"卡死"现象，但镗杆的刚度和强度较好；图 6-2-38（b）、（c）所示为深直槽和螺旋槽的镗杆，这种结构可减少镗杆与镗套的接触面积，沟槽有存屑能力，可减少"卡死"现象，但镗杆刚度较低；图 6-2-38（d）所示为镶条式结构。镶条采用摩擦因数小且耐磨的材料，如铜或钢。镶条磨损后，可在底部加垫片，重新修磨。这种结构摩擦面积小，容屑量大，不易"卡死"。

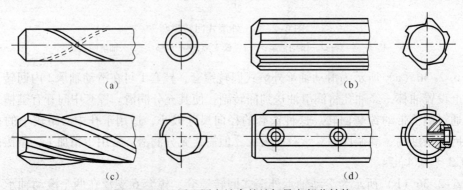

图 6-2-38　用于固定镗套的镗杆导向部分结构

图 6-2-39 所示为用于回转镗套的镗杆导向部分结构，图 6-2-39（a）在镗杆前端设置平键，键下装有压缩弹簧，键的前部有斜面，适用于有键槽的镗套，无论镗杆以何位置进入镗套，平键均能进入键槽，带动镗套回转；图 6-2-39（b）所示的镗杆上开有键槽，其头部作成小于 45°的螺旋引导结构，可与图 6-2-37 所示装有尖头键的镗套配合使用。

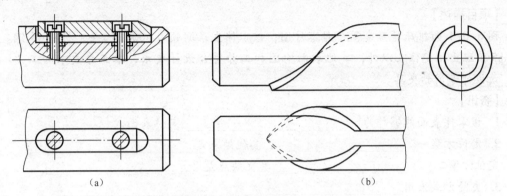

（a） （b）

图 6-2-39 用于回转镗套的镗杆导向部分结构

镗杆与加工孔之间应有足够的间隙容纳切屑，通常镗杆直径按 $d = (0.7 \sim 0.8)D$ 选取。

任务练习

1. 判断题

（1）在大型、重型工件上钻孔时，可以不用夹具。 （ ）

（2）车床夹具应使工件的定位基准与机床主轴回转中心保持严格的位置关系。 （ ）

（3）机床、夹具、刀具三者就可以构成完整的工艺系统。 （ ）

（4）采用机床夹具装夹工件，主要是为了保证工件加工表面的位置精度。 （ ）

（5）角铁式车床夹具加工工件的轴线与主要定位基准面垂直。 （ ）

（6）铣床夹具的对刀装置是用来在加工前快速确定刀具与工件之间位置的。 （ ）

（7）快换式钻套主要用于钻扩铰多工步加工。 （ ）

（8）前后双支承镗套可以提高镗刀杆的支承刚性。 （ ）

（9）钻夹具的夹具体通常设计四个支脚，以方便发现是否偏斜。 （ ）

（10）铣床夹具在机床上安装可以不用定位键进行安装定位 。 （ ）

2. 简答题

（1）说明车床夹具的主要结构类型和设计要点。

（2）简述钻床夹具常用钻套的种类和应用场合。

（3）简要说明机床夹具的设计选用思路。

项目训练

【训练目标】

1. 能够对零件进行技术分析；

2. 能够完成零件定位方案；

3. 能够制订正确的装夹方案；

4. 能够正确设计定位元件；

5. 能够完成夹具装配图设计。

【项目描述】

图 6-0-1 为机床尾座套筒螺母零件图，该零件生产纲领为 5000 件/年，材料 45 钢。除 2×φ5 装配止推定位孔以外，其他表面均已加工并符合设计要求，本工序要求加工 2×φ5 孔，请设计专用钻夹具。

【资讯】

1. 该零件表面能够作为＿＿＿＿＿＿＿＿＿＿＿＿＿＿＿＿＿ 定位表面。

2. 定位方案一＿＿＿＿＿＿＿＿＿＿＿＿ , 其优缺点是＿＿＿＿＿＿＿＿＿＿＿＿＿＿＿；

定位方案二＿＿＿＿＿＿＿＿＿＿＿＿＿＿＿其优缺点是＿＿＿＿＿＿＿＿＿＿＿＿＿。

3. 夹紧方式采用＿＿＿＿＿＿＿＿＿＿＿＿＿＿＿＿＿＿＿＿＿＿＿＿＿＿＿＿＿。

4. 夹具体设计要考虑＿＿＿＿＿＿＿＿＿＿＿＿＿＿＿＿＿＿＿＿＿＿＿＿＿＿＿。

【决策】

1. 进行学员分组，参考夹具设计手册，绘出专用夹具装配草图。

2. 各小组选出一位负责人，负责人对小组任务进行分配，组员按照负责人要求完成相关任务内容，并将自己所在小组及个人任务填入下表中。

序号	小组任务	个人职责（任务）	负责人

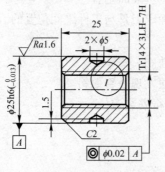
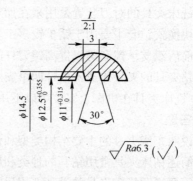

技术要求

1. 未注倒角C1；

2. 调质处理：220~230HB。

图 6-0-1　尾座螺母零件图

【实施】

绘出专用钻夹具装配草图。

项目七　分析零件加工质量

项目导读

产品（或机器）的质量是由零件的加工质量和机器的装配质量两方面保证的，其中零件的加工质量是保证产品质量的基础，直接影响到产品的使用性能和寿命。而零件的加工质量是由零件的机械加工精度和加工表面质量决定的。

影响机械加工精度和加工表面质量的因素很多，在生产过程中要根据不同的现象去分析，研究加工精度在于找出影响零件机械加工精度的因素，从而掌握控制加工误差的方法，寻找进一步提高零件机械加工精度的途径。

任务7.1　分析机械加工精度

学习导航

知识要点	机械加工精度；机械加工误差；工艺系统几何误差；工艺系统变形；控制加工误差的方法
任务目标	1. 了解机械加工精度及加工误差的概念； 2. 掌握获取机械加工精度各种方法的原理； 3. 掌握工艺系统几何误差和变形对加工精度的影响； 4. 了解加工误差统计分析的基本原理
能力培养	1. 会分析影响加工精度的各种因素并能采取相应措施减少加工误差； 2. 会针对具体零件进行加工误差的统计分析
教学组织	课堂讲解、课堂项目训练＋课下查阅资料、自主学习、项目练习
教学评价	学习过程评价（60%）；教学成果评价（30%）；团队合作评价（10%）
参考学时	3

任务学习

7.1.1　认知加工精度与加工误差

1. 加工精度和加工误差

机械加工精度是指零件加工后的实际几何参数（尺寸、形状和相互位置）与理想几何参数相符合的程度。理想几何参数是指图纸规定的理想零件的几何参数，即形状误差为零，位置误差为零，尺寸为零件尺寸公差带中心（平均值）。

277

从保证产品的使用性能的角度分析，没有必要把每个零件都加工的绝对准确，由于加工过程中的各种影响，实际上也不可能把零件做得绝对准确。实际参数不可能同理想的几何参数完全相符合，总会发生一些偏离。加工误差即零件加工后的实际几何参数（尺寸、形状和位置）对理想几何参数的偏差。通常用加工误差的数值表示加工精度高低。加工误差越小，加工精度越高；反之，加工精度越低。

2. 经济加工精度

每种加工方法在不同的工作条件下，所能达到的加工精度有所不同。例如，精细地操作，选择合适的切削用量，就能得到较高的加工精度；但是，这样会降低生产效率，增加成本；反之，会降低加工精度。统计资料表明，各种加工方法的加工误差和加工成本之间的关系如图 7-1-1 所示。图中横坐标是加工误差 Δ，纵坐标是加工成本 Q。由图可知：在曲线 AB 段，如要获得高的加工精度，则加工成本就会增加，反之，加工精度就会降低；在 A 点左侧，加工精度不易提高，且有一极限值 Δ_j；在 B 点右侧，加工成本不易降低，也有一极限值 Q_j。曲线 AB 段的加工精度区间能满足技术要求，又不需花费过高的成本，属经济加工精度范围。

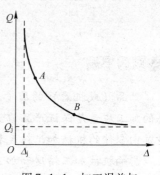

图 7-1-1　加工误差与
加工成本的关系

经济加工精度是指在正常加工条件下（采用符合质量标准的设备、工艺装备和标准技术等级的工人，不延长加工时间）所能达到的加工精度。

3. 获得加工精度的方法

人们在长期的生产实践中，创造出许多获得机械加工精度的方法。这些方法的目的是使工件获得一定的尺寸精度、形状精度、位置精度。

（1）获得尺寸精度的方法

① 试切法。

通过试切→测量→调整→再试切，反复进行直到被加工尺寸达到要求，这种加工方法称为试切法。试切法生产效率低，但它不需要复杂的装置，加工精度主要取决于工人的技术水平和计量器具的精度，常用于单件小批量生产，特别是新产品试制中。

② 调整法。

按工件预先规定的尺寸调整好机床、刀具、夹具和工件之间的相对位置，并在一批工件的加工过程中保持这个位置不变，以保证获得一定尺寸精度的方法称为调整法。影响调整法精度的主要因素有：测量精度、调整精度、重复定位精度等。当生产批量较大时，调整法有较高的生产率。调整法对调整工人的要求高，对机床操作工人的要求不高，常用于成批生产和大量生产中。

③ 定尺寸刀具法。

用刀具的相应尺寸（如钻头、铰刀、扩刀等）来保证工件被加工部位尺寸精度的方法称为定尺寸刀具法。影响尺寸精度的主要因素有：刀具的尺寸精度、刀具与工件的位置精度等。定尺寸刀具法操作简便，生产效率高，加工精度也较稳定。可用于各种生产类型。

④ 自动控制法

用测量装置、进给装置和控制系统组成一个自动加工系统，加工过程中的测量、补偿调整、切削等一系列工作依靠控制系统自动完成。基于程序控制和数控机床的自动控制法加工，其质量稳定，生产率高，加工柔性好，能适应多品种生产，是目前机械制造的发展方向和计算机辅助制造的基础。

（2）获得形状精度的方法

① 轨迹法。利用切削运动中刀尖的运动轨迹形成被加工表面形状精度的方法称为轨迹法。刀尖的运动轨迹取决于刀具和工件的相对成形运动，因而所获得的形状精度取决于成形运动的精度。普通的车削、铣削、刨削、磨削均属于轨迹法。

② 仿形法。刀具按照仿形装置进给对工件进行加工的方法称为仿形法。仿形法所获得的形状精度取决于仿形装置的精度和其他成形运动精度。仿形车、仿形铣等均属仿形法加工。

③ 成形法。利用成形刀具对工件进行加工的方法称为成形法。成形刀具代替一个成形运动。所获得的形状精度取决于刀具的形状精度和其他成形运动精度。如用成形刀具或砂轮的车、铣、刨、磨、拉等均属于成形法。

④ 展成法。利用工件和刀具作展成切削运动进行加工的方法称为展成法。被加工表面是工件和刀具作展成切削运动过程中所形成的包络面，刀刃形状必须是被加工面的共轭曲线。所获得的形状精度取决于刀具的形状精度和展成运动精度。如滚齿、插齿、磨齿、滚花键等均属于展成法。

（3）获得位置精度的方法

工件的位置要求的保证取决于工件的装夹方法及其精度。工件的装夹方式有：

① 直接找正装夹。将工件直接放在机床上，用划针、百分表和直角尺或通过目测直接找正工件在机床上的正确位置之后再夹紧。图7-1-2所示为用四爪单动卡盘装夹套筒，先用百分表按工件外圆 A 找正，再夹紧工件对外圆 B 进行加工，保证 A、B 圆柱面的同轴度。此法生产效率极低，对工人技术水平要求高，一般用于单件小批量生产中。

② 划线找正装夹。工件在切削加工前，预先在毛坯表面上划出加工表面的轮廓线，然后按所划的线将工件在机床上找正（定位）再夹紧。如图7-1-3所示的车床床身毛坯，为保证床身各加工面和非加工面的位置尺寸及各加工面的余量，可先在钳工台上划好线，然后

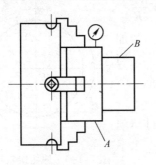

图7-1-2　直接找正装夹

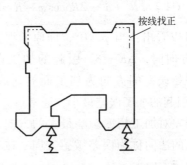

图7-1-3　划线找正装夹

在龙门刨床工作台上用千斤顶支承床身毛坯，用划针按线找正并夹紧，再对床身底平面进行刨削加工。由于划线找正既费时，又需技术水平高的划线工人，定位精度较低，故划线找正装夹只用于批量不大、形状复杂而笨重的工件，或毛坯尺寸公差很大而无法采用夹具装夹的工件。

③ 用夹具装夹。夹具是用于装夹工件的工艺装备。夹具固定在机床上，工件在夹具上定位、夹紧以后便获得了相对刀具的正确位置。因此夹具使工件定位方便，定位精度高而稳定，生产率高，广泛用于大批和大量生产中。

对于相互位置精度高的表面，应尽量一次完成装夹。

4. 影响加工精度的误差因素

在机械加工过程中，工艺系统各环节间相互位置相对于理想状态产生偏移，即工艺系统的误差，称为原始误差。原始误差是影响加工精度的主要因素。在诸多原始误差中，一部分与工艺系统的初始状态有关，另一部分与切削过程有关。按照原始误差性质归类如下：

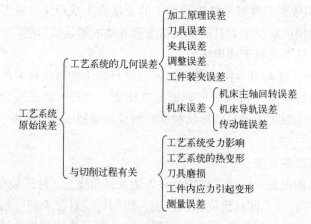

5. 原始误差与加工误差之间的关系

在加工过程中，各种原始误差的影响结果会使刀具和工件之间的正确几何关系遭到破坏，引起加工误差。各种原始误差的大小和方向各不相同，而加工误差则必须在加工要求方向上（工序尺寸或位置要求）测量，当原始误差的方向与加工要求方向一致时，其影响最大。下面以车外圆为例说明二者之间的关系，如图7-1-4所示。

$$\Delta R = \overline{OA'} - \overline{OA} = \sqrt{R^2 + \delta^2 + 2R\delta\cos\varphi} - R \approx \delta\cos\varphi + \frac{\delta^2}{2R}$$

由上式可以看出：当 $\varphi = 0°$，即原始误差的方向为加工面的法线方向时，$\Delta R = \delta$，引起的加工误差最大；当 $\varphi = 90°$，即原始误差的方向为加工面的切线方向时，$\Delta R \approx \delta^2/(2R)$，引起的加工误差最小，通常可忽略不计。

将原始误差对加工精度影响最大的方向，即通过切削刃的加工表面的法向称为误差敏感方向。在车床上，水平方向为误差敏感方向。

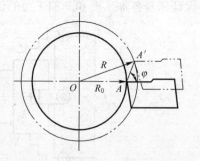

图7-1-4　原始误差与加工误差关系

7.1.2　认知工艺系统几何误差

工艺系统的几何误差主要是指机床、刀具和夹具本身在制造中产生的误差，以及使用中产生的调整及磨损误差，这类误差在切削加工之前已经存在。

1. 加工原理误差

加工原理误差也称为理论误差，是由于采用了近似的成形运动或近似的切削刃轮廓所产生的加工误差。例如用齿轮滚刀加工齿轮，一般都会存在两种加工原理误差：一是刀具齿廓近似造形误差，这是由于制造上的困难，用阿基米德或法向直廓基本蜗杆代替渐开线基本蜗杆造成的；二是包络造形原理误差，这是由于滚刀齿数有限，加工齿形是由许多微小折线段组成，与理论上的光滑渐开线有差异而造成的。所以，滚齿加工精度不高（IT7 ～ IT10 级精度的齿轮），但生产率高。

在实际生产中，采用近似的成形运动或近似的切削刃轮廓，虽然会带来加工原理误差，但往往可以简化机床或刀具的结构，降低生产成本、提高生产率。因此只要将这种加工原理误差控制在允许的范围内，在实际加工过程中是完全可以利用的。

2. 机床的几何误差

机床的制造误差、安装误差、使用中的磨损，都直接影响工件的加工精度。其中对加工精度影响较大的误差有：机床主轴回转误差、机床导轨误差和机床传动链误差。

（1）机床主轴回转误差

主轴回转误差是指主轴的实际回转轴线相对其平均回转轴线，在规定的测量平面内的变动量。变动量越小，主轴的回转精度越高；反之回转精度越低。主轴回转误差可以分解为三种基本形式：

① 端面圆跳动（轴向窜动）。端面圆跳动是瞬时回转轴线沿平均回转轴线方向的轴向运动，如图 7-1-5 （a）所示。它主要影响端面形状和轴向尺寸精度。

② 径向圆跳动。它是瞬时回转轴线沿平行于平均回转轴线方向的径向运动，如图 7-1-5 （b）所示。它主要影响圆柱面的精度。

③ 角度摆动。它是瞬时回转轴线与平均回转轴线成一倾斜角度，但其交点位置固定不变的运动，如图 7-1-5 （c）所示。在不同横截面内，轴心运动轨迹相似，它主要影响圆柱面和端面加工精度。

实际加工中的主轴回转误差是上述的三种误差基本形式的合成。

造成主轴回转误差的主要因素是主轴的误差、轴承的误差、轴承的间隙、与轴承配合零件的误差

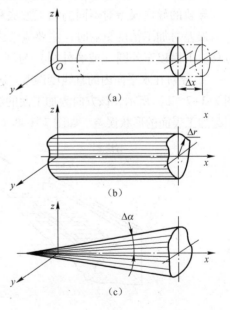

图 7-1-5　机床主轴回转误差

以及主轴系统的径向不等刚度和热变形等。不同类型的机床，其影响因素也各不相同。对于工件回转类机床（如车床、外圆磨床等），因切削力的方向不变，主轴回转时作用在支承上的作用力方向也不变化。此时主轴的支承轴颈的圆度误差影响较大，而轴承孔的圆度误差影响较小，如图7-1-6（a）所示。对于刀具回转类机床（如钻床、镗床、铣床等），因切削力的方向随主轴旋转而改变，此时，主轴支承轴颈的圆度误差影响很小，而轴承孔的圆度误差影响较大，如图7-1-6（b）所示。

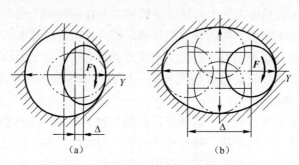

图 7-1-6　两类主轴回转误差的影响

（2）机床导轨误差

机床导轨副是实现直线运动的主要部件，其制造和装配精度直接影响机床移动部件的直线运动精度，造成加工表面的形状误差。导轨副运动件实际运动方向与给定（理论）运动方向的符合程度称为导向精度。在机床的精度标准中，直线导轨的导向精度一般包括：导轨在水平面内的直线度误差；导轨在垂直面内的直线度误差；前后导轨的平行度误差（扭曲）；导轨与主轴回转轴线的平行度误差。

导轨的导向误差对不同的加工方法和加工对象，将会产生不同的加工误差，分析导轨的导向误差对加工精度影响时，主要应考虑导轨误差引起刀具与工件在误差敏感方向上的相对位移。下面以车外圆（或磨外圆）为例分析机床导轨误差对加工精度的影响。

① 导轨在水平面内的直线度误差。卧式车床或外圆磨床在水平面内有直线度误差 ΔY，如图7-1-7（a）所示，该方向为加工面的法线方向，即误差敏感方向，对加工精度的影响较大，引起加工表面的形状误差。如图7-1-8（a）所示，车外圆时，引起加工表面的圆柱度误差为：

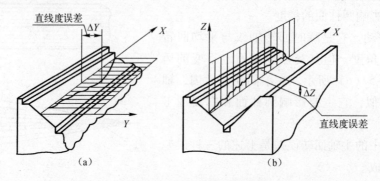

图 7-1-7　导轨的直线度误差

$$\Delta R = \Delta Y$$

② 导轨在垂直面内的直线度误差。卧式车床或外圆磨床在垂直面内有直线度误差 ΔZ，如图 7-1-7（b）所示，该方向为加工面的切线方向，即为误差不敏感方向，引起加工表面的形状误差。如图 7-1-8（b）所示，车外圆时，引起加工表面的圆柱度误差为：

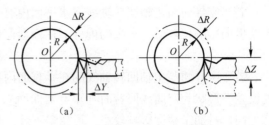

图 7-1-8 车外圆时的原始误差与加工误差

$$\Delta R = \sqrt{R^2 + \Delta Z^2} - R \approx \frac{\Delta Z^2}{2R}$$

当 $2R \geqslant 5$ mm，可忽略不计。如 $2R = 10$，$\Delta Y = 0.01$，$\Delta Z = 0.01$，则 $\Delta R_Y = 0.01$，$\Delta R_Z = 1 \times 10^{-5}$。

③ 前后导轨的平行度误差（扭曲）。车床两导轨的平行度误差（扭曲），使前、后导轨在纵向不同位置有不同的高度差，由于这种误差的作用，使得切削过程中，车床溜板沿导轨纵向移动时发生倾斜，从而使刀尖相对于工件产生摆动，造成加工表面的形状误差。

如图 7-1-9 所示，因 Δ 很小，α 很小，故刀尖位置可以看成是水平移动，$\tan\alpha = \dfrac{\Delta}{B}$，造成加工面的圆柱度误差为：

$$\Delta R \approx \Delta Y = H\tan\alpha = \frac{H\Delta}{B}$$

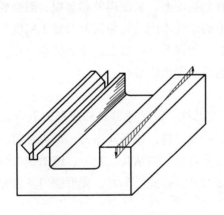
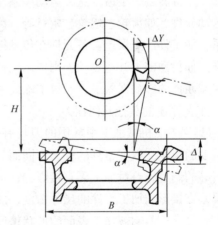

图 7-1-9 前后导轨平行度误差

式中：H——车床中心高度；

B——导轨宽度；

α——导轨的倾斜角；

Δ——前后导轨的扭曲量（平行度）。

一般车床 $H/B \approx \dfrac{2}{3}$，外圆磨床 $H/B \approx 1$，所以导轨扭曲量引起的加工误差是不可忽略的。

④ 导轨与主轴回转轴线的平行度误差。

若车床导轨与主轴回转轴线在水平面内有平行度误差，则该方向为误差敏感方向，对加工精度的影响比较大。车出的内外圆柱面会产生锥度形状的圆柱度误差，如图 7-1-10（a）所示。

若车床导轨与主轴回转轴线的在垂直面内有平行度误差，车出的内外圆柱面会产生圆柱度误差，形状为双曲线回转面（单叶双曲面），如图 7-1-10（b）所示，该方向为误差不敏感方向，对加工精度影响较小，可忽略不计。车端面时，两者出现垂直度误差，会引起加工面的平面度误差。

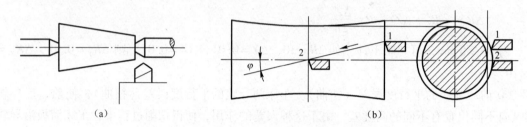

图 7-1-10　导轨与主轴回转轴线的平行度误差

（3）机床传动链误差

传动链误差是指内联系的传动链中首末两端传动元件之间相对运动的误差。它是在螺纹加工或用展成法加工齿轮、蜗轮等工件时，影响加工精度的主要因素。如滚齿传动关系：滚刀转一转，工件转过一个齿。这种运动关系是由刀具和工件间的传动链来保证的，当传动链中的各传动元件，如齿轮、蜗轮、蜗杆等，因有制造误差、装配误差和磨损，而会破坏正确运动关系，使工件产生误差。各元件在传动链中的位置不同其转角误差对加工精度影响程度也不一样。如传动链为升速传动，则传动元件的转角误差将被放大，反之缩小。在一般传动链中，末端元件的影响误差最大，故末端元件的精度要求应最高。

（4）工艺系统的其他几何误差

① 刀具误差。机械加工中常用的刀具有一般刀具、定尺寸刀具和成形刀具。刀具误差对加工精度的影响，根据刀具的种类不同而异。一般刀具，如普通车刀、单刃镗刀、刨刀及端面铣刀等的制造误差对加工无直接影响；定尺寸刀具，如钻头、铰刀、键槽铣刀及拉刀等的尺寸误差直接影响加工工件的尺寸精度；成形刀具，如成形车刀、成形铣刀及齿轮刀具等的制造误差将直接影响被加工表面的形状精度。

② 夹具误差。夹具误差主要包括：定位元件、刀具导向件、分度机构、夹具体等的制造误差；夹具装配后，以上各种元件工作面之间的相对位置误差；夹具使用过程中工作表面的磨损。夹具误差将直接影响工件加工表面的位置精度或尺寸精度。

③ 装夹误差。工件的装夹误差是指定位误差和夹紧误差，装夹误差将直接影响工件加工表面的位置精度或尺寸精度。

④ 测量误差。工件在加工过程中，要用各种量具、量仪进行检验测量，再根据测量结果对工件进行试切或调整机床。量具本身的制造误差、测量时的接触力、温度及目测正确度

等，都直接影响加工精度。因此，要正确地选择和使用量具，以保证测量精度。

⑤ 调整误差。在机械加工的各个工序中，需要对机床、夹具及刀具进行调整。调整误差的来源，视不同加工方法而异。

7.1.3　认知工艺系统变形

机械加工过程中，工艺系统在切削力、夹紧力、传动力、重力及惯性力等外力作用下会产生变形，破坏了已调整好的刀具和工件之间的正确位置关系，使工件产生加工误差。

例如，在车床上车削用顶尖装夹的细长轴（不用跟刀架或中心架），会产生中间粗两头细腰鼓形的圆柱度误差，如图 7-1-11 所示。

由此可见，工艺系统受力变形是加工过程中的一项很重要的原始误差。它不仅严重地影响工件的加工精度，而且还影响工件的加工表面质量，限制生产率的提高。

为了便于描述工艺系统受力变形对加工精度的影响，下面先介绍刚度的概念。

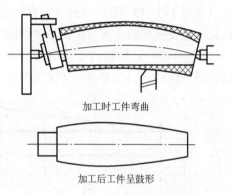

加工时工件弯曲

加工后工件呈鼓形

图 7-1-11　工艺系统受力变形
产生加工误差

1. 工艺系统的刚度

刚度是指物体或系统抵抗变形的能力。用加到物体的作用力与沿此作用力方向上产生的变形量的比值表示，即

$$K = \frac{F}{y}$$

式中：K——静刚度（N/mm）；

　　　F——作用力（N）；

　　　y——沿作用力方向的变形量（mm）。

K 越大，物体或系统抵抗变形能力越强，加工精度就越高。

切削加工过程中，在各种外力作用下，工艺系统各部分将在各个受力方向产生相应变形。对于工艺系统受力变形，主要研究误差敏感方向上的变形量。因此，工艺系统刚度定义为：作用于工件加工表面法线方向上的切削力与刀具在切削力作用下相对于工件在法线方向位移的比值，即

$$K_{xt} = \frac{F_Y}{y_{xt}}$$

式中：K_{xt}——工艺系统刚度（N/mm）；

　　　F_Y——作用于工件加工表面法线方向上的切削力（N）；

　　　y_{xt}——工艺系统总的变形量（mm）。

在上述工艺系统刚度定义中，力和变形是在静态下测定的，K_{xt} 为工艺系统静刚度；变形量 y_{xt} 是由总切削力作用的综合结果，当 F_Z 引起 Y 方向位移超出 F_Y 引起的位移时（$y_Z > y_Y$），总位移与 F_Y 方向相反，呈负值，此时刀架处于负刚度状态。负刚度会使刀尖扎入工件

表面（扎刀），还会使工件产生振动，应尽量避免，如图7-1-12所示。

2. 切削力作用点位置变化引起的工件形状误差

以车床两顶尖间加工光轴为例，假定切削过程中切削力保持不变，F_Y = 常量；车刀悬伸很短，受力变形可忽略，$y_d \approx 0$。因此工艺系统的总变形为

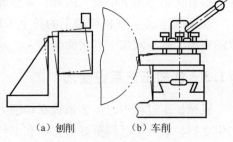

(a) 刨削　　　(b) 车削

图7-1-12　工艺系统负刚度现象

$$y_{xt} = y_{jc} + y_g$$

（1）工件的变形

如图7-1-13（b）所示，在两顶尖间车削细长轴。假设机床的变形很小，工件的刚度或变形也是随受力点位置而变化的。变形大的地方（刚度小的部位）切除的金属层薄；变形小的地方（刚度大的部位）切除的金属层厚，所以，因工件的受力变形而使加工出来的工件产生两端细、中间粗的腰鼓形圆柱度误差。

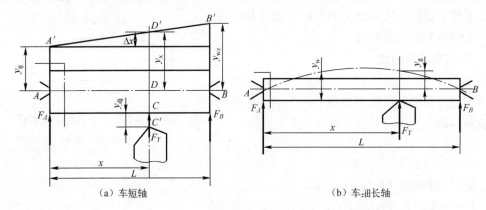

(a) 车短轴　　　　　　　　　　(b) 车细长轴

图7-1-13　工艺系统变形随受力点变化而变化

（2）机床的变形

假定车削粗而短的光轴，工件的刚度很好，工艺系统的总变形取决于车床床头箱、尾座（包括顶尖）、刀架的变形。工艺系统刚度即为机床的刚度，机床的刚度或变形是随受力点位置而变化的。变形大的地方（刚度小的部位）切除的金属层薄；变形小的地方（刚度大的部位）切除的金属层厚，所以，机床因受力变形而使加工出来的工件产生两端粗、中间细的鞍形的圆柱度误差，如图7-1-14所示。

3. 切削力大小变化引起的加工误差

假定在车床上加工短轴，K_{xt} 为常数，这时由于被加工表面的形位误差或材料硬度不均匀而引起切削力变化，使受力变形不一致产生加工误差。

如图7-1-15所示，车削一个有椭圆形的圆度误差的短圆柱毛坯，车削时切削深度在 $a_{p2} \sim a_{p1}$ 之间变化。因此切削分力 F_Y 也随着切削深度 a_p 的变化由最小（F_{Y2}）变到最大（F_{Y1}），工艺系统将产生相应的变形，即由 y_2 变到 y_1（刀尖相对于工件在法线方向的位移变化），工件转一周，工艺系统变形不同，加工后工件表面仍有椭圆形的圆度误差。

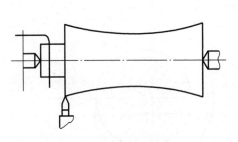
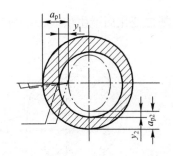

图 7-1-14 机床变形引起鞍形圆柱度误差　　　图 7-1-15 毛坯形状误差复映

（1）误差复映规律

有误差（形状或位置误差）的工件毛坯，再次加工后，其误差仍以与毛坯相似的形式、不同程度地再次反映在新加工表面上，这种现象称为误差复映规律。

工件误差对毛坯误差的复映程度用误差复映系数 ε 表示，即为工件误差 Δ_g 与毛坯误差 Δ_m 的比值，即

$$\varepsilon = \frac{\Delta_g}{\Delta_m}$$

复映系数定量的反映了毛坯误差经过加工减少的程度，它与工艺系统的刚度成反比，与径向切削力系数 C 成反比。

（2）降低复映误差的主要工艺措施

① 提高工艺系统刚度。

根据

$$\varepsilon = \frac{\Delta_g}{\Delta_m} = \frac{C}{K_{xt}}$$

K_{xt} 越大，ε 越小，Δ_g 越小，所以提高工艺系统刚度是降低误差复映的一个有效措施。

② 增加走刀次数。

因为

$$\varepsilon = \frac{\Delta_g}{\Delta_m} = \frac{C}{K_{xt}} < 1$$

设每次走刀的误差复映系数为 ε_1、ε_2、$\cdots$、ε_n，因为 $\varepsilon < 1$，所以，总误差复映系数为 $\varepsilon_\Sigma = \varepsilon_1 \varepsilon_2 \cdots \varepsilon_n \ll 1$。

可以根据已知的值，估算出加工后的估计误差或根据工件的公差值与毛坯误差值确定加工次数。因此增加走刀次数，可大大降低工件的复映误差。但走刀次数太多，会降低生产率。

③ 提高毛坯精度（减少尺寸变动范围）和材质的均匀性，可降低复映误差。

不仅形状、位置误差会发生复映，当毛坯材料硬度不均匀或有硬质点的存在时，同样会因切削力变化而产生加工误差。因此，在大批大量生产中，用调整法加工一批工件，应控制毛坯精度，还可以通过热处理改善材质的均匀性（如正火、退火、调质）。

4. 切削过程中受力方向变化引起的工件形状误差

切削加工中高速旋转的零部件（含夹具、工件和刀具等）会因不平衡而产生离心力 F_Q。F_Q 在每一转中不断改变方向，因此，它在 Y 方向的分力大小的变化，就会使工艺系统的受

力变形也随之变化而产生误差，如图7-1-16所示。

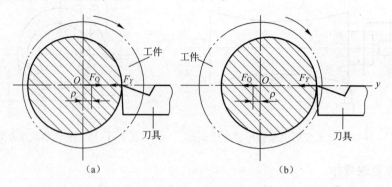

图7-1-16　惯性力所引起的加工误差

车削一个不平衡工件，当离心力F_Q与F_Y反向时，将工件推向刀具，使切削深度增加；当F_Q与F_Y同向时，工件被拉离刀具，使切削深度减小。其结果会造成工件的圆度误差。

5. 其他力引起的加工误差

（1）夹紧力引起的加工误差

被加工件在装夹过程中，由于刚度较低或着力点不当，都会引起工件变形，造成加工误差。特别是薄壁套、薄板件，易产生此类加工误差。

（2）重力引起的加工误差

在工艺系统中，由于零部件的自重也会引起变形。例如龙门刨床、龙门铣床刀架导轨横梁的变形，铣镗床镗杆伸长而下垂变形等，都会造成工件的加工误差。

7.1.4　减小加工误差的措施

减少工艺系统受力变形，是机械加工中保证产品质量和提高生产率的主要途径之一。根据生产实际情况，可采取以下几方面措施。

1. 提高接触刚度

由于部件的接触刚度低于实体零件本身刚度，所以提高接触刚度是提高工艺系统刚度的关键。常用的方法是改善工艺系统主要零件接触面的配合质量，如机床导轨副、锥体与锥孔、顶尖与中心孔等配合面常采用刮研与研磨，以提高配合表面的形状精度，减小表面粗糙度，使实际接触面积增加，从而有效地提高接触刚度。

提高接触刚度的另一措施是在接触面间预加载荷，这样可以消除配合面间的间隙，增加接触面积，减少受力后的变形。如机床主轴部件轴承常采用预加载荷的办法进行调整。

2. 提高工件支承刚度

在机械加工中，由于工件本身的刚度较低，特别是叉类件、细长轴等零件，容易变形。此时，如何提高工件的刚度是提高加工精度的关键。其主要措施是缩小切削力的作用点到支承之间的距离，以增大工件切削时的刚度。如车削细长轴时采用跟刀架或中心架增加支承，以提高工件刚度。

3. 提高机床部件的刚度

在切削加工中，有时由于机床部件刚度低而产生变形和振动，影响加工精度和生产率的提高。此时可以采用增设辅助元件的方法提高机床部件的刚度。

4. 合理装夹工件以减少夹紧变形

加工薄壁件时，由于工件刚度低，因此解决夹紧变形的影响是关键问题之一。

图 7-1-17 所示为加工薄壁套筒零件，在夹紧前，薄壁套筒的内外圆是正圆形，用三爪自定心卡盘夹紧后薄壁套筒呈三棱形，如图 7-1-17 （a）所示；镗孔后，薄壁套筒的内孔呈圆形，如图 7-1-17 （b）所示；松开卡爪后，工件由于弹性恢复，使已镗圆的孔产生了三棱圆形的圆度误差，如图 7-1-17 （c）所示。为了减少工件夹紧变形，提高加工精度，可以采取如下措施：增大接触面积，使各点受力均匀，如图 7-1-17 （d）所示为采用开口过渡环，图 7-1-17 （e）所示为采用专用卡爪；还可采用轴向夹紧或采用弹性套筒夹紧。

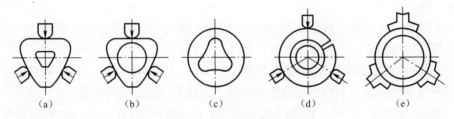

图 7-1-17　零件夹紧变形引起的误差

图 7-1-18 所示为磨削薄板工件，当磁力将工件吸向工作台表面时，工件将产生弹性变形，如图 7-1-18 （a）、（b）所示；磨完后，由于弹性恢复，已磨完的表面又产生翘曲，如图 7-1-18 （c）所示。改进的办法是在工件和磁力吸盘之间垫橡皮垫（厚0.5 mm），如图 7-1-18 （d）、（e）所示，工件夹紧时，橡皮垫被压缩，减少了工件的变形；再以磨好的一面作为定位基准磨另一面。这样经过多次正反面交替磨削即可得平面度较高的平面，如图 7-1-18 （f）所示。

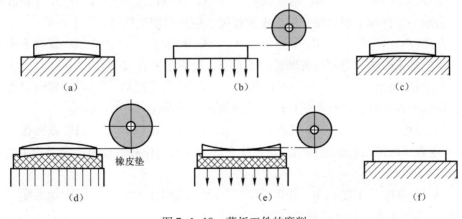

图 7-1-18　薄板工件的磨削

任务练习

1. 填空题

(1) 零件的加工质量包含零件的_____和_____, 零件的加工精度包括_____、_____和_____。

(2) 机床主轴回转轴线的运动误差可分解为_____和_____、_____、_____。

(3) 在顺序加工一批工件中, 其加工误差的大小和方向都保持不变, 称为_____; 或者加工误差按一定规律变化, 称为_____。

(4) 机床导轨导向误差可分为:

水平直线度_____、_____、_____、_____。

(5) 误差的敏感方向是指产生加工误差的工艺系统的原始误差处于加工表面的_____在车削加工时为_____方向, 在刨削加工时为_____方向。

2. 选择题

(1) 调整法加工一批工件后的尺寸符合正态分布, 且分散中心与公差带中心重合, 但发现有相当数量的废品, 产生的原因主要是 (　　)

  A. 常值系统误差 B. 随机误差 C. 刀具磨损太大 D. 调整误差大

(2) 车床导轨在水平面内与主轴线不平行, 会使车削后的工件产生 (　　)

  A. 尺寸误差 B. 位置误差 C. 圆柱度误差 D. 圆度误差

(3) 车床主轴有径向跳动, 镗孔时会使工件产生 (　　)

  A. 尺寸误差 B. 同轴度误差 C. 圆度误差 D. 圆锥形

(4) 某轴毛坯有锥度, 则粗车后此轴会产生 (　　)

  A. 圆度误差 B. 尺寸误差 C. 圆柱度误差 D. 位置误差

(5) 某工件内孔在粗镗后有圆柱度误差, 则在半精镗后会产生 (　　)

  A. 圆度误差 B. 尺寸误差 C. 圆柱度误差 D. 位置误差

(6) 工件受热均匀变形时, 热变形使工件产生的误差是 (　　)

  A. 尺寸误差 B. 形状误差 C. 位置误差 D. 尺寸和形状误差

(7) 为减小零件加工表面硬化层深度和硬度, 应使切削速度 (　　)

  A. 减小 B. 中速 C. 增大 D. 保持不变

(8) 车削加工时轴的端面与外圆柱面不垂直, 说明主轴有 (　　)

  A. 圆度误差 B. 纯径向跳动 C. 纯角度摆动 D. 轴向窜动

(9) 镗床上镗孔时主轴有角度摆动, 镗出的孔将呈现 (　　)

  A. 圆孔 B. 椭圆孔 C. 圆锥孔 D. 双面孔

(10) 垂直于被加工表面的切削力与工件在该力方向的位移的比值, 定义为工艺系统的 (　　)

  A. 静刚度 (刚度) B. 柔度 C. 动刚度 D. 动柔度

(11) 工件受外力时抵抗接触变形的能力, 称为 (　　)

  A. 工艺系统刚度 B. 工件硬度 C. 接触刚度 D. 疲劳强度

（12）工艺系统的热变形只有在系统热平衡后才能稳定，可采取适当的工艺措施予以消减，其中系统热平衡的含义是（　　）。

  A. 机床热平衡后　　　　　　　　　B. 机床与刀具热平衡后

  C. 机床刀具与工件都热平衡后

（13）提高加工工件所用机床的几何精度，它属于（　　）。

  A. 补偿原始误差　　　　　　　　　B. 抵消原始误点

  C. 减少原始误差　　　　　　　　　D. 转移原始误差

（14）下列因素中造成变值系统性误差的因素是（　　）。

  A. 工艺系统几何误差　　　　　　　B. 工艺系统受力变形

  C. 刀具磨损　　　　　　　　　　　D. 对刀误差

（15）在车床上用两顶尖装夹车削光轴，加工后检验发现中间小、两头大误差，其最可能的原因是（　　）。

  A. 车床导轨磨损　　　　　　　　　B. 前后两顶尖刚度不足

  C. 刀架刚度不足　　　　　　　　　D. 工件刚度不足

（16）几何形状误差包括宏观几何形状误差，微观几何形状误差和（　　）。

  A. 表面波度　　　　B. 表面粗糙度　　　　C. 表面不平度

（17）切削热主要是通过切屑和（　　）进行传导的。

  A. 工件　　　　　　B. 刀具　　　　　　C. 周围介质

3. 分析题

（1）如图 7-1-19 所示，三批工件在三台车床上加工外表面，加工后经测量，三批工件分别有形状误差，试分别分析可能产生上述形状误差的主要原因。

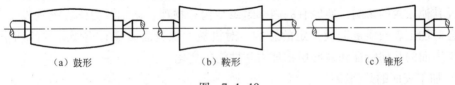

（a）鼓形　　　　　　　　（b）鞍形　　　　　　　　（c）锥形

图　7-1-19

（2）如图 7-1-20 所示在卧式铣床上铣削键槽。加工完毕测量发现工件键槽两端深度大于中间，且都比调整的深度尺寸值小，试分析产生这种现象的原因并提出改进措施。

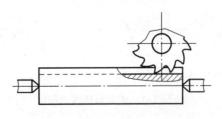

图　7-1-20

任务 7.2 分析机械加工表面质量

学习导航

知识要点	表面质量，影响表面质量的因素，提高表面质量的途径
任务目标	1. 了解机械零件表面质量的概念； 2. 掌握影响表面质量的因素； 3. 熟悉提高表面质量的措施
能力培养	1. 能分析评价机械零件表面质量的性能指标； 2. 会分析影响机械零件表面质量的因素； 3. 会根据加工条件分析采取提高表面质量的相应措施
教学组织	课堂讲解、课堂项目训练＋课下查阅资料、自主学习、项目练习
教学评价	学习过程评价（60％）；教学成果评价（30％）；团队合作评价（10％）
参考学时	3

任务学习

7.2.1 认知加工表面质量的概念

1. 表面质量的含义

机械加工中由于加工原理的近似性和加工表面的弹、塑性变形等，加工后的表面，不可能是理想的光滑表面，总存在一定的微观几何形状偏差。表面层材料在加工时受到切削力、切削热及其他因素的影响，使原有的内部组织结构和物理、化学及力学性能均发生了变化。这些都会对加工表面质量造成一定的影响。对机械加工表面质量有重要影响的两个方面包括：加工表面的几何特征和表面层物理力学性能的变化。

（1）加工表面的几何特征

加工表面的几何特征是指其微观几何形状，主要包括表面粗糙度和表面波度，如图 7-2-1 所示。

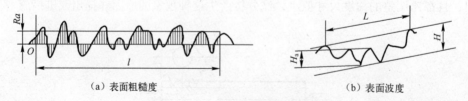

（a）表面粗糙度   （b）表面波度

图 7-2-1 表面粗糙度与波度

表面粗糙度是指波距 L 小于 1 mm 的表面微小波纹；表面波度是指波距 L 在 1 ～ 20 mm 之间的表面波纹。

一般情况下，当 L/H（波距/波高）< 50 时为表面粗糙度，$L/H = 50 \sim 1\,000$ 时为表面波度，$L/H > 1000$ 时为宏观的形状误差。

我国现行的表面粗糙度标准是 GB/T 1031—2009。表面粗糙度指标有 Ra、Rz，并优先选用 Ra。

波度是介于形状误差与表面粗糙度之间的表面偏差。其量度指标为波高。一般用测量长度上五个最大的波幅的算术平均值 W 表示：

$$W = (W_1 + W_2 + W_3 + W_4 + W_5)/5$$

（2）加工表面层物理力学性能

表面层物理力学性能的变化主要受表面层加工硬化、残余应力和表面层的金相组织变化的影响。

加工表面在加工过程中受到切削力、切削热和其他因素的综合作用，在加工表面产生了加工硬化、残余应力和表面层金相组织的变化等现象，使表面金属层的物理力学性能相对于基体金属的物理力学性能发生了变化。图 7-2-2（a）所示为零件表面层沿深度方向的变化情况。表面层可分为吸附层和压缩层。最外层是吸附层，由氧化膜或其他化合物组成，并吸收、渗进了气体粒子而形成的一层组织。第二层是压缩层，是由于切削力和基体金属共同作用造成的塑性变形区域。在其上部存有纤维组织，是由于刀具摩擦挤压而形成的。有时在切削热的作用下，表面层的材料还会产生相变和晶粒大小的变化。

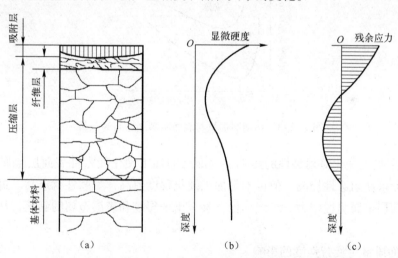

图 7-2-2　加工表面层沿深度的性质变化

表面层的物理力学性能主要受压缩层的组织结构的影响。表面层的物理力学性能随表面层的加工硬化程度而变化，硬化程度越大，表面层的物理力学性能变化越大。图 7-2-2（b）所示为表面层显微硬度的变化情况。

表面层残余应力是在加工过程中，由于弹塑性变形及温度和金相组织的变化造成的不均匀体积变化而在表面层中产生的残余应力。图 7-2-2（c）所示为表面残余应力分布状况。目前对残余应力的判断大多是定性分析。

表面层金相组织的变化是由于加工过程中产生的切削热使工件表层材料的温度发生变化而造成的金相组织的变化。这种变化包括相变、晶粒大小和形状的变化、析出物的产生和再结晶等。金相组织的变化主要通过显微组织观察来确定。

2. 机械加工表面质量对零件使用性能的影响

（1）表面质量对耐磨性的影响

① 表面粗糙度对耐磨性的影响。零件的耐磨性主要与摩擦副的材料、热处理状态、表面质量和使用条件有关。在其他条件相同的情况下，零件的表面质量对零件的耐磨性有重要影响。

当摩擦副的两个接触表面存在表面粗糙度时，只是在两个接触表面的凸峰处接触，实际接触面积远小于理论接触面积，相互接触的凸峰受到非常大的单位应力，使实际接触处产生弹塑性变形和凸峰之间的剪切破坏，使零件表面在使用初期产生严重磨损。

表面粗糙度对零件表面的初期磨损的影响很大。一般情况下，表面粗糙度值越小，其耐磨性就越好。但表面粗糙度值太小，润滑油不易储存，接触面之间容易发生分子黏接，反而增加磨损。因此，接触面的粗糙度有一个最佳值，其值与零件的工作条件有关。工作载荷增大时，初期磨损量增大，表面粗糙度最佳值也随之增大。如图7-2-3所示为初期磨损量与表面粗糙度之间的关系。

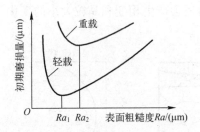

图7-2-3 初期磨损量与表面粗糙度之间的关系

② 表面层加工硬化对耐磨性的影响。表面层的加工硬化使零件表面层金属的显微硬度提高，故一般可使耐磨性提高。但也不是加工硬化程度愈高，耐磨性就愈高。过度的加工硬化将引起表面层金属脆性增大、组织疏松，甚至出现裂纹和表层金属的剥落，从而使耐磨性下降。

（2）表面质量对疲劳强度的影响

金属受交变应力作用后产生的疲劳破坏往往起源于零件表面和表面冷硬层，因此零件的表面质量对疲劳强度影响很大。

① 表面粗糙度对疲劳强度的影响。

在交变载荷作用下，表面粗糙度的凹谷部位容易引起应力集中，产生疲劳裂纹。表面粗糙度值愈大，表面的纹痕愈深，纹底半径愈小，抗疲劳破坏的能力就愈差。实验表明，减小表面粗糙度值可以使零件的疲劳强度有所提高。

② 残余应力、加工硬化对疲劳强度的影响。

残余应力对零件疲劳强度的影响很大。表面层存在的残余拉应力将使疲劳裂纹扩大，加速疲劳破坏；而表面层存在的残余压应力能够阻止疲劳裂纹的扩展，延缓疲劳破坏的产生。

加工硬化可以在零件表面形成硬化层，使其硬度强度提高，可以防止裂纹产生并阻止已有裂纹的扩展，从而使零件的疲劳强度提高。但表面层硬化程度过高，会导致表面层的塑性过低，反而易于产生裂纹，使零件的疲劳强度降低。因此零件的硬化程度应控制在一定的范围之内。如果加工硬化时伴随有残余压应力的产生，则能进一步提高零件的疲劳强度。

（3）表面质量对耐蚀性的影响

零件的耐蚀性在很大程度上取决于表面粗糙度。表面粗糙度值愈大，则凹谷中聚积的腐蚀性物质就愈多，渗透与腐蚀作用愈强烈，表面的抗蚀性就愈差。

表面层的残余拉应力会产生应力腐蚀开裂，降低零件的耐蚀性，而残余压应力则能防止应力腐蚀开裂。

（4）表面质量对配合质量的影响

表面粗糙度值的大小会影响配合表面的配合质量。粗糙度值大的表面由于其初期耐磨性差，初期磨损量较大。对于间隙配合，使间隙增大，破坏了要求的配合性质。对于过盈配合，装配过程中一部分表面凸峰被挤平，实际过盈量减小，减小了配合件间的连接强度，使配合的可靠性降低。

（5）表面质量对其他性能的影响

表面质量对零件的接触刚度、结合面的导热性、导电性、导磁性、密封性、光的反射与吸收、气体和液体的流动阻力均有一定程度的影响。

由以上分析可以看出，表面质量对零件的使用性能有重大影响。提高表面质量对保证零件的使用性能、提高零件寿命是很重要的。

3. 表面的完整性

表面的完整性主要是反映表面层的性能，包括：

① 表面形貌。主要包括表面粗糙度、表面波度和纹理。

② 表面缺陷。主要是指加工表面上出现的宏观裂纹、伤痕和腐蚀。

③ 微观组织和表面层的冶金化学性能。主要包括微观裂纹、微观组织变化及晶间腐蚀等。

④ 表面层物理力学性能。主要包括表面层硬化深度和程度、表面层残余应力的大小、分布。

⑤ 表面层的其他工程技术特征。主要包括摩擦特性、光的反射率、导电性和导磁性等。

7.2.2 影响表面质量的因素

加工表面质量主要受到表面粗糙度的大小、加工硬化程度、残余应力和金相组织变化的影响。因而分析影响加工表面质量的因素，就需要分析加工过程中的诸因素对表面粗糙度、加工硬化程度、残余应力状态和金相组织变化的影响。

1. 影响表面粗糙度的因素

表面粗糙度产生的主要原因是加工过程中切削刃在已加工表面上留下的残留面积，切削过程中产生的塑性变形及工艺系统的振动等。

（1）切削加工对表面粗糙度的影响因素

① 刀具几何形状及切削运动的影响。刀具相对于工件作进给运动时，在加工表面留下了切削层残留面积，从而产生表面粗糙度。

残留面积的形状是刀具几何形状的复映。残留面积的高度 H 受刀具的几何角度和切削用量大小的影响，如图 7-2-4 所示。

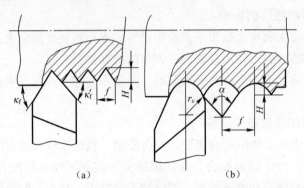

(a)   (b)

图 7-2-4   刀具几何形状和切削运动对表面粗糙度的影响

减小进给量 f、主偏角 κ_r、副偏角 κ_r' 以及增大刀尖圆弧半径 r_ε，均可减小残留面积的高度。

此外，适当增大刀具的前角以减小切削时塑性变形的程度；合理选择切削液和提高刀具刃磨质量以减小切削时的塑性变形，抑制积屑瘤、鳞刺的生成，这些措施也能有效地减小表面粗糙度值。

② 工件材料性质的影响。工件材料的机械性能对切削过程中的切削变形有重要影响。加工塑性材料时，由于刀具对加工表面的挤压和摩擦，使之产生了较大的塑性变形，加之刀具迫使切屑与工件分离时的撕裂作用，使表面粗糙度值加大。工件材料韧性愈好，金属的塑性变形愈大，加工表面就愈粗糙。

加工脆性材料时，塑性变形很小，形成崩碎切屑，由于切屑的崩碎而在加工表面留下许多麻点，使表面粗糙。

③ 积屑瘤的影响。在切削过程中，当刀具前刀面上存在积屑瘤时，由于积屑瘤的顶部很不稳定，容易破裂，一部分黏附于切屑底部而排出，一部分则残留在加工表面上，使表面粗糙度增大。积屑瘤突出刀刃部分尺寸的变化，会引起切削层厚度的变化，从而使加工表面的粗糙度值增大。因此，在精加工时必须避免或减小积屑瘤。图 7-2-5 所示为加工表面的理论轮廓和实际轮廓的比较示意图。

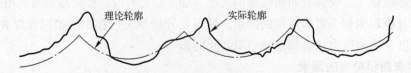

理论轮廓   实际轮廓

图 7-2-5   加工表面的理论轮廓和实际轮廓

④ 切削用量的影响。切削用量中，切削速度对表面粗糙度的影响比较复杂。

在切削塑性材料时，一般情况下低速或高速切削时因不会产生积屑瘤，加工表面粗糙值较小。但在中等速度下，塑性材料由于容易产生积屑瘤与鳞刺，且塑性变形较大，因此表面粗糙度值会变大。切削加工过程中的切削变形愈大，加工表面就愈粗糙。在高速切削时，由于变形的传播速度低于切削速度，表面层金属的塑性变形较小，因而高速切削时表面粗糙度较低。

加工脆性材料时，由于塑性变形很小，主要形成崩碎切屑，切削速度的变化，对脆性材料的表面粗糙度影响较小。切削速度对表面粗糙度的影响规律如图7-2-6所示。

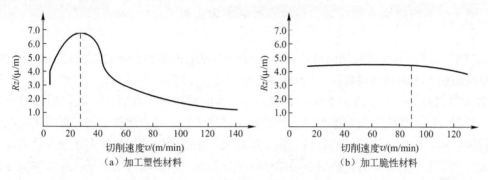

图 7-2-6　切削速度对表面粗糙度的影响

切削深度对表面粗糙度影响不明显，一般可忽略。但当 $a_p < 0.02 \sim 0.03$ mm 时，由于刀刃有一定的圆弧半径，使正常切削不能维持，刀刃仅与工件发生挤压与摩擦从而使表面恶化。因此加工时，不能选用过小的切削深度。减小进给量 f 可以减小切削残留面积高度，使表面粗糙度值减小。但进给量 f 太小刀刃不能切削而形成挤压，增大了工件的塑性变形，反而使表面粗糙度值增大。

（2）磨削加工影响表面粗糙度的因素

正像切削加工时表面粗糙度的形成过程一样，磨削加工表面粗糙度的形成也是由几何因素和表面金属的塑性变形来决定的。砂轮的粒度、硬度、磨料性质、黏结剂、组织等对粗糙度均有影响。工件材料和磨削条件也对表面粗糙度有重要影响。影响磨削表面粗糙度的主要因素有：

① 砂轮的粒度。砂轮的粒度愈细，则砂轮工作表面单位面积上的磨粒数越多，因而在工件上的刀痕也越密而细，所以粗糙度值愈小。但是粗粒度的砂轮如果经过精细修整，在磨粒上车出微刃后，也能加工出粗糙度值小的表面。

② 砂轮的硬度。砂轮的硬度太大，磨粒钝化后不容易脱落，工件表面受到强烈的摩擦和挤压，加剧了塑性变形，使表面粗糙度值增大甚至产生表面烧伤。砂轮太软则磨粒易脱落，会产生不均匀磨损现象，影响表面粗糙度。因此，砂轮的硬度应适中。

③ 砂轮的修整。砂轮的修整是用金刚石笔尖在砂轮的工作表面上车出一道螺纹，修整导程和修正深度愈小，修出的磨粒的微刃数量越多，修出的微刃等高性也愈好，因而磨出的工件表面粗糙度值也就愈小。修整用的金刚石笔尖是否锋利对砂轮的修正质量有很大影响。图7-2-7所示为经过精细修正后砂轮磨粒上的微刃。

④ 磨削速度。提高磨削速度，增加了工件单位面积上的磨削磨粒数量，使刻痕数量增多，同时塑性变形减小，使表面粗糙度减小。高速切削时塑性变形减小是因为高速下塑性变形的传播速度小于磨削速度，材料来不及变形所致。

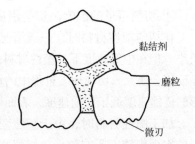

图 7-2-7　精细修正后磨粒上的微刃

⑤ 磨削径向进给量与光磨次数。磨削径向进给量增大使磨削时的切削深度增大，使塑性变形加剧，因而表面粗糙度增大。适当增加光磨次数，可以有效减小表面粗糙度。

⑥ 工件圆周进给速度与轴向进给量。工件圆周进给速度和轴向进给量增大，均会减小工件单位面积上的磨削磨粒数量，使刻痕数量减少，表面粗糙度增大。

⑦ 工件材料。一般来讲，太硬、太软、韧性大的材料都不易磨光。太硬的材料使磨粒易钝，磨削时的塑性变形和摩擦加剧，使表面粗糙度增大，且表面易烧伤甚至产生裂纹而使零件报废。铝、铜合金等较软的材料，由于塑性大，在磨削时磨屑易堵塞砂轮，使表面粗糙度增大。韧性大导热性差的耐热合金易使砂粒早期崩落，使砂轮表面不平，导致磨削表面粗糙度值增大。

⑧ 切削液。磨削时切削温度高，热的作用占主导地位，因此切削液的作用十分重要。采用切削液可以降低磨削区温度，减少烧伤，还可冲去脱落的磨粒和切屑，避免划伤工件，从而降低表面粗糙度。但必须合理选择冷却方法和切削液。

2. 影响加工表面层物理力学性能的因素

在切削加工中，工件由于受到切削力和切削热的作用，使表面层金属的物理力学性能产生变化，最主要的变化是表面层金属显微硬度的变化、金相组织的变化和残余应力的产生。磨削加工时所产生的塑性变形和切削热比刀刃切削时更为严重。下面主要讨论加工表面层上述三方面的变化而导致的表面层物理力学性能的变化。

（1）表面层加工硬化

① 加工硬化及其评定参数。机械加工过程中表面层的金属因受到切削力的作用而产生塑性变形，使晶格扭曲、畸变，晶粒间产生剪切滑移，晶粒被拉长和纤维化，甚至破碎，这些都会使表面层金属的硬度和强度提高，这种现象称为加工硬化（或称为冷作硬化或强化）。表面层金属产生加工硬化，会增大金属变形的阻力，减小金属的塑性，金属的物理性质也会发生变化。

加工硬化后的金属处于高能位的不稳定状态，只要一有可能，金属的不稳定状态就要向比较稳定的状态转化，这种现象称为弱化。弱化作用的大小取决于温度的高低、温度持续时间的长短和加工硬化程度的大小。由于金属在机械加工过程中同时受到力和热的作用，因此，加工后表层金属的最后性质取决于加工硬化和弱化综合作用的结果。

评定加工硬化的指标有三项，即表层金属的显微硬度 HV、硬化层深度 h 和硬化程度 N。硬化程度：

$$N = \left[(H - H_0)/H_0 \right] \times 100\%$$

式中：H——加工后表面层的显微硬度；

　　H_0——原材料的显微硬度。

② 影响加工硬化的主要因素。

a. 刀具。切削刃钝圆半径较大时，对表层金属的挤压作用增强，塑性变形加剧，导致加工硬化增强。刀具后刀面磨损增大，后刀面与被加工表面的摩擦加剧，塑性变形增大，导致加工硬化增强。

b. 切削用量。切削速度增大，刀具与工件的作用时间缩短，使塑性变形扩展深度减小，加工硬化层深度减小。切削速度增大后，切削热在工件表面层上的作用时间也缩短了，将使加工硬化程度增加。进给量增大，切削力也增大，表层金属的塑性变形加剧，加工硬化程度增大。

c. 工件材料。工件材料的塑性越大，切削加工中的塑性变形就越大，加工硬化现象就越严重。

（2）表面层材料金相组织的变化

金相组织的变化主要受温度的影响。磨削时由于磨削温度较高，极易引起表面层的金相组织的变化和表面的氧化，严重时会造成工件报废。

① 磨削烧伤。当被磨削工件表面层温度达到相变温度以上时，表层金属发生金相组织的变化，使表层金属强度和硬度发生变化，并伴有残余应力产生，甚至出现微观裂纹，这种现象称为磨削烧伤。在磨削淬火钢时，可能产生以下三种烧伤：

回火烧伤。如果磨削区的温度未超过淬火钢的相变温度，但已超过马氏体的转变温度，工件表层金属的回火马氏体组织将转变成硬度较低的回火组织（索氏体或托氏体），这种烧伤称为回火烧伤。

淬火烧伤。如果磨削区温度超过了相变温度，再加上切削液的急冷作用，表层金属发生二次淬火，使表层金属出现二次淬火马氏体组织，其硬度比原来的回火马氏体的高，在它的下层，因冷却较慢，出现了硬度比原先的回火马氏体低的回火组织（索氏体或托氏体），这种烧伤称为淬火烧伤。

退火烧伤。如果磨削区温度超过了相变温度，而磨削区域又无切削液进入，表层金属将产生退火组织，表面硬度将急剧下降，这种烧伤称为退火烧伤。

② 防止磨削烧伤的途径。磨削热是造成磨削烧伤的根源，故防止和抑制磨削烧伤有两个途径：一是尽可能地减少磨削热的产生；二是改善冷却条件，尽量使产生的热量少传入工件。具体工艺措施主要有以下几个方面。

正确选择砂轮：一般选择砂轮时，应考虑砂轮的自锐能力（即磨粒磨钝后自动破碎产生新的锋利磨粒或自动从砂轮上脱落的能力）。同时磨削时砂轮应不致产生黏屑堵塞现象。硬度太高的砂轮由于自锐性能不好，磨粒磨钝后使磨削力增大，摩擦加剧，产生的磨削热较大，容易产生烧伤，故当工件材料的硬度较高时选用软砂轮较好。立方氮化硼砂轮其磨粒的硬度和强度虽然低于金刚石，但其热稳定性好，且与铁元素的化学惰性高，磨削钢件时不产生黏屑，磨削力小，磨削热也较低，能磨出较高的表面质量。因此是一种很好的磨料，适用范围也很广。

砂轮的结合剂也会影响磨削表面质量。选用具有一定弹性的橡胶结合剂或树脂结合剂砂轮磨削工件时，当由于某种原因而导致磨削力增大时，结合剂的弹性能够使砂轮做一定的径向退让，从而使磨削深度自动减小，以缓和磨削力突增而引起的烧伤。

另外，为了减少砂轮与工件之间的摩擦热，将砂轮的气孔内浸入某种润滑物质，如石蜡、锡等，对降低磨削区的温度，防止工件烧伤也能收到良好的效果。

合理选择切削用量：磨削用量的选择应在保证表面质量的前提下尽量不影响生产率和表面粗糙度。

磨削深度增加时，温度随之升高，易产生烧伤，故磨削深度不能选得太大。一般在生产中常在精磨时逐渐减少磨深，以便逐渐减小热变质层，并能逐步去除前一次磨削形成的热变质层。最后再进行若干次无进给磨削。这样可有效地避免表面层的热烧伤。

工件的纵向进给量增大，砂轮与工件的表面接触时间相对减少，因而热的作用时间较短，散热条件得到改善，不易产生磨削烧伤。为了弥补纵向进给量增大而导致表面粗糙的缺陷，可采用宽砂轮磨削。

工件线速度增大时磨削区温度会上升，但热的作用时间却减少了。因此，为了减少烧伤而同时又能保持高的生产率，应选择较大的工件线速度和较小的磨削深度，同时为了弥补工件线速度增大而导致表面粗糙度值增大的缺陷，一般在提高工件速度的同时应提高砂轮的速度。

改善冷却条件。现有的冷却方法由于切削液不易进入到磨削区域内往往冷却效果很差。由于高速旋转的砂轮表面上产生的强大气流层阻隔了切削液进入磨削区，大量地切削液常常是喷注在已经离开磨削区的已加工表面上，此时磨削热量已进入工件表面造成了热损伤，所以改进冷却方法提高冷却效果是非常必要的。具体改进措施有：

采用高压大流量切削液，不但能增强冷却作用，而且还能对砂轮表面进行冲洗，使其空隙不易被切屑堵塞。

为了减轻高速旋转的砂轮表面的高压附着气流的作用，可以加装空气挡板，使冷却液能顺利地喷注到磨削区，这对于高速磨削尤为必要。图7-2-8所示为改进后的切削液喷嘴。

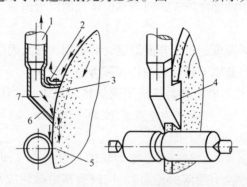

图7-2-8 切削液喷嘴

1—液流导管；2—可调气流挡板；3—空腔区；4—喷嘴罩；5—磨削区；6—排液区；7—液嘴

采用内冷却法。如图7-2-9所示，砂轮是多孔隙能渗水的。切削液被引入砂轮中心孔后靠离心力的作用被甩出，从而使切削液可以直接冷却磨削区，起到有效的冷却作用。由于冷却时有大量喷雾，机床应加防护罩。使用内冷却的切削液必须经过仔细过滤，以防止堵塞砂轮空隙。这一方法的缺点是操作者看不到磨削区的火花，在精密磨削时不能判断试切时的吃刀量，很不方便。

影响磨削烧伤的因素除了上面所述以外，还受工件材料的影响。工件材料硬度越高，磨削热量越多。但材料过软，易堵塞砂轮，使砂轮失去切削作用，反而使加工表面温度急剧上升。工件强度越高，磨削时消耗的功率越多，发热量也越多。工件材料韧性越大，磨削力越大，发热越多。导热性能较差的材料，如耐热钢、轴承钢、高速钢、不锈钢等，在磨削时都容易产生烧伤。

（3）表面层残余应力

表面层残余应力主要是因为在切削加工过程中工件受到切削力和切削热的作用，在表面层金属和基体金属之间发生了不均匀的体积变化而引起的。

① 冷态塑性变形引起的应力。

在切削加工过程中，由于切削力的作用，工件表面层产生塑性变形，使表面金属比容增大，体积膨胀，由于塑性变形只在表层金属中产生，表层金属的比容增大，体积膨胀，不可避免地要受到与它相连的里层金属的限制，在表面金属层产生了残余压应力，而在里层金属中产生残余拉应力。图7-2-10所示为加工后由冷塑性变形产生的残余应力的分布情况。

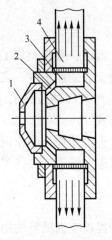

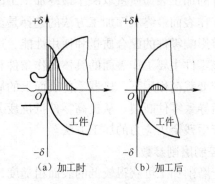

(a) 加工时　　(b) 加工后

图7-2-9　内冷却装置　　　　图7-2-10　由冷塑性变形产生的残余应力
1—锥形盖；2—通道孔；3—中心空腔；
4—有径向小孔的薄壁套

② 热态塑性变形引起的残余应力。

切削加工中，切削区会有大量的切削热产生，使工件产生不均匀的温度变化，从而导致不均匀的热膨胀。切削加工进行时，当表面温度升高到使表层金属进入到塑性状态时，其体积膨胀受到温度较低的基体金属的限制而产生热塑性变形。切削加工结束后，表面温度下降，由于表面已产生热塑性变形要收缩，此时又会受到基体金属的限制，在表面产生残余拉应力。热塑性变形主要在磨削时产生，磨削温度越高，热塑性变形越大，残余拉应力越大，有时甚至会产生裂纹。图7-2-11所示为磨削时由热塑性变形产生的残余应力的分布情况。图7-2-12所示为不同磨削方式下残余应力的分布情况。

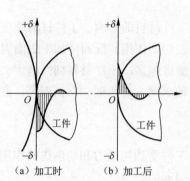

（a）加工时　　（b）加工后

图 7-2-11　由热塑性变形产生的残余应力

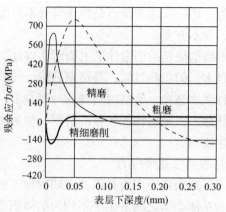

图 7-2-12　磨削时表面残余应力的分布

③ 金相组织变化引起的残余应力。

不同金相组织具有不同的密度，金相组织的转变会引起金属材料的体积变化。加工过程中，当切削温度的变化使表面层金属产生了金相组织的变化时，表层金属的体积变化（增大或减小）必然要受到与之相连的基体金属的阻碍，因而就有残余应力产生。

7.2.3　提高加工表面质量的途径

零件的加工表面质量取决于最终加工工序的加工方法。因而，要控制加工表面质量，零件主要工作表面最终工序加工方法的选择是至关重要的。由于表面粗糙度、表面残余应力状况将直接影响零件的配合质量和使用性能，选择零件主要工作表面的最终工序加工方法时，须考虑该零件主要工作表面的具体工作条件和可能的破坏形式。

在交变载荷作用下，机器零件表面上的局部微观裂纹，会因拉应力的作用使原生裂纹扩大，最后导致零件断裂。从提高零件抵抗疲劳破坏的角度考虑，该表面最终工序应选择能在该表面产生残余压应力的加工方法。

1. 控制磨削参数

由于磨削加工可获得较低的表面粗糙度，是常用的一种提高表面质量的加工方法。但磨削既能细化工件表面粗糙度，又能引起表面烧伤。而磨削表面的粗糙度大小和是否产生磨削烧伤主要受磨削参数的影响，要获得高的表面质量，必须合理控制磨削参数。

砂轮的粒度对表面粗糙度有较大影响，磨粒越小，加工表面的表面粗糙度也越小。

如图 7-2-13 所示，要获得较小的表面粗糙度，应选择磨粒号较大的砂轮。但随磨粒号的增大，产生磨削烧伤的可能性也会增大。为防止工件烧伤，只能采用很小的磨削深度，且需要时间很长的空走刀，使磨削效率下降。为此，砂轮磨粒号常选用 46 ～ 60 号，一般不超过 80 号。

磨削过程中的砂轮速度、工件速度及工件的轴向进给量均对表面粗糙度有较大影响，在磨削过程中应根据表面粗糙度要求合理选择。

磨削深度对表面粗糙度也有较大影响。因此常用无进给磨削完成精磨加工的最后几次走刀，以提高工件表面质量。

2. 采用超精加工、珩磨等光整加工方法作为最终加工工序

超精加工、珩磨等都是利用磨条以一定的压力压在工件的被加工表面上，并作相对运动以提高工件精度，降低表面粗糙度的一种工艺方法。由于切削速度低、磨削压强小，所以加工时会产生很少的热量，不会产生烧伤，并可使表面具有残余压应力。

3. 采用喷丸、滚压、辗光等强化工艺

对于承受高应力、交变载荷的零件，可采用喷丸、滚压、辗光等强化工艺，使表面层产生残余压应力和加工硬化且能降低表面粗糙度，同时可消除磨削等工序的残余拉应力，因此可以大大提高疲劳强度及抗应力腐蚀的性能。图 7-2-14 为滚压加工示意图。

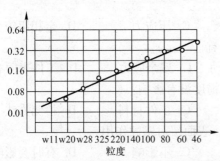

图 7-2-13　砂轮粒度对表面粗糙度的影响

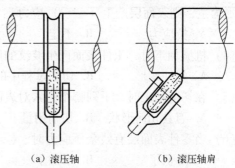

（a）滚压轴　　　　　（b）滚压轴肩

图 7-2-14　典型滚压加工示意图

但是采用强化工艺时不能造成过度硬化，过度硬化会引起显微裂纹和材料剥落，带来不良后果。因此，采用强化工艺时应合理选择和控制工艺参数以获得所需要的强化表面。

🔧**任务练习**

1. 名词解释题

（1）机械加工表面质量。

（2）表面粗糙度。

（3）表面波度。

（4）冷作硬化。

（5）回火烧伤。

（6）淬火烧伤。

（7）退火烧伤。

2. 判断题

（1）零件的表面粗糙度值越低，疲劳强度越高。　　　　　　　　　　　　　　（　　）

（2）表面的微观几何性质主要是指表面粗糙度。　　　　　　　　　　　　　　（　　）

（3）切削加工时，进给量和切削速度对表面粗糙度的影响不大。　　　　　　　（　　）

（4）零件的表面粗糙度值越低越耐磨。　　　　　　　　　　　　　　　　　　（　　）

（5）滚压加工是利用淬过火的滚压工具对工件表面施加压力，使其硬度增加，并使表面产生冷硬层和残余压应力，从而提高零件的抗腐蚀能力和疲劳强度。　　　　　　　（　　）

（6）滚压加工的目的主要是使工件表面上的凸峰填充到相邻的凹谷中，从而减小加工

表面的粗糙度。 （　　　）

（7）表面冷作硬化程度越高，零件的耐磨性越高。 （　　　）

3. 选择题

（1）磨削加工中，大部分切削热传给了（　　　）。

    A. 机床   B. 工件   C. 砂轮   D. 切屑

（2）磨削表层裂纹是由于表面层（　　　）的结果。

    A. 残余应力作用   B. 氧化   C. 材料成分不匀   D. 产生回火

（3）加工过程中若表面层以冷塑性变形为主，则表面层产生（　　　）应力；若以热塑性变形为主，则表面层产生（　　　）应力。

    A. 拉应力   B. 不定   C. 压应力   D. 金相组织变化

（4）机械加工时，工件表面产生波纹的原因有（　　　）。

    A. 塑性变形   B. 切削过程中的振动   C. 残余应力   D. 工件表面有裂纹

（5）在切削加工时，下列哪个因素对表面粗糙度没有影响？（　　　）

    A. 刀具几何形状   B. 切削用量   C. 工件材料   D. 检测方法

（6）当零件表面层有残余压应力时，（　　　）表面层对腐蚀作用。

    A. 降低了   B. 增加了   C. 不影响   D. 有时会影响

（7）磨削表层裂纹是由于表面层（　　　）的结果。

    A. 残余应力作用   B. 氧化   C. 材料成分不匀   D. 产生回火

（8）磨削光轴时，若切削条件相同，哪种工件材料磨削后表面粗糙度小（　　　）？

    A. 20 钢   B. 45 钢   C. 铸铁   D. 铜

（9）磨削淬火钢时在下列工作条件下可能产生哪种形式的磨削烧伤：（1）在磨削条件（用切削液）下（　　　）；（2）重磨削条件（不用切削液）（　　　）下，（3）中等磨削条件（　　　）下；（4）轻磨削条件（　　　）下。

    A. 淬火烧伤   B. 回火烧伤   C 退火烧伤   D. 不烧伤

4. 填空题

（1）工件表面烧伤对表面层物理机械性质的影响主要表现在表面层的_____。

（2）磨削时_____是造成烧伤、裂纹的根源。

（3）零件的表面粗糙度值越低，抗疲劳强度越_____。

（4）磨削加工时工件表层裂纹是由于有_____作用的结果。

（5）表面质量对零件_____、耐疲劳性、配合性质、耐腐蚀性的影响很大。

（6）内应力的特点是它始终处于_____的状态。

项目训练

【训练目标】

1. 能够对产品加工中出现的表面质量问题进行分析。

2. 能够制订改进表面质量的工艺方案。

【项目描述】

图 2-0-1 所示为机床尾座套筒零件图，该零件生产纲领为 5 000 件/年，毛坯材料为 45

钢，除外圆面以外的所有表面已经加工完毕，本工序要求完成外圆柱面的磨削加工，加工完毕，发现外圆柱表面粗糙度和前锥孔锥度没有达到图纸要求，试分析有可能出现的原因及解决该问题相应的工艺措施。

【资讯】

1. 该零件外圆柱面的表面粗糙度值为_____，在磨削加工中，应该进行_____次磨削。

2. 精磨外圆时可以选择材料_____作为砂轮。

3. 如果在磨削过程中，砂轮应该修正，此时会出现_____现象。

4. 在磨削加工中，砂轮平衡不好，会出现___ ___现象。

5. 磨削烧伤指的是_____。

6. 简述莫氏3号锥度的检测指标和方法_____。

【决策】

1. 进行学员分组，对磨削质量不合格可能产生的原因进行分析。

2. 各小组选出一位负责人，负责人对小组任务进行分配，组员按照负责人要求完成相关任务内容，并将自己所在小组及个人任务填入下表中。

序　　号	小组任务	个人职责（任务）	负　责　人

【实施】

质量分析报告。

制订机械装配工艺

项目导读

机器的质量是以机器的工作性能、经济性、可靠性和使用寿命等综合指标来评定的。这些指标除与产品设计有关外，还取决于零件的制造质量、机器的装配质量。机器的综合性能最终是通过装配工艺来保证的。若装配不当，即使零件的制造质量都合格，也不一定能够制造出高性能产品。反之，如果零件的质量并不都是非常优良，在装配中采取合适的工艺措施，也能达到规定的技术要求。

本项目主要介绍机械装配的基础知识，了解保证装配质量的方法，学习掌握制订机器设备装配工艺规程的一般方法。

任务8.1 认知机械装配基础

学习导航

知识要点	机械装配的内容；装配生产组织；装配精度内容；装配尺寸连；装配方法
任务目标	1. 了解机械装配的工作内容和生产组织形式； 2. 掌握装配尺寸链的基本原理和应用； 3. 掌握保证装配精度的常用装配方法
能力培养	1. 能区分应用不同装配组织模式； 2. 会利用尺寸链理论计算相关装配尺寸； 3. 会区分选用不同装配方法
教学组织	课堂讲解、课堂项目训练、课下查阅资料、自主学习、拓展训练
教学评价	学习过程评价（60%）；教学成果评价（30%）；团队合作评价（10%）
参考学时	2

任务学习

8.1.1 机械装配概述

机器设备都是由许多零件和部件装配而成的。零件是组成机器的基本单元。按照规定的程序和一定的技术要求将零件进行组合和连接，使其成为部件或机器的过程称为装配。通过机器的装配过程，可以实现设计要求，满足产品生产制造要求，也可以发现机器设计和零件加工质量等存在的问题，并加以改进，以保证机器的质量。

1. 装配工作的内容

装配是机器制造中的最后阶段，装配工作是一个综合性的过程，它包括装配、调整、检验、试验等环节。机器的质量最终是通过装配保证的，装配质量在很大程度上决定机器的最终质量。

（1）清洗

机械装配过程中，零部件的清洗对保证产品的装配质量和延长产品的使用寿命均有重要的意义。清洗的目的是去除零件表面或部件中的油污及机械杂质。清洗方法有擦洗、浸洗、喷洗和超声波清洗等。常用的清洗液有煤油、汽油及各种化学清洗液等。

（2）连接

在装配过程中有大量的连接工作，连接的方式一般有两种：可拆卸连接和不可拆卸连接。可拆卸连接是指在装配后可以很容易拆卸而不损坏任何零件，且拆卸后仍可重新装配在一起的连接。常见的可拆卸连接有螺纹连接、键连接和销连接等。不可拆卸连接是指在装配后一般不再拆卸，如要拆卸会损坏其中的某些零件的连接。常见的不可拆卸连接有焊接、铆接和过盈连接等。

（3）校正与配作

在产品装配过程中，特别在单件小批量生产时，为了保证装配精度，常需进行一些校正和配作。这是因为完全靠零件精度来保证装配精度往往是不经济的，有时甚至是不可能的。

校正是指产品中相关零、部件间相互位置的找正、找平，并通过各种调整方法以达到装配精度要求。配作是指配钻、配铰、配刮及配磨等，它是和校正调整工作结合进行的。

（4）平衡

对于转速较高，运转平稳性要求高的机械，为防止使用中出现振动，装配时应对其旋转的零、部件进行平衡。

平衡有静平衡和动平衡两种。对于直径较大、长度较小的零件（如带轮和飞轮等），一般只需进行静平衡；对于长度较大的零件（如电机转子和机床主轴等），则需进行动平衡。

（5）验收试验

机械产品装配完后，应根据有关技术标准和规定，对产品进行较全面的检验和试验工作，合格后才准出厂。

除上述装配工作外，油漆、包装等也属于装配工作。

2. 装配生产组织形式

在装配过程中，可根据产品结构特点和批量以及现有生产条件，采用不同的装配组织形式。

（1）固定式装配

固定式装配是将产品和部件的全部装配工作安排在一固定的工作地上进行，装配过程中产品位置不变，装配所需的零部件都汇集在工作地附近。

在单件和中、小批量生产中，或对于装配时不便移动的大型机械，或装配时移动会影响装配精度的产品，宜采用固定式装配。

（2）移动式装配

移动式装配是将产品或部件置于装配线上，通过连续或间歇的移动顺次经过各装配工作地从而完成全部装配工作。移动式装配有固定节奏和自由节奏两种装配方法。

移动式装配的特点是：较细地划分装配工序，广泛采用专用设备及工装，生产效率高，对工人水平要求较低，质量容易保证，多用于大批量生产。

3. 装配精度

（1）装配精度的内容

装配精度是指产品装配后几何参数实际达到的精度。装配精度不仅影响产品的质量，而且还影响制造的经济性。装配精度是确定零部件精度要求和制订装配工艺规程的一项重要依据。主要包括：

① 尺寸精度。零部件的距离精度和配合精度。配合精度是指配合面间达到规定的间隙或过盈的要求，如卧式车床前、后两顶尖对床身导轨的等高度。

② 位置精度。有相对运动的零部件在运动位置上的精度，包括相关零件的平行度、垂直度、同轴度和各种跳动等，如台式钻床主轴对工作台台面的垂直度。

③ 相对运动精度。产品中有相对运动的零部件间在运动方向上的精度。运动方向上的精度包括相关零件的平行度、直线度和垂直度等，如滚齿机滚刀与工作台的传动精度。

④ 接触精度。两配合表面、接触表面和连接表面间达到规定的接触面积大小和接触点分布情况。它影响接触刚度和配合质量的稳定性。例如齿轮啮合、锥体箱体配合以及导轨之间的接触精度。

（2）装配精度与零件精度间的关系

机器和部件是由零件装配而成的，零件的精度特别是关键零件的加工精度对装配精度有很大的影响。例如，在普通车床装配中，要满足尾座移动对溜板移动的平行度要求，该平行度主要取决于床身导轨 A 与 B 的平行度及导轨面间的接触精度，如图 8-1-1 所示。可见，该装配精度主要是由基准件床身上导轨面之间的位置精度保证的。

一般而言，多数的装配精度与和它相关的若干个零部件的加工精度有关。如图 8-1-2 所示普通车床主轴锥孔中心线和尾座顶尖对床身导轨的等高度要求（A_0），即主要取决于主轴箱、尾座及座板的 A_1、A_2 及 A_3 的尺寸精度。该装配精度很难由相关零部件的加工精度直接保证。在生产中，常按较经济的精度来加工相关零部件，而在装配时采用一定的工艺措施，从而形成不同的装配方法来保证装配精度。因此，机械的装配精度不但取决于零件的精度，而且取决于装配方法。

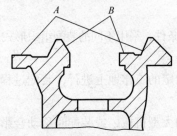

图 8-1-1　床身导轨

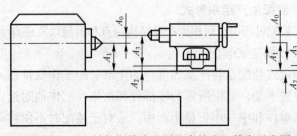

图 8-1-2　主轴箱主轴中心尾座套筒中心等高示意图

8.1.2 认知装配尺寸链

1. 装配尺寸链概述

机器设备或部件的装配精度与构成其的零件精度有着密切关系。为了定量地分析这种关系，将尺寸链的基本理论用于装配过程，即可建立起装配尺寸链。装配尺寸链是产品或部件在装配过程中，由相关零件的尺寸或位置关系所组成的封闭的尺寸系统。它由一个封闭环和若干个与封闭环关系密切的组成环组成。应用装配尺寸链原理可指导制订装配工艺，合理安排装配工序，解决装配中的质量问题，分析产品结构的合理性等。

装配尺寸链是尺寸链的一种。它与一般尺寸链相比，除有共同的部分外，还具有以下显著特点。

① 装配尺寸链的封闭环一定是机器产品或部件的某一方面的装配精度参数，因此，装配尺寸链的封闭环是十分明显的。

② 装配精度只在机械产品装配后才测量，因此，封闭环只有在装配后才能形成，不具有独立性。

③ 装配尺寸链中的各组成环不是仅在一个零件上的尺寸，而是在几个零件或部件之间与装配精度有关的尺寸。

④ 装配尺寸链的形式较多，除常见的线性尺寸链外，还有角度尺寸链、平面尺寸链和空间尺寸链等。

2. 建立装配尺寸链

应用装配尺寸链分析和解决装配精度问题，首先应查明和建立尺寸链，即确定封闭环，并以封闭环为依据查明各组成环，然后确定保证装配精度的工艺方法和进行必要的计算。查明和建立装配尺寸链的步骤如下。

（1）确定封闭环

装配尺寸链的封闭环就是装配精度要求。

（2）查明组成环

装配尺寸链的组成环是相关零件的相关尺寸。所谓相关尺寸就是指相关零件上的相关设计尺寸，它的变化会引起封闭环尺寸的变化。确定相关零件以后，应遵守"尺寸链环数最少"原则，确定相关尺寸。"尺寸链环数最少"是建立装配尺寸链时遵循的一个重要原则，它要求装配尺寸链中所包括的组成环数目最少，即每一个相关零件仅以一个组成环列入，组成环数目越少，则各组成环所分配到的公差值就越大，零件的加工就越经济。装配尺寸链若不符合该原则，将使装配精度降低或给装配和零件加工增加困难。

（3）画装配尺寸链图，并判别组成环的性质

查找组成环时要保证形成一个封闭的装配尺寸链，自封闭环的一端开始，到封闭环的一端结束。画出装配尺寸链图后，按前面所述定义判别增、减环。

3. 装配尺寸链的计算

装配方法与装配尺寸链的计算方法密切相关。同一项装配精度要求，采用不同装配方法

时，其装配尺寸链的计算方法也不同。

（1）计算类型

① 正计算法。

将已知组成环的基本尺寸及偏差代入公式，求出封闭环的基本尺寸偏差，它用于对已设计的图样进行校核验算。

② 反计算法

已知封闭环的基本尺寸及偏差，求各组成环的基本尺寸及偏差。它主要用于产品设计过程中，以确定各零部件的尺寸和加工精度。下面介绍利用"协调环"解算装配尺寸链的基本步骤。

在组成环中，选择一个比较容易加工或在加工中受到限制较少的组成环作为"协调环"，其计算过程是先按经济精度确定其他环的公差及偏差，然后利用公式算出"协调环的公差及偏差。

③ 中间计算法

已知此处封闭环及组成环的基本尺寸及偏差，求另一组成环的基本尺寸及偏差，计算过程较简便，此处不再赘述。

（2）计算方法

① 极值法。用极值法解装配尺寸链的计算公式与前面章节中解工艺尺寸链的公式相同，其计算得到的组成环公差过于严格，在此从略。

② 概率法。当封闭环的公差较小，而组成环的数目又较多时，则各组成环按极大极小法分得的公差是很小的，使加工困难，制造成本增加。生产实践证明，加工一批零件时，当工艺能力系数满足时，零件实际加工尺寸大部分处于公差中间部分。因此，在成批大量生产中，当装配精度要求高，而且组成环的数目又较多时，应用概率法解算装配尺寸链比较合理。

两者所用封闭环公差的计算公式不同。

极值法的封闭环公差为：

$$T_0 = \sum_{i=1}^{m} T_i$$

概率法的封闭环公差为：

$$T_0 = \sqrt{\sum_{i=1}^{m} T_i^2}$$

式中：T_0——封闭环公差；

T_i——组成环公差；

m——组成环个数。

8.1.3 保证装配精度的措施

机械产品的装配精度要求最终是靠装配实现的。结构和生产类型不同，采用的装配方法也不同，生产中保证装配精度的方法有：互换法、选配法、修配法和调整法。

1. 互换装配法

互换装配法就是在装配时各配合零件不经修理、选择或调整即可达到装配精度的方法。这种装配方法的实质，就是用控制零件的加工误差来保证产品的装配精度要求。根据互换的程度不同，互换装配法又分为完全互换装配法和不完全互换装配法两种。

（1）完全互换装配法

在全部产品中，装配时各组成环零件不需挑选或改变其大小或位置，装入后即能达到装配精度要求，这种装配方法称为完全互换装配法。

在一般情况下，完全互换装配法的装配尺寸链按极值法计算，即各组成环的公差之和等于或小于封闭环的公差。

完全互换装配法的优点：装配质量稳定可靠，装配过程简单，生产率高；易实现自动化装配，便于组织流水作业和零部件的协作及专业化生产。但当装配精度要求较高，尤其是组成环较多时，则零件难以按经济精度加工。因此它常用于高精度的少环尺寸链或低精度的多环尺寸链的大批量生产。

根据各组成环尺寸大小和加工难易程度，对各组成环的公差进行适当调整。但调整后的各组成环公差之和仍不得大于封闭环公差。在调整时可参照下列原则。

① 当组成环是标准件尺寸时，其公差大小和分布位置在相应的标准中已有规定，为已定值。组成环是几个不同尺寸链的公共环时，其公差值和分布位置应由对其环要求较严的那个尺寸链先行确定，对其余尺寸链则为已定值。

② 当分配待定的组成环公差时，一般可按经验视各环尺寸加工难易程度加以分配。如尺寸相近，加工方法相同，可取其公差值相等，对难加工或难测量的组成环，其公差值可取较大值等。

确定好各组成环的公差后，按"入体原则"确定其极限偏差，即组成环为包容面时，取下偏差为零；组成环为被包容面时，取上偏差为零。若组成环是中心距，则偏差按对称分布。

按上述原则确定偏差后，有利于组成环的加工。

【例 8-1-1】 图 8-1-3 所示为齿轮箱部件，装配后要求轴向窜动量为 $0.2 \sim 0.7$ mm，即 $A_0 = 0\left(^{+0.7}_{+0.2}\right)$ mm。已知其他零件的有关基本尺寸 $A_1 = 122$ mm，$A_2 = 28$ mm，$A_3 = 5$ mm，$A_4 = 140$ mm，$A_5 = 5$ mm，试决定上下偏差。

解： ① 画出装配尺寸链（见图 8-1-3），校验各环基本尺寸。封闭环为 A_0，封闭环基本尺寸为：

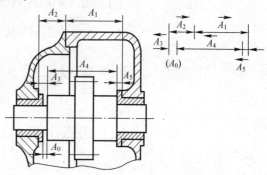

图 8-1-3　轴装配尺寸链

$$A_0 = (\overrightarrow{A_1} + \overrightarrow{A_2}) - (\overleftarrow{A_3} + \overleftarrow{A_4} + \overleftarrow{A_5})$$

$$= (122 + 28) - (5 + 140 + 5) = 0(\text{mm})$$

可见各环基本尺寸的给定数值正确。

② 确定各组成环的公差大小和分布位置。为了满足封闭环公差 T_0 要求，各组成环公差 T_i 的累积公差值 $\sum\limits_{i=1}^{m} T_i$ 不得超过 $0.5\,\mathrm{mm}$，即：

$$\sum_{i=1}^{m} T_i = T_1 + T_2 + T_3 + T_4 + T_5 \leqslant T_0 = 0.5\,\mathrm{mm}$$

在最终确定各 T_i 值之前，可先按等公差计算分配到个各环的平均公差值。

$$T_{\mathrm{av.}\,i} = \frac{T_0}{m} = \frac{0.5}{5} = 0.1\,\mathrm{mm}$$

由此值可知，零件的制造精度不算太高，是可以加工的，故完全互换是可行的，但还应从加工难易和设计要求等方面考虑，调整各组成环公差。比如，A_1、A_2 加工难些，公差应略大，A_3、A_5 加工方便，则规定可较严。故令：

$T_1 = 0.2\,\mathrm{mm}$，$T_2 = 0.1\,\mathrm{mm}$，$T_3 = T_5 = 0.05\,\mathrm{mm}$，再按"入体原则"分配公差，如：

$$A_1 = 122^{+0.2}_{0}\,\mathrm{mm}, \quad A_2 = 28^{+0.10}_{0}\,\mathrm{mm}, \quad A_1 = A_5 = 5^{0}_{-0.05}\,\mathrm{mm}$$

得中间偏差：

$$\Delta_1 = 0.1\,\mathrm{mm}, \quad \Delta_2 = 0.05\,\mathrm{mm}, \Delta_3 = \Delta_5 = 5^{0}_{-0.05}\,\mathrm{mm}$$

③ 确定协调环公差的分布位置，由于 A_4 是特意留下的一个组成环，它的公差大小应在上面分配封闭环公差时，经济合理地统一决定下来，即：

$$T_4 = T_0 - T_1 - T_2 - T_3 - T_5 = 0.50 - 0.20 - 0.10 - 0.05 - 0.05 = 0.10\,(\mathrm{mm})$$

但 T_4 的上下偏差须满足装配技术条件，因而应通过计算获得，故称其为"协调环"。由于计算结果通常难以满足标准零件及标准量规的尺寸和偏差值，所以有上述尺寸要求的零件不能选做协调环。

协调环 A_4 的上下偏差可参阅图 8-1-4 计算，代入：

$$\Delta_0 = \sum_{i=1}^{n} \overline{\Delta_i} - \sum_{i=n+1}^{n} \overline{\Delta_i}$$

$$0.45 = 0.1 + 0.05 - (-0.025 - 0.025 + \Delta_4)$$

$$\Delta_4 = 0.1 + 0.05 + 0.05 - 0.45 = -0.25\,\mathrm{mm}$$

$$\mathrm{ES}_4 = \Delta_4 + \frac{1}{2}T_4 = -0.25 + \frac{1}{2} \times 0.1 = -0.2\,\mathrm{mm}$$

$$\mathrm{EI}_4 = \Delta_4 - \frac{1}{2}T_4 = -0.25 - \frac{1}{2} \times 0.1 = -0.3\,\mathrm{mm}$$

$$A_4 = 140^{-0.2}_{-0.3}\,\mathrm{mm}$$

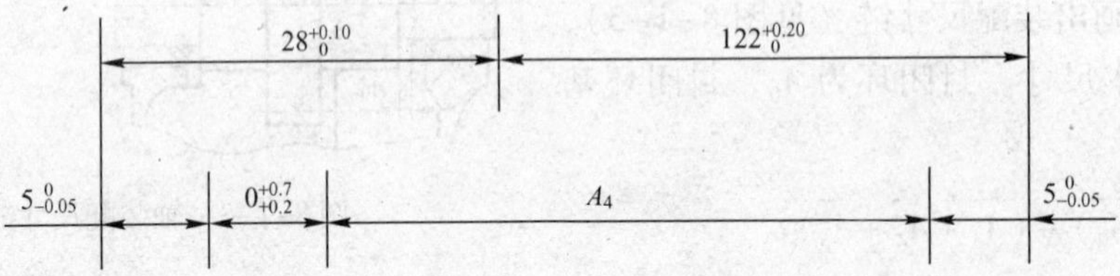

图 8-1-4　协调环计算

④ 进行验算：

$$T_0 = T_1 + T_2 + T_3 + T_4 + T_5 = 0.20 + 0.10 + 0.05 + 0.10 + 0.05 = 0.050 \ (\text{mm})$$

可见，计算符合装配精度要求。

（2）不完全互换装配法

如果装配精度要求较高，尤其是组成环的数目较多时，若应用极大极小法确定组成环的公差，则组成环的公差将会很小，这样就很难满足零件的经济精度要求。因此，在大批量生产的条件下，就可以考虑不完全互换装配法，即用概率法解算装配尺寸链。

不完全互换装配法与完全互换装配法相比，其优点是零件公差可以放大些从而使零件加工容易，成本低，也能达到互换性装配的目的。其缺点是将会有一部分产品的装配精度超差。对于极少量不合格产品可予以报废或采取补救措施。

【例 8-1-2】现仍以图 8-1-3 所示为例进行计算，比较一下各组成环的公差大小。

解：① 画出装配尺寸链，校核各环基本尺寸，$\overrightarrow{A_1}$、$\overrightarrow{A_2}$ 为增环，$\overleftarrow{A_3}$、$\overleftarrow{A_4}$、$\overleftarrow{A_5}$ 为减环，封闭环为 A_0，封闭环的基本尺寸为：

$$\begin{aligned} A_0 &= (\overrightarrow{A_1} + \overrightarrow{A_2}) - (\overleftarrow{A_3} + \overleftarrow{A_4} + \overleftarrow{A_5}) \\ &= (122 + 28) - (5 + 140 + 5) \\ &= 0 (\text{mm}) \end{aligned}$$

② 确定各组成环尺寸的公差大小和分布位置。由于用概率法解算，所以 $T_0 = \sqrt{\sum_{i=1}^{n} T_i^2}$ 在最终确定各 T_i 之前，也按等公差计算各环的平均公差值。

$$T_{av.i} = \sqrt{\frac{T_0^2}{m}} = \sqrt{\frac{0.5^2}{5}} = 0.22 (\text{mm})$$

按加工难易程度，参照上值调整各组成环公差值如下：

$$T_1 = 0.4 \text{ mm}, \quad T_2 = 0.2 \text{ mm}, \quad T_3 = T_5 = 0.08 \text{ mm}$$

为满足 $T_0 = \sqrt{\sum_{i=1}^{n} T_i^2}$ 要求，应对协调环公差进行计算。

$$0.8052 = 0.40^2 + 0.20^2 + 0.08^2 + 0.08^2 + T_4$$
$$T_4 = 0.192 (\text{mm})$$

按"入体原则"分配公差，取：

$$A_1 = 122^{+0.40}_{0} \text{ mm}; \quad \Delta_1 = 0.2 \text{ mm}; \quad A_2 = 28^{+0.02}_{0} \text{ mm};$$
$$\Delta_2 = 0.1 \text{ mm}; \quad A_3 = A_5 = 5^{0}_{-0.08} \text{ mm},$$
$$\Delta_3 = \Delta_5 = -0.04 \text{ mm}; \quad \Delta_0 = 0.45 \text{ mm}。$$

③ 确定协调环公差的分布位置。

$$T_0 = (\overline{\Delta_1} + \overline{\Delta_2}) - (\overline{\Delta_3} + \overline{\Delta_4} + \overline{\Delta_5})$$
$$0.45 = 0.2 + 0.1 - (-0.04 + \overline{\Delta_4} - 0.04)$$
$$\overline{\Delta_4} = 0.2 + 0.1 + 0.08 - 0.45 = -0.07 (\text{mm})$$

$$ES_4 = \Delta_4 + \frac{1}{2}T_4 = -0.07 + \frac{1}{2} \times 0.192 = -0.07 + 0.096 = 0.026(\text{mm})$$

$$EI_4 = \Delta_4 - \frac{1}{2}T_4 = -0.07 - \frac{1}{2} \times 0.196 = -0.166(\text{mm})$$

$$A_4 = 140^{+0.026}_{-0.166}(\text{mm})$$

2. 选择装配法

在成批或大量生产的条件下，对于组成环不多而装配精度要求却很高的尺寸链，若采用完全互换法，则零件的公差将过严，甚至超过了加工工艺的现实可能性。在这种情况下可采用选择装配法。该方法是将组成环的公差放大到经济可行的程度，然后选择合适的零件进行装配，以保证规定的精度要求。

选择装配法有3种：直接选配法、分组装配法和复合选配法。

（1）直接选配法

它是由装配工人凭经验挑选合适的零件通过试凑进行装配的方法。这种方法的优点是能达到很高的装配精度；缺点是装配精度取决于工人的技术水平和经验，装配时间不易控制，因此不适于生产节拍要求较严的大批量生产。

（2）分组装配法

它是在成批大量生产中，将产品各配合副的零件按实测尺寸分组，装配时按组进行互换装配以达到装配精度的方法。

分组装配法在机床装配中用得很少，但在内燃机、轴承等大批大量生产中有一定应用。例如，图8-1-5所示活塞与活塞销的连接情况，根据装配技术要求，活塞销孔与活塞销外径在冷态装配时应有0.0025～0.0075 mm的过盈量。与此相应的配合公差仅为0.005 mm。若活塞与活塞销采用完全互换法装配，且销孔与活塞直径公差按"等公差"分配，则它们的公差只有0.0025 mm。配合采用基轴制原则，则活塞销外径尺寸$d=\phi 28^{0}_{-0.0025}$ mm，$D=\phi 28^{-0.0050}_{-0.0075}$ mm。显然，制造这样精确的活塞销和活塞销孔是很困难的，也是不经济的。

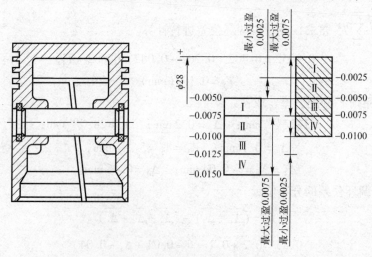

图8-1-5 活塞与活塞销连接

生产中采用的办法是先将上述公差值都增大四倍（$d = \phi 28 {}^{0}_{-0.010}$ mm，$D = \phi 28 {}^{-0.005}_{-0.0015}$ mm）。

这样即可采用高效率的无心磨和金刚镗去分别加工活塞外圆和活塞销孔，然后用精度量仪进行测量，并按尺寸大小分成 4 组，涂上不同的颜色，以便进行分组装配。具体分组情况见表 8-1-1。

从该表可以看出，各组的公差和配合性质与原来要求相同。

表 8-1-1　活塞销与活塞销孔直径分组

组别	标志颜色	活塞销直径 d $\phi28 {}^{0}_{-0.010}$	活塞销孔直径 D $\phi28 {}^{-0.0050}_{-0.0150}$	配合情况	
				最小过盈	最大过盈
I	红	$\phi28 {}^{0}_{-0.025}$	$\phi28 {}^{-0.0050}_{-0.0075}$	0.0025	0.0075
II	白	$\phi28 {}^{-0.0025}_{-0.0050}$	$\phi28 {}^{-0.0075}_{-0.0100}$		
III	黄	$\phi28 {}^{-0.0050}_{-0.0075}$	$\phi28 {}^{-0.0100}_{-0.0125}$		
IV	绿	$\phi28 {}^{-0.0075}_{-0.0100}$	$\phi28 {}^{-0.0125}_{-0.0150}$		

采用分组互换装配时应注意以下几点。

① 为了保证分组后各组的配合精度和配合性质符合原设计要求，配合件的公差应当相等，公差增大的方向要相同，增大的倍数要等于以后的分组数。

② 分组数不宜多，多了会增加零件的测量和分组工作量，并使零件的储存、运输及装配等工作复杂化。

③ 分组后各组内相配合零件的数量要相符，形成配套。否则会出现某些尺寸零件的积压浪费现象。

分组互换装配适用于配合精度要求很高和相关零件一般只有两三个的大批量生产中，如滚动轴承的装配等。

（3）复合选配法

复合选配法是直接选配与分组装配的综合装配法，即预先测量分组，装配时再在各对应组内凭工人经验直接选配。这一方法的特点是配合件公差可以不等，装配质量高且速度较快，能满足一定的节拍要求。在发动机装配中，气缸与活塞的装配多采用这种方法。

3. 修配装配法

在成批生产中，若封闭环公差要求很严，组成环又较多，则用互换装配法势必要求组成环的公差很小，增加了加工的困难，并影响加工经济性。用分组装配法，又因环数过多会使测量、分组和配套工作变得非常困难和复杂，甚至造成生产上的混乱。在单件小批生产中，当封闭环公差要求较严时，即使组成环数很少，也会因零件生产数量少而不能采用分组装配法。此时，常采用修配法达到封闭环公差要求。它适用于单件或成批生产中装配那些精度要求高，组成环数目较多的部件。

修配装配法是将尺寸链中各组成环的公差相对于互换法所求之值增大，使其能按该生产条件下较经济的公差加工，装配时将尺寸链中某一预先选定的环去除部分材料以改变其尺寸，使封闭环达到其公差要求。

由于修配法的尺寸链中各组成环的尺寸均按经济精度加工，装配时封闭环的误差会超过规定的允许范围。为补偿超差部分的误差，必须修配加工尺寸链中某一组成环。被修配的零件尺寸称为修配环或补偿环。一般应选形状比较简单，修配面小，便于修配加工，便于装卸，并对其他尺寸链没有影响的零件尺寸作为修配环。修配环在零件加工时应留有一定量的修配量。

生产中通过修配达到装配精度的方法很多，常见的有以下 3 种。

（1）单件修配法

这种方法是将零件按经济精度加工后，装配时将预定的修配环用修配加工来改变其尺寸，以保证装配精度。

如图 8-1-6 所示，卧式车床前、后顶尖对床身导轨的等高要求为 0.06 mm（只许尾座高），此尺寸链中的组成环有 3 个：主轴箱主轴中心到底面高度 $A_1 = 202$ mm，尾座底板厚度 $A_2 = 46$ mm，尾座顶尖中心到底面距离 $A_3 = 156$ mm，A_1 为减环，A_2、A_3 为增环。

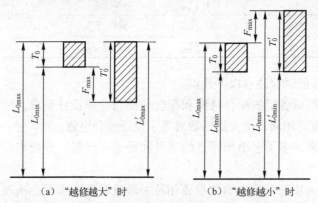

（a）"越修越大"时　　　　（b）"越修越小"时

图 8-1-6　封闭环公差带与组成环累积误差的关系

若用完全互换法装配，则各组成环平均公差为：

$$T_{\mathrm{av}.i} = \frac{T_0}{3} = \frac{0.06}{3} = 0.02(\mathrm{mm})$$

这样小的公差将使加工困难，所以一般采用修配法，各组成环仍按经济精度加工。根据镗孔的经济加工精度，取 $T_1 = 0.1$ mm，$T_3 = 0.1$ mm，根据半精刨的经济加工精度，取 $T_2 = 0.14$ mm。由于在装配中修刮尾座底板的下表面比较方便，修配面也不大，所以选尾座底板为修配件。组成环的公差一般按"单向入体原则"分布，此例中 A_1、A_3 是中心距尺寸，故采用"对称原则"分布，$A_1 = (202 \pm 0.05)$ mm，$A_3 = (156 \pm 0.05)$ mm。至于 A_2 的公差带分布，要通过计算确定。修配环在修配时对封闭环尺寸变化的影响有两种情况，一种是封闭环尺寸变大，另一种是封闭环尺寸变小。因此修配环公差带分布的计算也相应分为两种情况。图 8-1-6 所示为封闭环公差带与各组成环（含修配环）公差放大后的累积误差之间的关系。图 8-1-6 中 T_0'、$L_{0\mathrm{max}}'$ 和 $L_{0\mathrm{min}}'$。分别为各组成环的累积误差和极限尺寸；F_{max} 为最大修配量。当修配结果使封闭环尺寸变大时，简称"越修越大"，从图 8-1-6（a）可知：

$$L_{0\mathrm{max}} = L_{0\mathrm{max}}' = \sum L_{i\mathrm{max}} - \sum L_{i\mathrm{min}}$$

当修配结果使封闭环尺寸变小时，简称"越修越小"，从图 8-1-6（b）可知：

$$L_{0\mathrm{min}} = L_{0\mathrm{min}}' = \sum L_{i\mathrm{min}} - \sum L_{i\mathrm{max}}$$

上例中，修配尾座底板的下表面，使封闭环尺寸变小，因此应按求封闭环最小极限尺寸的公式，有：

$$A_{0\min} = A_{2\min} + A_{3\min} - A_{\max}$$
$$0 = A_{2\min} + 155.95 - 202.05$$
$$A_{2\min} = 46.10(\text{mm})$$

因为 $T_2 = 0.14\text{ mm}$，所以 $A_2 = 46^{+0.24}_{+0.10}$

修配加工是为了补偿组成累积误差与封闭环公差超差部分的误差，所以最大修配量 $F_{\max} = \sum T_i - T_0 = (0.1 + 0.14 + 0.1) - 0.06 = 0.28(\text{mm})$，而最小修配量为 0。考虑到车床总装时，尾座底板与床身配合的导轨面还需配刮，则应补充修正，取最小修刮量为 0.05 mm，修正后的 A_2 尺寸为 $46^{+0.29}_{+0.15}$ mm 此时最大修配量为 0.33 mm。

（2）合并修配法

这种方法是将两个或多个零件合并在一起进行加工修配。合并加工所得的尺寸可看作一个组成环，这样减少了组成环的环数，就相应减少了修配的劳动量。

如上例中，为了对尾座底板进行修配，一般先把尾座和底板配合加工后，配刮横向小导轨，然后再将两者装配为一体，以底板的底面为基准，镗尾座的套筒孔，直接控制尾座套筒孔至底板面的尺寸公差，这样组成环 A_1、A_3 合并成一环，仍取公差为 0.1 mm，其最大修配量 $= \sum T_i - T_0 = (0.1 + 0.1) - 0.06 = 0.14(\text{mm})$ 修配工作量相应减少了。

合并修配法由于零件要对号入座，给组织装配生产带来一定麻烦，因此多用于单件小批生产中。

（3）自身加工修配法

在机床制造中，有一些装配精度要求，是在总装时利用机床本身的加工能力"自己加工自己"，这即是自身加工修配法。

如图 8-1-7 所示，转塔车床上六个安装刀架的大孔中心线必须保证和机床主轴回转中心线重合，而六个平面又必须和主轴中心线垂直。若将转塔作为单独零件加工出这些表面，则在装配中达到上述两项要求是非常困难的。当采用自身加工修配法时，这些表面在装配前不进行加工，而是在转塔装配到机床上后，在主轴上装镗杆，使镗刀旋转，转塔作纵向进给运动，依次精镗出转塔上的六个孔，再在主轴上装上能径向进给的小刀架刀具边旋转边径向进给，依次精加工出转塔的六个平面。这样可方便地保证上述两项精度要求。

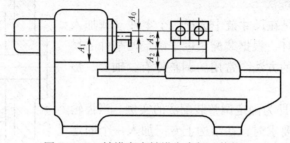

图 8-1-7 转塔车床转塔自身加工修配

修配法的特点是各组成环零部件的公差可以扩大，按经济精度加工，从而使制造容易，成本低。装配时可利用修配件的有限修配量达到较高的装配精度要求，但装配中零件不能互换，装配劳动量大（有时需拆装几次），生产率低，难以组织流水生产，装配精度依赖于工人的技术水平。修配法适用于单件和成批生产中精度要求较高的装配。

4. 调整装配法

在成批大量生产中，对于装配精度要求较高而组成环数目较多的尺寸链，也可以采用调整法进行装配。调整法与修配法在补偿原则上相似，但在改变补偿环尺寸的方法上有所不同。修配法采用补充机械加工方法去除补偿环上的金属层，而调整法采用调整的方法改变补偿环的实际尺寸和位置，从而补偿由于各组成环公差放大后所产生的累积误差，以保证装配精度要求。

根据补偿件的调整特征，调整法可分为可动调整、固定调整和误差抵消调整3种装配方法。

（1）可动调整装配法

用改变调整件的位置来达到装配精度的方法，称为可动调整装配法。调整过程中不需要拆卸零件，比较方便。

采用可动调整装配法可以调整由于磨损、热变形、弹性变形等所引起的误差。所以它适用于高精度和组成环在工作中易于变化的尺寸链。

机械制造中采用可动调整装配法的例子较多。如图8-1-8（a）所示为依靠转动螺钉调整轴承外环的位置以得到合适的间隙；图8-1-8（b）所示为用调整螺钉通过垫板来保证车床溜板和床身导轨之间的间隙；图8-1-8（c）所示为通过转动调整螺钉，使斜楔块上、下移动来保证螺母和丝杠之间的合理间隙。

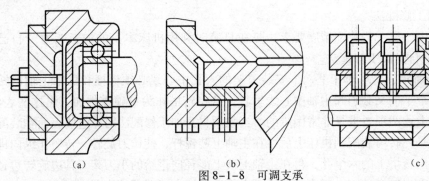

（a）　　　　　　　　　　（b）　　　　　　　　　　（c）

图8-1-8　可调支承

（2）固定调整装配法

固定调整装配法是在尺寸链中选择一个零件（或加入一个零件）作为调整环，根据装配精度来确定调整件的尺寸，以达到装配精度的方法。常用的调整件有：轴套、垫片、垫圈和圆环等。

如图8-1-9所示即为固定调整装配法的实例。当齿轮的轴向窜动量有严格要求时，在结构上专门加入一个固定调整件，即尺寸等于 A_3 的垫圈。装配时根据间隙的要求，选择不同厚度的垫圈。调整件预先按一定间隙尺寸做好，比如分成：3.1 mm，3.2 mm，3.3 mm，…，4.0 mm等，以供选用。

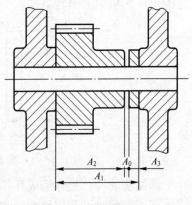

图8-1-9　固定调整

在固定调整装配法中，调整件的分级及各级尺寸的计算是很重要的问题，可应用极值法进行计算。计算方法请参考有关文献。

（3）误差抵消调整装配法

误差抵消调整装配法通过调整某些相关零件误差的方向，使其互相抵消。这样各相关零件的公差可以扩大，同时又保证了装配精度。

采用误差抵消调整装配法装配，零件制造精度可以放宽，经济性好，还能得到很高的装配精度。但每台产品装配时均需测出整体优势误差的大小和方向，并计算出数值，增加了辅助时间，影响生产效率，对工人技术水平要求高。因此，除单件小批生产的工艺装备和精密机床采用此种方法外，一般很少采用。

任务训练

（1）解释装配精度的含义。机床的装配精度要求主要包括哪几个方面？

（2）机械的装配精度与其组成零件的加工精度有何关系？

（3）在装配尺寸链中，作为产品或部件的装配精度指标的是（　　）。

A. 封闭环　　　　B. 组成环　　　　C. 增环　　　　D. 减环

（4）常用的装配方法有哪些？各应用于什么场合？

任务8.2　制订装配工艺规程

学习导航

知识要点	机械装配工艺规程；装配组织形式；装配顺序确定
任务目标	1. 了解制订机械装配的工艺规程的内容； 2. 掌握机械装配工艺规程制订的方法
能力培养	1. 能确定机械装配工艺规程的一般内容； 2. 会制订简单机械部件的装配规程
项目载体	一般机械部件等
教学组织	课堂讲解、课堂项目训练、课下查阅资料、自主学习、拓展训练
成果展示	基础项目训练、拓展项目练习
教学评价	学习过程评价（60%）；教学成果评价（30%）；团队合作评价（10%）
参考学时	2

任务学习

8.2.1　制订装配工艺规程的条件

1. 制订装配工艺规程的原始资料

在制订装配工艺规程前，需要具备以下原始资料。

（1）产品的装配图及验收技术条件

产品的装配图应包括总装配图和部件装配图，并能清楚地表示出零部件的相互连接情况及其联系尺寸，装配精度和其他技术要求，零件的明细表等。为了在装配时对某些零件进行补充机械加工和核算装配尺寸链，有时还需要某些零件图。

验收技术条件应包括验收的内容和方法。

（2）产品的生产纲领

生产纲领决定了产品的生产类型。不同的生产类型使装配的组织形式、装配方法、工艺过程的划分、设备及工艺装备专业化或通用化水平、手工操作量的比例、对工人的技术水平的要求和工艺文件格式等均有不同。

（3）现有生产条件和标准资料

它包括现有装配设备、装配工艺、装配车间面积、工人技术水平、机械加工条件及各种工艺资料和标准等，以便能切合实际地从机械加工和装配的全局出发制订合理的装配工艺规程。

2. 制订装配工艺规程的基本原则

在制订装配工艺规程时，应遵循以下原则。

（1）保证产品装配质量，并力求提高其质量，以延长产品的使用寿命。

（2）合理安排装配顺序和工序，尽量减少钳工装配的工作量，以减轻劳动强度，缩短装配周期，提高装配效率。

（3）尽可能减小装配的占地面积，有效地提高车间的利用率。

8.2.2 制订装配工艺规程的方法

1. 熟悉和审查产品的装配图

（1）了解产品及部件的具体结构、装配技术要求和检查验收的内容及方法。

（2）审查产品的结构工艺性。

（3）研究设计人员所确定的装配方法，进行必要的装配尺寸链分析与计算。

2. 确定装配方法与装配的组织形式

选择合理的装配方法是保证装配精度的关键。

一般说来，只要组成环零件的加工比较经济可行，就要优先采用完全互换装配法。成批生产，组成环又较多时，可考虑采用不完全互换装配法。

当封闭环公差要求较严，采用互换装配法会使组成环加工比较困难或不经济时，就采用其他方法。大量生产时，环数较少的尺寸链采用分组装配法；环数多的尺寸链采用调整装配法。单件小批生产时，则常采用修配装配法。成批生产时可灵活应用调整装配法、修配装配法和分组装配法。

3. 划分装配单元，确定装配顺序

将产品划分为可进行独立装配的单元是制订装配工艺规程中最重要的一个步骤，这在大批大量生产结构复杂的产品时尤为重要。只有划分好装配单元，才能合理安排装配顺序和划分装配工序，组织流水作业。

　　机器是由零件、合件、组件和部件等装配单元组成的，零件是组成机器的基本单元。在装配时各装配单元都再选定某一零件或比它低一级的单元作为装配基准件。通常选择体积或重量较大，有足够支承面，能保证装配时稳定性的零件、组件或部件作为装配基准件。如床身零件是床身组件的装配基准件；床身组件是床身部件的装配基准组件；床身部件是机床产品的装配基准部件。

　　划分好装配单元，并确定装配基准件后，就可安排装配顺序。确定装配顺序的要求是保证装配精度，以及使装配时的连接、调整、校正和检验工作能顺利地进行，前面工序不能妨碍后面工序进行，后面工序不应损坏前面工序的质量。

　　一般装配顺序的安排是：

　　（1）工件要预先处理，如对工件进行倒角，去毛刺与飞边，清洗，防锈和防腐处理，油漆和干燥等。

　　（2）先进行基准件、重大件的装配，以便保证装配过程的稳定性。

　　（3）先进行复杂件、精密件和难装配件的装配，以保证装配顺利进行。

　　（4）先进行易破坏以后装配质量的工件装配，如冲击性质的装配、压力装配和加热装配。

　　（5）集中安排使用相同设备及工艺装备的装配和有共同特殊装配环境的装配。

　　（6）处于基准件同一方位的装配应尽可能集中进行。

　　（7）电线、油气管路的安装与相应工序同时进行。

　　（8）易燃、易爆、易碎，有毒物质或零部件的安装，尽可能放在最后，以减少安全防护工作量，保证装配工作顺利完成。

　　装配顺序可概括为"先下后上，先内后外，先难后易，先精密后一般，先重后轻"。

4. 装配工序的划分

　　装配顺序确定后，就可将装配工艺过程划分为若干个装配工序，并进行具体装配工序的设计。

　　装配工序的划分主要是确定工序集中与工序分散的程度。装配工序的划分通常和装配工序设计一起进行。

　　装配工序设计的主要内容有：

　　（1）制订装配工序的操作规范，例如，过盈配合所需的压力，变温装配的温度值，紧固螺栓连接的预紧扭矩，装配环境等。

　　（2）选择设备与工艺装备。若需要专用设备与工艺装备，则应提出设计任务书。

　　（3）确定工时定额，并协调各装配工序内容。在大批大量生产时，要平衡装配工序的节拍，均衡生产，实现流水装配。

5. 填写装配工艺文件

　　单件小批生产仅要求填写装配工艺过程卡。中批生产时，通常也只需填写装配工艺过程卡，但对复杂产品则还需要填写装配工序卡。大批大量生产时，不仅要求填写装配工艺过程卡，而且还要填写装配工序卡，以便指导工人进行装配。

6. 制订产品检测与试验规范

产品装配完毕，应按产品技术性能和验收技术条件制订检测与试验规范，包括：

（1）检测和试验的项目及检验质量指标。

（2）检测和试验的方法、条件与环境要求。

（3）检测和试验所需工艺装备的选择或设计。

（4）质量问题的分析方法和处理措施。

项目训练

【训练目标】

1. 能够看懂装配图，明确机械部件的结构原理和技术要求。

2. 会分析机械部件的结构组成和相互关系。

3. 能确定机械部件的各组件和装备形式。

4. 能选择确定装配组织形式和装配顺序。

5. 会制订机械部件装配路线。

【项目描述】

表 3-1-1 中图示为 C6125 车床尾座装配图，部件年生产纲领 2000 件，根据部件要求设计

装配工艺规程。

【资讯】

1. 该部件的结构组件可以分为哪些？＿＿＿＿＿＿＿＿＿＿＿＿＿＿＿＿。

2. 该部件主要技术要求有：＿＿＿＿＿＿＿＿＿＿＿＿＿＿＿。

3. 该部件应选用的装配组织形式为＿＿＿＿＿＿＿＿＿＿＿＿＿＿。

【决策】

1. 进行学员分组，参考工艺手册，制订装配工艺规程。

2. 各小组选出一位负责人，负责人对小组任务进行分配，组员按照负责人要求完成相关任务内容，并将自己所在小组及个人任务填入下表中。

序　号	小组任务	个人职责（任务）	负　责　人

【实施】

完成部件装配工艺规程。

参 考 文 献

[1] 吴慧媛. 零件制造工艺与装备[M]. 北京：电子工业出版社. 2010.

[2] 李凯岭. 机械制造技术基础[M]. 北京：清华大学出版社. 2010.

[3] 王平章. 机械制造工艺与刀具[M]. 北京：清华大学出版社. 2005.

[4] 杨叔子. 机械加工工艺师手册[M]. 北京：机械工业出版社. 2011.

[5] 倪森寿. 机械制造工艺与装备[M]. 北京：化学工业出版社. 2003.

[6] 郭晋荣. 机械制造技术基础[M]. 成都：西南交通大学出版社. 2003.

[7] 陈宏钧. 实用金属切削手册[M]. 北京：机械工业出版社. 2010.

[8] 郑修本. 机械制造工艺学[M]. 北京：机械工业出版社. 2006.

[9] 张富润. 机械制造技术基础[M]. 武汉：华中科技大学出版社. 2000.

[10] 王启平. 机械制造工艺学[M]. 5 版. 哈尔滨：哈尔滨工业大学出版社. 1999.

[11] 张世昌. 机械制造技术基础[M]. 北京：高等教育出版社. 2002.

[12] 周伟平. 机械制造技术[M]. 武昌. 华中科技大学出版社. 2003.

[13] 宁广庆. 机械制造技术[M]. 北京：北京大学出版社. 2008.

[14] 周世学. 机械制造工艺与夹具[M]. 北京：北京理工大学出版社. 2007.

[15] 徐兵. 机械装配技术[M]. 北京：中国轻工业出版社. 2016.